政治伦理规范
与政治公信力

杨　静／著

ZHENGZHI LUNLI GUIFAN YU ZHENGZHI
GONGXINLI

四川大学出版社

责任编辑:蒋姗姗
责任校对:周　艳
封面设计:墨创文化
责任印制:王　炜

图书在版编目(CIP)数据

政治伦理规范与政治公信力 / 杨静著. —成都:
四川大学出版社，2016.12（2023.9 重印）
ISBN 978-7-5690-0324-6

Ⅰ.①政…　Ⅱ.①杨…　Ⅲ.①政治伦理学
Ⅳ.①B82-051

中国版本图书馆 CIP 数据核字（2016）第 323704 号

书　名	政治伦理规范与政治公信力
著　者	杨　静
出　版	四川大学出版社
地　址	成都市一环路南一段 24 号 (610065)
发　行	四川大学出版社
书　号	ISBN 978-7-5690-0324-6
印　刷	永清县晔盛亚胶印有限公司
成品尺寸	170 mm×240 mm
印　张	15
字　数	288 千字
版　次	2017 年 8 月第 1 版
印　次	2023 年 9 月第 2 次印刷
定　价	48.00 元

◆读者邮购本书,请与本社发行科联系。
　电话:(028)85408408/(028)85401670/
　(028)85408023　邮政编码:610065
◆本社图书如有印装质量问题,请
　寄回出版社调换。
◆网址:http://press.scu.edu.cn

序

　　记得是在 2014 年 5 月，一个省级学会的学术论坛上第一次见到本书的作者——杨静，期间讨论了道德哲学方面的问题，感受到了一位年轻研究学者对这一领域的执着。后来我参加了四川大学马克思主义学院主办的首届全国西部高校论坛，她作为杰出院友主持了讨论，由此对她的研究有了更多的了解。我的学界好友、著名的政治伦理学者阎钢教授正是她的导师。阎教授录制的"政治伦理学"慕课，在全国高校爱慕课网站上推出，深受欢迎。由于我在复旦大学给 MPA 上"公共行政伦理学"课程多年，因此对他和他的弟子的政治伦理学研究也一直有所关注。在为去美国马里兰大学做高访准备行程时，我收到了她发来的《政治伦理规范与政治公信力》书稿，这是她在主持教育部课题"基于政治公信力建设的执政党伦理建构关键环节研究"的基础上完成的，汇集她近几年来持续思考同一主题的成果。

　　政治伦理问题已然不是一个新的话题。随着当代中国阶层分化带来的社会群体利益多元化、复杂化、多样化的需求，观念和利益的冲突，在国家治理体系和治理能力现代化的视野下，从伦理建构上解决好执政党利益代表性与社会群体利益多元性关系，已经成为一个重要而迫切的问题。如何应对社会政治活动中出现的种种不良现象，学者们从不同的视角进行研究，并提出了不同的理论观点和解决路径。但这些研究多是基于伦理精神、法治与德治、和谐社会、政治伦理方法等方面，鲜有以政治公信力和政党伦理建设为视角展开。作者为此做了很好的尝试。

　　首先是研究内容与理论框架的顶层设计，使得整本书稿问题域在理论深度和广度上有了较大的拓展。作者从人性和"善""恶"出发，搭建了政治伦理规范从"应然"到"实然"，从"实然"再到"应然"的通约，建构了政治伦理规范与政治公信力的逻辑起点和理论体系；在执政党伦理建构的关键环节，如价值原则、基本规范、伦理制度、制度伦理、伦理评价机制和实践途径等方面，探索公信力的政治表现与解决途径，从理论推演到实践案例分析，都做了很好的研讨。这是政治生活宏观和中观的层面。

　　其次是本书的研究路径，体现了方法的创新，在研究过程中，运用了伦理学、心理学、社会学等一些研究方法和成果，来考察政治道德情感在政治行为人产生与形成道德责任的自律时所起的内化作用，及其对社会成员产生信任情感和认同状态的影响；体现了以问题为导向，发现隐性问题，从深层次人性和情感动力的角度去研究政治生活中个体道德选择和影响活动。这是微观的层面。

　　更为难得的是，本书既有理论的架构和思维的创新，如对社会主义政治价值理念及中国特色社会主义政治理论系统的丰富性进行了深入的阐释，同时又特别调研与梳理了公权力在基层党建和社会治理中的生动实践。这就使得在体现本书应有的学术价值的基础上，又赋予了本项研究以社会政治价值和现实参考意义。

　　当然，本书还反映出作者比较坚实的理论基础和较广博的专业知识，逻辑递进、条理清晰、层次分明、文笔流畅，学理性比较强，文如其人，也反映出作者认真的研究态度和严谨的文风。我作为伦理学领域的一位学者，为她取得的研究成果感到高兴，也希望她今后更加努力，在学术研究的路上走得更好。

　　是为序。

高国希

2017 年 1 月 1 日

目　录

绪　论　政治伦理规范与政治公信力
从"应然"到"实然"的探讨

政治伦理学作为一门价值哲学，不仅关注人们现实的政治行为以及这些行为及其结果的"实然"现象，更要探讨这些行为背后的根本原则及其价值依据等"应然"问题。政治伦理规范的旨趣在于政治理念是规导并超越政治的"实然"，以"应然"的形式存在，体现为从价值理性的视角，引导政治理论的研究和社会政治实践。同时，又具体于道德理性与制度伦理的层面，由内至外影响与约束着政治家和执政者的政治情感、政治行为与其他社会行为，从外化至内化再到自觉，真正建立"应然"到"实然"、"突然"再到"应然"的通约，建构社会成员对公权力行使的认同和信任。

根据对现代西方政治实践的分析，政治价值理念的一个重大局限在于"价值意义"或"价值合理性"的寻求和疑惑。如美国学者威利斯·哈曼（Willis Harman）所说："我们唯一严重的危机是工业社会意义上的危机。我们在解决'如何'一类的问题方面相当成功""但与此同时，我们对'为什么'这种具有意义的问题，越来越变得糊涂起来，越来越多的人意识到谁也不明白什么是值得做的。我们的发展越来越快，但我们却迷失了方向"。①

在社会主义中国，自由理念、平等理念、法治理念、民主理念、"和平与发展"理念、"一国两制"国家理念、"可持续发展"理念、"三个代表"重要思想、以人为本的科学发展观理念、社会主义和谐社会理论、中国梦思想和四个全面战略等是执政党对社会主义政治价值理念的探索、发展和关于社会主义社会政治的理想构建。这些政治理念是党和国家在社会主义的历史实践和发展中以人民利益为根本价值追求的自觉提升，已经成为新时代解析社会主义政治生活最基本的"核心概念"，成为政治领域的"流行话语"，成为普遍认可的社会政治生活正常运行和持续发展的基准与公理。

---

① ［美］威利斯·哈曼：《未来启示录》，上海译文出版社 1988 年版，第 193 页。

当前，我国仍然处在社会主义初级阶段，无论经济结构调整，还是社会阶层分化、生活方式和文化价值变迁都处于社会转型期。在快速发展和社会转型的过程中，一些人失去了既得利益，一些人短期内还不能适应新的社会结构和社会环境，部分群体在转型中陷入了迷茫和困惑，对政治信任产生了负面的情绪。始终不渝的中国共产党政治理念和政治伦理透视着现代社会政治生活的主题，清晰地宣示着并实践着，中国道路是中国共产党领导下的中国特色社会主义道路，中国目标是实现民族富强和人民的共同富裕，中国理论与中国实践是紧紧围绕"执政为民"，将民族复兴、国家富强这一公利与个人发展、家庭富裕的私利相结合，在实践与理性上实现着个人动机与公共目标的一致和共通，保证与巩固着人们对政治生活的认同。

一

政治伦理规范是关于政治道德主体及其政治道德现象问题及规律的研究与实践。政治伦理规范主要揭示社会政治道德关系中，政治、行政行为人的个体利益与人民大众、社会整体利益之间的矛盾，并根据这种矛盾的性质和特点，总结形成客观反映这种矛盾发展规律的理论，确定解决这种矛盾的政治道德原则和规范，提出道德实践行为及其标准，明确社会政治生活主体及其个体的伦理素质及其培养，加强行为人的道德品质修养，进而从社会政治伦理这一根本性领域出发，促进全社会其他领域的人性化进程，提高整个社会的道德水平，推动人类社会不断进步。

政治伦理规范更多体现为一种道德义务的规定。政治伦理规范由一定的政治道德理念和政治道德原则所决定。政治道德理念对道德人格的建构与塑造具有决定性的意义，由此拓展了现实政治结构（主要是宏观的政党、国家与社会的关系状况）对道德人格的"应然"与"实然"的双重意义，因而有较深刻的现实生活根基。政治伦理规范特别注重社会政治生活中特定人群，即政治、行政行为人的道德人格的构建与塑造。换言之，对社会政治生活中的个体人的道德修养与道德人格的塑造，是促进公权力和公信力正当的主要对象和具体内容。

政治伦理学对道德人格塑造的经验分析和判断，离不开伦理（价值）规范的引导。这意味着，与政治义务、法律义务等不同，政治伦理规范在体系与内容上是基于伦理学视角开展的理论建构和范畴设计。其实现的方式也不尽相同，政治义务与法律义务主要是依靠外在的强制力和惩戒威慑发生作用。道德义务除了依靠人们内心自觉的信念，同时也接受外在的社会舆论的约束，对于一些重要的道德律令，如果拒绝履行相应的义务，也会受到相应的纪律性责任追究。这对于人们在现实政治生活中的个体政治行为的健康发展是具有道德积极意义的。

政治伦理规范主要是指向与道德有关的政治关系现象，即政治道德现象。在研究对象上虽然不能囊括一切关系范畴，但基本涉及社会生活各个方面的重要问题。比如，以人为核心展开的系列民生问题，类似于社会资源分配中的公正问题、社会成员生活幸福感问题、人的生存尊严问题、人的全面发展问题，以及困扰社会成员的食品药品安全问题等，既是民生关注的焦点问题，也是政治伦理规范研究与评价的核心问题。

政策、制度设计与执行的背后常常蕴含着某种道德价值的立场和社会政治伦理的基本取向。换言之，反映的是制度的德性问题。制度德性意指制度的合道德性以及合道德性的程度，是对制度作道德评判，其与个人道德的内涵是对个人行为的合道德性程度的判断具有相似性①。可见，在政治伦理规范的范畴下，制度德性是一个非常重要的问题。在一定社会历史条件下政治伦理追求、道德原则和价值判断确定的前提下，制度伦理的价值在于使特定的政治价值理念获得具体的落实。在这个意义上，制度伦理就是政治伦理价值观的具体化和对政治生活主体的政治行为的规范。

无论是政治价值理念，还是政治制度伦理，最终都必须由人的活动来完成。人作为政治价值理念、政治制度伦理和政治活动的组织实施者，作为社会政治与行政行为的主体，其政治道德意识与政治伦理规范状态，是政治伦理规范的重要问题。休谟（David Hume）在《人性论》中所言："一切学科对于人性或多或少有些关系，任何学科不论似乎与人性离得多远，他们总会通过这样那样的途径回到人性。"② 纵观人类社会发展史，所有的政治必然都含有主体因素，都同人性的善与恶相联系，直接作用于伦理的政治实践情况。人们常常从身边的政治、行政个体的行为"善"与"恶"的评价出发，去认同和投入对执政党和政府的信任情感与信任力。

二

信任是一种基本的社会关系，它以相信、依赖与合作为特点。个体或团队

---

① 汪肖良：《制度德性与个人道德》，《学术月刊》，1999 年第 5 期，第 45 页。
② ［英］休谟：《人性论》，商务印书馆 1980 年版，第 6 页。

如被认为是值得信任，意味着他们在提出政策、道德守则，制定法律、兑现理念承诺方面会更多地得到正面期许与正向结果，即使是面对突发危机或潜在困难的时候，公众依然会对他们保持肯定、期待与信心。社会信任问题是对社会公共生活正常秩序的维护和社会持续发展的需要，虽然不是一种制度，但对于社会系统的稳定有序发展，是一种非常重要的隐性安排。

信任问题可以从政治信任、经济信任和社会信任三个层面进行概括。政治信任是执政党、政府及其个体与社会及其社会成员之间的信任问题；经济信任是市场各利益主体之间的信任问题；社会信任主要指一般社会成员之间的信任问题。在危机和风险并存的开放性现代社会，只有建立起明确的权利与责任对应，以政治公信力为主导，连接经济、社会等各领域的新型治理结构才能建立与有效运转。因此，在社会信任体系中，政治信任是整个社会公共信任系统的基础。公信力是政治信任研究与实践的重要内容，执政党与政府的公信力是社会成员对执政党和政府的认同状态及信任指数的直接反映，对执政党的执政评价与执政地位的稳定有着非常重要的影响。

政治公信力属于政治伦理的范畴。在现代民主政治和政治信任的框架内，政治伦理规范主要是审视执政党和政府的政治价值理念是否合法，公权力使用是否规范，社会公共秩序是否良好，社会公共生活是否良善等。而公信力衡量与评价的是社会公众对政党在执政过程中表现出的政治理念、权力使用、公共秩序、公共生活等方面的心理反应和价值判断，表现为对执政党目标的信心和行为是否认可，以及是否达成了广泛而持久的政治互信，是不是对公共权威的真实性社会表达和情感表达。要达成政治行为主体与社会民众的内在认同与隐性默契，最为核心的是，"掌握权力的少数人必须对作为公共权力所有者的多数人负责任的信用"①。

现代民主政治下，民众、政党和公共权力是政党政治的基本要素，执政党与政府一头联系着民众，另一头联系着公共权力，运行中形成的政治公信力关系是政党政治存在并正常化的基本机制。政党执政和政府行使公权力的合法性由政治理念、价值规范、执政绩效、制度法则和民主法治等方面组成与决定，其合法性的源头和表现来自社会成员的认同与支持。可以说，政党执政和政府合法性的基础实质上是基于某种信任。政治公信力承诺与保证着为社会与社会成员提供公共资源与公共服务，在这一基础信任关系之上，与公共权力、政治权威形成合理的运行机制，相互促进，平行共生，促使执政党与政府的执政理

---

① 张德寿：《执政党公信力刍论》，《云南行政学院学报》，2007年第5期，第7~11页。

念、公共权力与责任和公民的权利与义务之间持续形成某种良性的动态平衡关系。在这个关系中，执政党与政府处于主导和主动位置，须真实代表与维护民众的利益，以其主动的行为与政绩和对政治纲领、执政理想的说服与吸引，来不断赢得和巩固民众的信任。

由于现代社会个人权利意识的突出和多元化的利益诉求，社会大众预期的多元性与需求在现在资源的状态下难以及时有效满足，还鉴于行为人在行使公共权力时，面对时间差序、公众交往、利益交换以及突发事件处置中可能存在的情感冷漠或行为"不端"，甚至违纪违法，多种因素侵蚀着现代民主社会的信任。政治伦理规范是解决政治信任侵蚀问题的重要途径。具体而言，重视执政党和政府的政治伦理规范建设，将体现着"德性"的执政党和政府基本政治伦理精神和原则，具体地体现到制度的伦理性和伦理的制度化上，将合法性认同、情感认同与理性认同更内在地结合起来。

此外，社会成员对执政党及政府的信任情况与执政、行政实践的能力成效，以及减少强制手段、降低社会成本等方面也有着重要而必然的联系。卢曼（Niklas Luhmann）将信任定义为："信任是为了简化人与人之间的合作关系。"他认为，"信任构成了复杂性简化的比较有效的形式"①。政治公信力与政治认同是对于同一个问题的不同表达形式，良好的政治公信力象征着普遍的政治认同。在政治公信力与政治认同度都较高的情况下，公共权力和法律权威将得到广泛普遍的尊重，社会管理成本下降，社会公共事务的管理效益就会比较高，社会安全度也普遍比较高。

如上所述，政治伦理规范对政治、行政行为人可能产生的自我膨胀与扩张，有一个事先的有效约束、自律、内化与监督，有利于整个社会关系的行为规范、信任认同、服从与尊重、价值共识以及道德风尚等的导向与形成。因此，现代政治伦理规范的理论研究与动态建构对执政党和政府保持较高程度的公信力、有效贯彻执政理念、成功运作好公共权力及巩固执政地位，具有十分重要的意义。

三

公权力是一种对社会权力、利益与资源等进行配置的强制性力量。由于权

---

① ［德］尼古拉斯·卢曼《信任：一个社会复杂性的简化机制》，瞿铁鹏、李强译，上海世纪出版集团 2005 年版，第 10 页。

力的利益性，行为主体在掌握与行使公权时，如无内心的强大自律和外界的有效监督，可能自我膨胀与私欲扩张，致使公权力在行使过程中发生异化。制约与阻断权力的扩张性，除了法治手段与强制效力以外，政治伦理规范发挥着内化自觉的重要作用与效能。政治伦理规范的过程是伦理的实践价值与政治行为的价值取向相呼应的体现。政治伦理反映于基本政治理念与价值规范，为政治信任、政治公信力提供着合法性；在运行和操作层面，可以有效地消除迷恋工具理性的政治行为主义常可能导致的技术性冲突，弥合制度的罅隙，使权力运用中不可避免的自由裁量行为有了内心价值与政治情感的判断和选择，构建有效监督和制约体系，减少公权力运行中可能出现的偏差，保持与促进社会成员对执政党和政府的信任力。

基层组织与地方政府是政治伦理规范和政治公信力建设的重点，更是难点。哈佛大学肯尼迪政府学院教授托尼·赛奇（Anthony Saich）对 2003 年至 2011 年中国社会进行了较为全面的调查①。在 2011 年涉及满意度与信任力的调查中，91.8% 的受访者对中央政府的工作比较满意或非常满意，其中 37.3% 的受访者表示非常满意。对于地方一级的政府工作，调查数据显示，2011 年相较 2008 年，受访者的满意度跌至 63.8%，其中仅有 10.9% 的受访者表示非常满意。很大一部分受访者对身边的基层党组织与地方政府心存芥蒂，认为一些地方干部、官员的行为官僚作风严重或是以自我为中心。

与数据相呼应的是现实。直接影响到社会民众对政治公信力的满意度的，是一些地方官员群体。2014 年 9 月 15 日人民论坛问卷调查中心的调查显示，超过半数的网友认为官员群体存在信仰缺失危机，"不问苍生问鬼神"，存在"权本位"的病态心理。2014 年 7 月 16 日，李克强总理听取 8 个督查组对 16 个省（区、市）、27 个部门和单位的政策落实情况的督查，有督查组组长着重提到，一些官员"不跑、不吃、不拿、不要，但是不干了"，"懒政""怠政""不作为""慢作为"等政治责任与政治道德情感的缺失还表现在强拆中的冷漠，截访时的无情，"灾难面前的微笑"，这些"失德"现象都严重影响着基层组织与地方政府的形象。还有少数破坏"社会契约"的政府短期行为，统计数据造假，暗箱操作，权力寻租，互不信任，相互推诿，"言不行，行无果"。时间一长，会导致官民虚拟空间的对立，甚至陷于"你如何解释我都不信"的"塔西佗陷阱"。

上述调查情况和近几年对全国范围不同层级领导人和各级党组织、政府的

① 俞可平：《中国治理评论》第 3 辑，中央编译出版社 2013 年版，第 6 页。

多项信任度调查结果非常相似。人们对执政党与中央政府的信任度、好感及其期待保持着持续上升的趋势，特别是 2012 年新一届领导班子执政以来，全面推进从严治党，毫不动摇转变作风，坚定不移惩治腐败，社会成员对执政党和中央政府的满意度又有大幅度的持续提升。但是对于基层组织和地方政府绩效及其官员能力的满意度不高。换言之，社会公众对执政党与中央政府有很高的满意度，随着政府层级的下降，满意度在降低。一些受访者认为执政党和中央政府"以人为本"的政治伦理精神与"执政为民"的政治理念并未真正成为一些地方官员的根本遵循和习惯做法。"基础不牢，地动山摇"，真正影响政治公信力的重点与难点是执政党的基层组织与地方政府。如何从政治伦理规范到政治公信力，从道德情感到行为规范，从执政党和中央政府到政党基层组织和地方政府，从社会政治行为主体到个体，从精神自觉到行为自觉，从他律问责到内化自律，从学理到实践，加强政治伦理规范，提高政治公信力，是本书构建理论研究到基层治理、开展探讨的起点与意义。

第一章　政治伦理规范的基本问题

对政治伦理的研究，无论中外古今，在思想源头上都具有源远流长的历史进程。政治伦理作为一门正式的学科，始于 20 世纪 50 年代。美国思想家罗尔斯（John Rawls）在 20 世纪 70 年代出版的《正义论》，在更广的层面上加深和促进了人们对政治伦理的关注与研究。在我国，对政治伦理的研究是在 20 世纪 80 年代开始的。研究政治伦理规范需在政治伦理研究的视角与框架下进行。

第一节　政治伦理与政治伦理规范

政治伦理是研究人类政治正当性及其操作规范和方法论的价值哲学。政治伦理作为人类社会政治文明的价值内核和价值基准，对政治文明的发展和政治体制改革，具有导向、规范和终极价值关怀的意义。[①]

近年来，理论界对政治伦理规范的研究表现出两种态势：其一，是在政治中关注伦理，表现为一种"政治的伦理论"。其观点认为，社会重大的政治问题必然要涉及道德和伦理的价值、规范问题，政治学研究应该关心价值、规范、是非问题，因此，主要从政治学视角研究政治伦理规范，试图为政治学研究提供一种新的分析框架，提供一种察看社会政治现象和政治问题的系统化的伦理观点，或者是提供一组赋有伦理意味或伦理意义的政治学构架或概念、定义及命题。其二，是从伦理学的视角关注政治，表现为一种"伦理的政治论"。期望伦理学能为政治学的拓展和延伸提供目标、方向和方法，期望把内在的伦理精神转化为一种内化的、自律的政治理念和政治规范，在政治理论、政治实践、政治行为中体现伦理追求和伦理原则、伦理规范。

[①]　戴木才：《政治伦理的现代建构》，《伦理学研究》，2003 年第 6 期，第 49 页。

政治伦理是社会政治共同体（主要是指国家，亦包括诸社会政治共同体之间）的政治生活，包括其基本政治结构、政治制度、政治关系、政治行为和政治理想的基本伦理规范及伦理意义。①

作为政治伦理核心概念的政治伦理规范，一方面，其既是政治伦理理论的现实存在，又是政治伦理美德形成的客观依据。另一方面，其导向和约束着一定社会政治共同体和政治个体政治意识和行为，保障和促进着社会的德性发展。政治伦理规范的提出与建设在方法论和导向上对人们的政治认识活动和实践活动具有"工具性功能"和"规范性功能"，反映和体现了社会的伦理意义并保证在现实中付诸实践。

规范（norms）是一种标准（standards）或尺度（measures）。这种标准或尺度，既可以是人们约定俗成的，也可以是人们有意识制定的。根据规范性质的不同可分为强制性规范和建议性规范。伦理规范主要归类于建议性规范，一般具有自律性、非强制性、事先导向和引导性，以及依靠社会舆论监督、内心信念维系的特性。

伦理规范作为人类道德行为的基本准则，从原始到现代，有过形态各异的表现形式，如图腾、禁忌、风俗、礼仪、准则、箴言、义务和责任，等等。罗国杰先生在其主编的《伦理学》一书中提到："这些道德规范，不但其所包含的具体道德内容是由一定的社会关系和道德关系所决定的，就是它们各自的具体形态，也是由不同的社会关系和道德关系所赋予的。"② 这就是说，不管伦理规范有多少不同的表现形式，也无论伦理规范是由人们约定俗成的还是有意识制定的，都有其客观的社会基础。或者说，伦理规范本身就是一种客观的社会要求和人们的主观意识相统一的结果。这也正如马克思所强调："人们按照自己的物质生产的发展建立相应的社会关系，正是这些人又按照自己的社会关系创造了相应的原理、观念和范畴。"③

在这个意义上，政治伦理规范是伦理规范的一般原理在社会政治生活领域中的具体化。总体上，政治伦理规范是在既定的社会政治生活关系中，产生出来的既符合政治文明建设需要，又能制约人们不良政治言论行为的道德准则与要求。这种道德准则、道德要求既不以人们的主观需要为转移，也不是人们在头脑中臆造出来的，它首先是一种客观的东西。但同时，政治伦理规范又离不

① 万俊人：《政治伦理及其两个基本向度》，《伦理学研究》，2005 年第 1 期，第 5 页。
② 罗国杰：《伦理学》，人民出版社 1997 年版，第 183 页。
③ 《马克思恩格斯全集》第 4 卷，人民出版社 1958 年版，第 144 页。

开人们对其内容的主观归纳，它的具体形成要以确定社会的人们的普遍意志为转移，这就意味着政治伦理规范具有"公共生活准则"的普适性意义。从社会政治生活发展状态来看，这种普适性意义越强，社会政治生活也就越文明、越健康。相反，如果人们的普遍意志被少数人或者个别人的意志替代，政治伦理规范的普适性意义被削弱，社会政治生活便将趋于同文明、健康相反的方向呈负面性发展。

因此，所谓政治伦理规范，是指在一定的社会经济和社会历史条件下，根据人们政治活动和伦理活动的客观实践要求，确立和制定的关于评价和指导人们政治行为的善恶关系，即"应当"与"不应当"的伦理准则，是伦理规范在人类社会政治生活领域内的特殊反映形态，是人类社会伦理规范的一种具体表现形式。具体说来，政治伦理规范是处于既定社会中的各种政治集团、政治主体或者政治行为人在其政治实践过程中应当遵循的道德行为尺度和标准。与其他伦理规范比较注重个体私德或者社会公德不同，政治伦理规范是以人们的社会政治生活关系为规范的对象，产生于人类长期的政治伦理生活实践和伦理思想家们对于人类政治伦理生活规律的总结和理论性建构，它更强调对政治行为人的具体政治活动和行为的约束和导向作用。

在加强以他律为主的法治建设作为社会发展的基本保障的同时，应以政治伦理的"应当"与"不应当"为基本价值标准，建构"善"的政治伦理规范体系来导向、规约社会政治主体、政治行为人的政治思想观念、政治实践行为，从政治价值理念、制度伦理、政治行为主体道德自律、内化等方面来遏制腐败、失职等政治、行政失德问题，消弭社会的不和谐因素，以促进德性社会的建设。

任何政治都有伦理意蕴的存在，只是在不同的历史进程、发展阶段中其作用程度的大小有差异而已。随着社会的进步，激烈的政治冲突、政治斗争，不断被相对温和的政治改革、政治民主代替，社会民众参政议政的意识和权利，以及机会增大，对政治符合伦理的诉求也更为强烈，社会理性与民众善恶评价对政治的影响也越来越直接和明显。因此，社会需要构建政治生活的自觉的、良性的发展，具有自我限制性的，有别于法律、规章、制度等规范体系的政治伦理规范。

具体而言，政治伦理规范体系的确立，是以"善"为核心精神，以政治伦理规范的应然性和实践特性为功能要求，以政治伦理规范为途径，构建相应的政治伦理理念和政治价值观，构筑公正合理的社会环境特别是政治环境，以有效地缩小社会成员的差别和解决人们的矛盾、斗争，使这种差别能够符合人类理性原则从而最大限度地达成广泛的社会认同和理解，从根本上实现人类的和谐生存。

第二节　中国政治伦理规范的思想溯源

不同社会、不同时代以及不同国家、不同民族产生和形成的政治伦理具有不同的规范与形式。中国古代政治思想家一般以政治上的安定统一和社会秩序井然作为政治伦理的价值目标，并提出了一整套与之紧密联系的政治伦理规范体系，主要以制约君臣关系的"忠"和制约长幼关系的"孝"为核心，来制约人们的政治及社会行为。

一、"为政以德"的"仁政"

中国古代思想家、政治家素有崇尚"德治"的传统，常以德立说，强调以德服人，意欲使人成为有德性的人，使社会成为有德性的和谐社会。在《论语·为政》中，孔子说，"道之以政，齐之以刑，民免而无耻；道之以德，齐之以礼，有耻且格"，儒家认为社会和谐的实现首先要"为政以德，譬如北辰，居其所，而众星共之"[1]。而德治能否实现，政治是否昌明，首先是要看统治者是否有公正的德行。"政者，正也。子帅以正，孰敢不正？"[2] 由此，在他们看来，社会和谐的关键在于最高统治者是否能以身作则，成为伦理的表率，从而让百姓信服，自觉执行政令，维护政权的统一与稳定。这就是所谓"其身正，不令而行；其身不正，虽令不从"[3]，"以德服人者，中心悦而诚服也"。《孟子·公孙丑上》基于"为政以德"的政治伦理价值，政治思想家们在规范上提出了统治者应施行"仁政"。"仁"是德政、德治思想的基础和保障，孟子在劝谏梁惠王时说，"不违农时，谷不可胜食。数罟不入洿池，鱼鳖不可胜食也。斧斤以时入山林，材木不可胜用也。谷与鱼鳖不可胜食，材木不可胜用，是使民养生丧死无憾也。养生丧死无憾，王道之始也"[4]。孟子的"仁政"就是要以仁爱之心施政，施行"仁政"，优先发展农业生产，保护好水产和林

---

① 参见《论语·为政》。
② 参见《论语·颜渊》。
③ 参见《论语·子路》。
④ 参见《孟子·梁惠王上》。

业资源，解决百姓的温饱问题，使民众归附而拥有天下，就达到了"王道"。孟子还认为，"地方百里而可以王。王如施仁政于民，省刑罚，薄税敛，深耕易耨；壮者以暇日修其孝悌忠信，入以事其父兄，出以事其长上，可使制梃以挞秦楚之坚甲利兵矣"①。其意为执政者若能减轻刑罚，轻徭薄赋，鼓励民众认真耕耘，在衣食生计获得保证之后，进行"孝悌忠信"的伦理教育，让他们在家孝亲，出外尊上。这样，即使一个小国，缺乏精良的武器装备，也能战胜秦、楚这样的强国。

二、"和实生物""和而不同"的"和"

"和"是宇宙万物存在发展的基础，中国传统思想家对和的追求渗透于政治、经济、社会的一切领域和一切方面。早在西周时期，思想家们就开启了将"和"与"同"运用于政治问题的讨论。西周末年，周幽王的太史伯阳父（史伯）在为郑桓公分析天下大势，讨论周朝兴亡这一重大政治问题时，首次提出了"和实生物，同则不继"的著名论断。他说："和实生物，同则不继。以他平他谓之和，故能丰长而万物归之。若以同裨同，尽乃弃矣。"② 其意为：不同事物之间彼此为"他"，"以他平他"是指各种事物的差异性与多样性经过协调与配合，构成一种多样统一的关系，才能达到"和"。因此，"和"作为传统政治伦理规范，首先是指"和实生物"，"和"即各个不同方面相互协调、统一而达到的平衡状态，"和为贵"，"和"才能生成万物，是社会存在的基础。其次，蕴含着"和而不同"的政治伦理意义。孔子说："君子和而不同，小人同而不和。"③"同"是指事物某一方面的自我同一，意味着没有差异和矛盾，只求"同"，就不可能产生新事物，事物的发展就会停滞。"和而不同"规范为后来政治思想家们对和平伦理与和谐伦理的倡导和发展提供了重要的哲学基础和理论源泉。

三、以"执中""中和"为要求的"中庸"

中国传统文化主张"和"与"中"是密不可分的，只有做到了"持中"，

---

① 参见《孟子·梁惠王上》。
② 参见《国语·郑语》。
③ 参见《论语·子路》。

才能实现"和"的理想。《论语·尧曰》载尧曰:"咨!尔舜!天之历数在尔躬。允执其中。"[①] 孔子认为真正的和谐必须有严格的伦理原则和规范,他将"中"衍化为"中庸",使"中庸"成为儒家的最高伦理规范。"中庸之为德也,其至矣乎!民鲜久矣。"[②] 儒家主张,施政使民,贵乎"执中";天地万物,贵乎"中和";君子言行,贵乎"中庸"。子思认为,"中和"是天下万物存在的依据,是天下万物规律的体现。子思说:"中也者,天下之大本也。和也者,天下之达道也。致中和,天地位焉,万物育焉。"[③]《论语·子罕》还记载孔子说:"吾有知乎哉?无知也。有鄙夫问于我,空空如也,我叩其两端而竭焉。"[④] 这里的"两"就是矛盾的两个方面,就是互相排斥的矛盾的斗争性。只有在对立和矛盾斗争中寻找到解决的关节点——"中",才是走向"和"的关键。"中庸"的政治伦理要求成为中国封建社会政治家们治国安民的基础规范与根本哲学,在中国政治思想史上产生了重大影响。

四、"相成相济"的"辩证施政"

以"和"为核心,中国传统思想家们进一步提出了统治者只有做到"相成相济",广泛吸纳臣民意见和建议,才能达到社会和谐。春秋战国时期齐相晏婴的"以水济水,谁能食之""琴瑟专一,谁能听之""济其不及,以泄其过"等论述就是"相成相济"规范的体现,他将史伯关于"和"的思想进一步延伸为在君臣关系和国家政治生活领域中要"相成相济",从而真正使"和""由自然哲学的层面上升到政治哲学和社会哲学的层面"[⑤]。在回答齐侯"和与同异否"时,晏婴指出,"和如羹焉""君臣亦然,君所谓可而有否焉,臣献其否以成其可;君所谓否而有可焉,臣献其可以去其否……"晏婴在这里将"和"比作"羹",生动地说明了"和"的不可缺失的基础性功能与重要作用,进而谈到在国家政治生活中,君主的善治也应该注重"相成相济",在处理政事时,应该广泛听取各种意见,"君所谓可而有否焉,臣献其否以成其可;君所谓否而有可焉,臣献其可以去其否",形成一种君臣之间开诚布公、相互补充、相互启发的开明政治,以在政治层面上实现和谐,最后达成社会的和谐。

---

① 参见《论语·尧曰》。
② 参见《论语·雍也》。
③ 参见《中庸》第一章。
④ 参见《论语·子罕》。
⑤ 管向群:《传统和谐思想的启示》,《光明日报》,2005 年 10 月 18 日,第 8 版。

五、"不患寡而患不均"的"平等平均"

追求平等是中国历史上早就存在的理念和思想，"平等平均"也成为传统思想家们推崇的政治伦理规范。孔子说："丘也闻有国有家者，不患寡而患不均，不患贫而患不安。盖均无贫，和无寡，安无倾。"① 在这里，孔子强调统治者在财富分配方面，要力求做到"均"，只有做到"均"才能实现"和"与"安"。这种"平等"规范实质就是一种简单的平均主义思想的体现，而且要求的还仅仅是在各阶层内部人与人之间的均等，并非不同阶层的一律均等，本质上是一种有限的平等观。尽管如此，这一思想仍然深刻影响了中国人的传统伦理观念。孔子之前的晏婴也主张"权有无，均贫富"②。《礼记·礼运篇》中的大同思想，也是主张公正、平等的要求。《吕氏春秋·贵公》说："圣王之治天下也，必先公。公则天下平矣，平得于公。"③ 值得一提的是，作为平民思想家代表的墨子堪称倡导"真正平等"的伟大思想家。他的平等思想是建立在"爱无差等"的基础上，全然不同于孔子有等级的"爱"。因此，墨子的"平等平均"规范更显公平与平民化。

六、"兼爱""非攻"的"和平"

中国古代思想家对"战争与和平"问题进行了较早的思辨，认为和平关系民族兴衰、国家存亡乃至人类自身的安危，对社会和谐更是有着直接的重大影响。除了儒家提出的"和为贵"规范，影响最大的应该是墨子的"和平"规范。墨子早在2000多年前就从人类整体发展的角度提出了以"兼爱""非攻"为主要思想的人类思想发展史上最早、最具伦理意蕴的和平要求。在墨子看来，人类冲突与混乱，皆因"不相爱"，君臣、父子、兄弟都自爱、自利，因此造成社会冲突和战争。因此，他提出"兼爱"，倡导"天下无大小国，皆天之邑也；人无长幼贵贱，皆天之臣也"，主张不分人我，不别亲疏，无所差等地爱一切人，也就是在保护劳动力大力发展生产的基础上，人们和睦相处，天下各国相爱互利，"视人之国若视其国，视人之家若视其家，视人之身若视其

---

① 参见《论语·季氏第十六》。
② 参见《晏子春秋》内篇，《问上》第三。
③ 参见《吕氏春秋·贵公》。

身。是故诸侯相爱则不野战，家主相爱则不相篡，人与人相爱，则不相贼，天下之人皆相爱，强不执弱，众不劫寡，富不侮贫，贵不傲贱，诈不欺愚"。从而，"一同天下之义"，而"兴天下之利"[①]。同时，墨子又力主"非攻"，批判"强凌弱、富侮贫、诈欺愚"[②] 的强权政治，认为"非攻"的目的就是使劳动人民的生命财产少受损失，使生产少遭破坏。墨子认为阻止人类实现和平的主要障碍是"攻伐"，即侵略性战争。"好攻伐之君"常常粉饰其发动侵略战争的真实目的，常常借口说"我非以金玉子女壤地为不足也，我欲以义名立于天下，以德求诸侯也"，主张社会和谐必须以和平为基础，人类和平的获得又须从制止和反对战争开始。

七、以"礼"为核心的"等级秩序"

"礼"虽然是社会伦理意义上的概念，指上下等级、尊卑长幼等明确而严格的秩序规定。但在古典思想家看来，它的政治意味更强。李泽厚认为"礼"当属"周礼"，是周初确定的一整套的典章、制度、规矩、仪节[③]，是社会政治生活政治伦理规范的汇集。儒家的社会和谐思想是以礼的强制性规定、人们对礼的认同为基础，从而教化和要求各阶级及社会民众遵循等级秩序规范。孔子认为和谐社会一定是等级分明、秩序井然的社会，强调"君君臣臣、父父子子"要各明其位，在社会等级秩序中，每个社会成员应该各安其位，政治生活若失去了这个规范（礼崩乐坏），正常的秩序必然会被打乱促使社会的不稳定（动荡）。在荀子的理论中，等级贵贱之分是与对物质财富占有多寡相对应，社会和谐主要取决于各阶层得到与其社会地位相应的有差别的回报。荀子称："贵贵、尊尊、贤贤、老老、长长，义之伦也。行之得其节，礼之序也"[④]。在等级差别的对应中，以制度的形式规定不同的人"或美，或恶，或厚，或薄，或佚乐，或劬劳"，基于这种规定，他强调人们要安于自己的政治地位与经济地位。董仲舒在《春秋繁露》一书中进一步发挥了这一规范，提出了是当时社会政治生活的基本伦理原则和规范，认为仁、义、礼、智、信五常之道是处理君臣、父子、夫妻、上下尊卑关系的基本法则，治国者只有坚持五常之道，才能维持社会稳定和人际关系和谐。

---

① 参见《尚同》。
② 参见《非攻》。
③ 李泽厚：《孔子再评价》，《中国社会科学》，1980 年第 2 期，第 78 页。
④ 参见《荀子·大略》。

总体上讲，排除"三纲""五常"消极影响的部分，传统政治伦理规范体系尚属比较完善，其内容充满着理想主义的色彩，但我们必须指出囿于历史局限性和规范代表的阶级性，当时思想家们提出的政治伦理规范难以在当时社会政治领域的实际操作中真正实现。在本质上政治与伦理的联系和作用还流于形式上的"捆绑"，在规范的执行上多为"自上而下"的，是对下层和民众的约束，对君王实质上并无约束。因此，政治与伦理在当时的社会政治实践中常常是彼此利用，而非真正地融合，表现出理想化、低水平，强调对从政者个体、政治与伦理简单组合的一面。尽管如此，古代传统政治伦理规范的思想仍然对社会主义政治伦理规范的形成与研究具有重要意义。

第三节　政治伦理规范的特性与功能

政治伦理规范是政治伦理价值的体现，是政治伦理意识和政治伦理实践活动的集中统一。在社会政治建设中，政治伦理规范是政治主体以构建"善"为理想目标，既完善政治社会，又完善自我政治人格的标准和依据。作为一种被社会和大多数人认同的规范，政治伦理规范在特性上显现出普适的一面，具有自律功能、善恶评价功能和价值导向的功能。

一、政治伦理意识和政治伦理实践活动的统一

政治伦理规范是政治伦理理论的现实化存在。换言之，政治伦理规范是政治伦理体系中的重要内容和实现途径。政治伦理规范内在地体现着政治伦理思想，政治伦理思想的内容体现为政治伦理价值目标体系，而为实现一定的政治伦理价值目标，在政治活动中就必须履行相应的政治伦理责任，这种政治的伦理责任实质就是政治的伦理义务，它用规范的形式确定下来，形成了政治伦理规范。

政治行为与政治伦理规范是紧密联结的，有何种政治伦理规范就会有何种政治行为，从而映照了政治伦理规范对政治行为的规导性和决定性。因此，我们说政治伦理规范是政治伦理思想的现实化存在，是对政治主体在政治情感、政治言论与实施政治行为中的道德约束，从而使政治行为符合既定的政治价值目标。

马克思（Karl Heinrich Marx）在《1857—1858 经济学手稿》中指出，人

类把握世界是通过各种各样的方式实现的，"从科学、理论上把握世界"，就不同于"从世界的、艺术的、宗教的、实践精神的把握"①。马克思在这里所说的"实践精神的把握"实质是指用伦理道德的方式对世界和社会的把握。那么，政治伦理规范在本质上就是政治的"实践—理性"精神的指引和约束，即政治伦理作为一种特殊的政治意识形态，它对社会政治的伦理价值目标进行着一种合乎规范的建构，以指导人们的政治实践，规范人们的政治行为。

由此可以得出，政治伦理规范的性质不仅表现出实践主体的精神特性，更具有实践的特性，是政治实践活动与政治精神活动的统一。也就是说，政治实践主体的政治实践过程同时也是政治实践主体的自身完善过程。因此，社会政治主体不仅要在意识形态层面上把握政治伦理的要求，更需要进一步把政治伦理规范的导向外化为一种实践活动。通过实践途径体现和实现政治理念价值，实现实践与理性的通约，将指导政治行为的思想结合于现实，引导与规范政治主体的情感、言论与行为，从而达到"德序人伦"及建构现代和谐社会的目的。

二、普适性与历史性的统一

如果追溯伦理规范的最初形成，伦理规范是"应当怎样"的意识不断重复在语言和行为的过程中，表示着"应当"的观念，然后逐渐上升和抽象为较为稳定的、约定俗成的规条，这就是最早的具有一般性意义的伦理规范。这一形成过程体现了伦理规范在本质上的普适性特征。从政治伦理规范形成的前提和依据分析，"大多数原则"是一切政治伦理规范形成与发展的前提。"大多数原则"通常代表着社会公众的意愿，一般顺应着社会政治文明的发展和人类进步的趋势。在康德（Immanuel Kant）看来，如果某种行为可归属于一项可普遍化的行为准则，那么就有义务去遵从它，否则就没有义务服从他。②"伦理义务必须是可被公认的准则，没有大多数人支持的准则无法被公认。"③ 从这个意义上讲，政治伦理规范作为社会政治领域的一项可普遍化的行为准则，必须具有广泛的普适性，应该为大多数人所承认，能够普遍适用于政治主体的政治实践活动中。

---

① 《马克思恩格斯选集》第2卷，人民出版社1974年版，第104页。

② A. J. M. 米尔恩：《人的权利与人的多样性人权哲学》，中国大百科全书出版社1996年版，第98~99页。

③ 端木正：《国际法》，北京大学出版社1997年版，第43页。

另一方面，政治伦理规范也是历史的。什么样的政治需要什么样的伦理规范，一定的政治伦理规范一般说来都是一定社会关系的反映。如罗国杰先生所说："这些伦理规范，不但其所包含的具体伦理内容是由一定的社会关系和伦理关系所决定的，就是它们各自的具体形态，也是由不同的社会关系和伦理关系所赋予的。"① 黑格尔（Georg Wilhelm Friedrich Hegel）也认为，"伦理性的东西不像善那样是抽象的，而是强烈的现实。"② 这就是说，政治伦理规范不是主观固有的，而是社会客观存在的反映。具体而言，政治伦理规范体系和内容是一定社会经济关系、政治关系、社会关系和历史文化传统对政治伦理的要求与反映，不同历史时期、不同国家的政治伦理规范有着不同的具体表现。

一般而言，政治伦理规范总是表现为普适性与历史性的统一。普适性是政治伦理规范的历史延续性及生命力所在，而历史性却是政治伦理规范的现实存在性和具体表现。没有普适性，政治伦理规范不可能成为人民的道德意志共识，不可能对政治主体进行良好的制约，也就达不到至善的目的；没有历史性，政治伦理规范就可能没有与时俱进的精神，没有与时代同进步的新品质和新内涵，传统的政治道德规范就有可能成为一种新时代的道德桎梏，使政治文明总是处于旧有的社会形态之中，难以得到良好的发展。传统政治伦理规范的发展充分说明了这一点。

三、自律性、善恶评价和价值导向功能

政治伦理规范是关于政治观念、政治意识与政治行为是否符合大多数人利益和社会公认，是否符合一定社会发展和政治进步，是评价判断政治理念与活动为善或为恶的标准和尺度。从实践的角度，政治伦理规范就是一定的伦理价值导向体系，引导着社会政治主体从善去恶，使政治本身符合伦理的精神与要求，进而导向并推动着社会整体和谐有序的发展。

"伦理的基础是人类精神的自律"，马克思的这句话揭示了"自律"是政治伦理规范的一个基本功能。政治伦理规范对政治主体的外在约束及转化为内在自律，是通过对善恶的区分，以伦理为价值取向，进行政治意识、政治实践的选择与取舍的过程和结果。具体而言，在一定的社会政治伦理规范的影响下，政治行为者通过内省式自我约束将相应的政治伦理规范内化为自我的主体精

---

① 罗国杰：《伦理学》，人民出版社 1997 年版，第 183 页。
② ［德］黑格尔：《法哲学原理》，商务印书馆 1996 年版，第 173 页。

神，在政治活动中既体现着行为动机的自律性伦理导向和约束，同时又接受着社会公众和社会舆论等对政治行为者及其行为的他律性伦理评价和监督。

具体而言，政治伦理规范的功能主要可概括为以下方面。

第一，政治伦理规范是善恶评价的理性标准和重要尺度：

一是使政治主体有明确的善恶标准、政治伦理准则和正义的目标，以此建构起政治行为者应该、不应该的行动决策参考和价值导向，从而完善个体政治人格，完善政治社会。政治行为者的政治伦理价值目标应当与社会的政治伦理价值目标相融合，才能理性地实现，否则，它就不具有实质性的意义。为了实现这种融合，政治主体必须以社会的政治伦理价值目标的外化形式，即政治伦理规范作为其行动的要求和准则。另一方面，从政治伦理规范的实质是政治道德义务的角度出发，政治行为者要完善政治社会，完善自我政治人格，需要在政治行为中自觉承担政治道德责任，恪守履行政治道德义务，也即要以政治伦理规范为标准和依据，否则就很难谈得上是一个良序的政治社会，更谈不上有着完善的政治人格。

二是使社会与公众有明确的评价、监督与影响政治主体从政行为的依据，使这个社会内的政治主体与公众、与个体及个体与个体之间形成一种对这些规范的认可、内化和协调一致的关系。从社会政治实践看，培育和形成一种社会成员理性的、认同的、共有的价值观和伦理观是非常必要的。社会历史实践证明，一个社会中如果没有共同的价值，权力竞争就可能很激烈，大量的社会紧张状态就会存在，社会的信任成本加剧，信任力会陷于困境①。

三是使人类社会向健康的、向善的方向发展，促进现代和谐社会的实现。对社会政治活动的伦理审视主要是从政治价值、政治制度和政治行为主体出发。首先是政治价值理念的伦理审视。政治价值理念的确立，在人类政治文明发展史中始终处于优先地位，"所有的政治实践的开始，是一种把事物看作是它们应该如何的观念"②。现实政治生活中，政治价值理念是政治生活的价值基础，对人们的政治行为有着深层次的导向作用。

第二，政治伦理规范是政治制度的伦理审视。政治制度伦理是保证政治价值理念"正当"存在与付诸实践，并追求可能实现的基本规则体系。它既是一定社会历史条件下政治伦理价值观的具体化和对人们政治行为的规范，也是现

---

① ［美］乔纳森·H·特纳：《社会学理论的结构》，吴曲辉等译，浙江人民出版社1987年版，第324页。

② ［美］莱斯利·里普森：《政治学的重大问题——政治学导论》，华夏出版社2001年版，第18页。

第一章 政治伦理规范的基本问题

019

实实行的除伦理制度以外的种种社会制度中蕴涵的伦理追求、道德原则和价值判断。美国政治学家亚伯拉罕·卡普兰（Abraham Kaplan）在《美国人的伦理观和公共政策》一书中写道："道德领域包含对自我和他人的个性评价，其范围广泛到包括所有与人的精神价值有关的所有活动——即是说，广泛到人们所做的一切。政治道德涉及的不仅仅是行贿和贪污腐化，欺诈和收买或其缺陷的问题，它不是平民出任公职经常假公济私的问题，它存在于所有政策之中，这些政策的决定明显影响着人们对各种事物的价值观。"①

第三，政治伦理规范对政治行为主体的伦理审视。政治价值理念和制度只有通过政治行为主体的道德内化和具体实施，才能真正地实现。因此，政治伦理被认为"是为了实现和维护一定的政治理想与政治秩序，在政治实践中形成的有关政治活动合理的、适宜的系列价值观念、行为规范与从政者道德品质的总和"②。

第四节　政治伦理规范建设的现实审视

社会主义中国，社会政治理念紧紧围绕中国共产党"全心全意为人民服务宗旨"展开与深化，在社会主义的历史实践和改革发展中，执政党始终以人民利益为根本的政治价值追求，在纯洁性、先进性及全面从严治党的自觉建设中实践与升华。服务人民、廉洁行政的伦理精神及其规范，已然成为新时代解析社会政治生活最基本的"核心概念"和"流行话语"。特别是党的十八大以来中国广泛而深刻的反腐败行动，深刻体现着执政党保持先进性和自我纯洁的自觉和决心。在肯定廉政、勤政的同时，我们也看到反腐败形势依然严峻复杂，政治伦理规范的"应然"与"实然"之间仍有差距，既定的"善"的社会政治价值理念在与政治行为者的具体社会政治实践的结合中还存在差异。

2015 年 2 月《人民网》报道数据显示，2014 年 4 名正副国级干部被查，68 名中管干部落马，23.2 万名党员干部受纪律处分。可见，政治伦理从"应然"到"实然"，需要建立一个有效的途径，除了外在的、刚性的法治，由内至外的"德治"是必要而必须的，而政治伦理规范作为既定的规制、标准与尺

---

① 载木才：《政治伦理的现代视域》，《哲学动态》，2004 年第 1 期，第 37～40 页。
② 汪前元：《党风政风与市场经济运行秩序》，《湖北大学学报（哲社版）》，1998 年第 1 期，第 31～35 页。

度，是政治行政权力行使的动力源头，具有自律、约束和导向的现实效力。从政治伦理的视角梳理与分析既定的"善"的政治价值理念与政治行为者具体社会政治实践的差异，审视社会政治行政活动中的伦理问题，思考预防和惩治懒政、怠政及腐败的伦理对策，具有重要的现实意义。

一、政治价值理念的问题

（一）政治理念与基本价值的伦理内化缺失

用道德发生学分析，在道德成长的非理性—他律性—自律性过程中，如果政治行为人在对政治理念自主选择时并未将其上升到"自觉"程度的道德自律，缺失了"自律性"这一内化阶段，在现实道德选择时就只能是说起来重要，干起来次要，有利益就不要，从思想与根源上形成说一套、做一套的荒诞，知法犯法、有法不依，腐败现象屡禁不止。

在腐败案件的查处中，不乏年富力强的知识精英型官员，其价值理念深受"公共权利派生说""经济寻租理论""成本—收益论"享乐主义思潮和理论的影响，在政治情感与行为选择上全然受这些思潮的左右，把权钱交易、投机钻营、有钱就是万能看成是为官者的一种能力和本事，在从政理念上已完全丧失了伦理自律，直至触犯法律。2014 年 9 月 24 日，国家发改委原副主任、国家能源局原局长刘铁男案开庭审理。在最后的陈述时间，刘铁男当庭痛哭忏悔，自诉"我觉得穷就没人看得起，就会被人轻易伤害，就没有地位、没有尊严"。其子刘德成也对办案人员说，"从小我就觉得钱是万能的，有了钱就有了一切"。一些案件还反映出将腐败与高科技、专业化结合，不仅是权钱勾结，而且是权力、资本和知识三结合，既搞权力运作，又通资本运作，既插手房地产炒作、国企改制，又涉足信息业、金融业和高科技行业，其腐败行为甚至还涉及跨国公司和合资企业。

（二）对从政行为伦理失范后果的评估模糊

某些政治、行政行为人对于公权力行为的价值目标、伦理自律和后果评估的模糊性导致其公权力行使中的私欲性和随意性最终酿成腐败。分析腐败官员的心理，不难看出，有些腐败官员在最初的腐败行为中并不一定是有意识地进行腐败活动，他或许只是受到周围环境，如重血缘、讲亲情的影响而做出的一种不自觉行为。许多官员在案发以后，自己都并没有意识到所犯罪行的严重性，仍然认为"给熟人朋友介绍工程，要块地，搞开发或做生意，好像不觉得是违反原则"。

追溯行为的思想根源，还是源于缺乏对以"善"为核心的政治伦理规范的敬畏和自觉，所以当政治、行政行为人对于政治行为的价值目标、伦理自律和后果评估都带有很大模糊性的时候，其公权力活动和社会行为也将带有很大的随意性。时间久了，获取心理满足和敛取财物的满足就成为外界给予行为体的一种刺激，这种刺激和影响通过个体的消化和吸收，产生出一种自动力，使个体由消极的"要我做"转化为积极的"我要做"。在这种外界环境刺激下，政治行为主体便产生了腐败可以满足自己需要的想法，腐败分子最终对腐败形成了从否定到肯定，从反对到赞成，从憎恶到喜好的政治态度。一旦政治行为主体由于私利，沦丧了"公共利益""人民利益"的"善"的政治理念的内化和自律，腐败便一发不可收场。

（三）对民众尤其是弱势群体缺少道德情感和道德义务

秉持"立党为公、执政为民"的基本政治价值和政治伦理精神，执政党始终坚持和保证公民权利的广泛性、真实性和平等性，从建设小康社会到全面建成小康社会的进程中，特别是在关注和扶持社会弱势群体方面，提出了许多惠及百姓的重要举措。以农民为例，2006年国务院提出了开始全部免除西部地区农村义务教育阶段学生学杂费，2007年扩大到中部和东部地区，全国农村中小学每年取消学杂费达150亿元；经过30多年的改革开放，中国已经使6亿多人脱贫，成为全球首个实现联合国千年发展目标贫困人口减半的国家。但仍有7000多万人没有脱贫。2013年10月，习近平同志到湖南湘西考察，首次提出了"精准扶贫"概念，在全面建成小康社会的进程中，决不让困难地区和困难群众掉队。2016年1号文件提出推进农业供给侧结构性改革，体现了执政党对解决"三农"新老问题，确保亿万农民迈入全面小康社会的力举。

但是，在一些地方和基层仍然存在着不同程度地对弱势群体的轻视和漠然。一些基层政治和行政行为人无论在观念还是制度设计上，常会忽视弱势者的生活需要、发展需要以及他们的价值追求，实际造成了一些社会公民的权利保障和共享方面的弱势现象。公民地位在一些地方还没有真实地得到尊重，权利没能得到完全地实现。政治、行政行为人的道德情感影响和引导着全社会的道德观念。在基层某种程度上仍存在着一种身份的冷漠，"农民"本来应是社会分工形成的一种职业，但囿于传统观念的影响，这一"身份性"色彩的职业在一些人眼里被轻视和低看，演化成一种社会低等级的象征，其享有的政治权利、经济权利、文化教育权利等也相应处于一种不充分的状态。

二、行政制度伦理建设的问题

（一）工业化进程中制度建设的伦理意蕴淡化

纵观工业化国家的发展历史，在城市化、工业化快速发展、社会财富增加、社会流动加快、社会结构发生变动的时期，资金、物资、人力、信息等经济类要素呈现出快速频繁流动，而管理体制、运行机制、制度规章建设却相对滞后，相应的管理与监督存在缺陷。即便是制度建设，其重心大多也放在经济活动的规定性界定方面。而基于公平、正义、民利道德指向，对公共权力机构与经济行为主体之间权利与义务分配关系及资源配置过程中的道德选择及价值导向的明显不够。

市场经济体制的运行机制尚在健全过程，行政政治体制和政府行政机构依然在经济生活过程中的基本方面发生作用，甚至是决定作用，还没完全让位于市场。制度上的这种缺陷给腐败行为提供了"好的机遇"。另一方面，等价交换规则、成本—收益论、经济寻租论等市场机制下的潜规则又影响着政治、行政机构及其行为人。一些官员把职权作为谋取私利的资本，获利的多少取决于市场行情，即政府能够提供的和社会对这种服务的需求。需求大于供给越多，则有关当事人为换取官员的服务而向他付出的钱财就越多。行政政治体制和经济体制两类全然不同的运行规范、规则存在着溢出自己的边界而对其他领域发生作用的情况，导致制度伦理和行为规则的失范。

（二）行政组织的设计尚未充分体现道德属性的要求

行政组织作为代表国家行使职能的公共机构，主要包括政治性、社会性、服务性、系统性和法制性等属性。一般认为，行政组织的设置及调整，是受一定国家的社会政治制度和经济制度、经济发展水平，以及历史文化传统等因素制约和影响。社会主义国家的行政组织是国家权力机关人民代表大会的执行机构，是以为人民服务、为社会公共利益服务为根本宗旨。因此，行政组织在根本上还有一个基本特性，就是应以维护人民利益、实现社会公益为目的。这里的社会公益性，就是行政组织机构内含的道德规定，是社会主义政治道德属性的规定。在追求行政效益的同时，实现社会公益的最大化，是行政组织的道德属性的内在要求。

行政组织的建设包括组织目标的设定、组织结构的设计、岗位职责的规定、职数编制等。这一过程中，如果有悖公平、公正的道德原则，偏离了"人民利益""社会公益"的政治行政道德要求与轨道，就可能导致行政组织目标的错位，就可能职责不清、因人设岗，就可能以改革和调整为名，通过行政组织的变革，有意制造部门之间的权力与利益的分割，从而致使人浮于事、部门扯皮和机构臃肿，表象是行政组织的功能不能得到充分发挥，行政组织效率降低，实质却是围绕权力与利益演变的不道德行为，是不道德的行政组织成员违背政治行政道德准则，以"非违法"的形式谋取自己或相关利益集团较多的权力与利益。因此，行政组织的道德属性要求行政组织在组织目标设定、组织结构设计、开展组织变革等，应将正确的政治道德要求内化于心，在组织建设和机构改革中体现行政效益的同时，充分考虑"服务"与"公益"的政治道德属性要求。

（三）社会财富和收入具体分配制度的伦理性尚不充分

社会财富和收入的分配在根本制度和体制设计上总体体现了"公平"的政治伦理规范。但仍然不时发生有悖公平、维护垄断利益、剥夺或者限制消费者权利的分配问题。一些行政机关，特别是在过去比较突出，集规则制定权、规则执行权和规则监督权于一身的，既不合乎公平理念，也容易滋生腐败。其制定的法律实施细则或实施办法有可能被私自塞入部门利益的条款，造成一些资源行业和自然垄断行业的垄断，垄断所获得的高额利润，一部分转化为职工的高工资和高福利，使这些行业职工的收入远远高出其他行业的职工，导致行业性分配的严重不公平。垄断性行业的存在，使得收入与主观努力、主观付出脱节，没有全面地体现按劳分配的体制内含的道德性原则。

党的十八大报告首次正式提出全面建成小康社会的战略，当前正大力推进对贫困地区的精准扶贫。但社会财富和收入的第二次分配体制尚在完善中，对弱势群体的补偿不够，贫富不均仍比较明显。在以往的制度设计中，种种因素导致了社会公平在一定程度上的缺乏，对农民作为公民的权利和义务的保护和分配不够公正。与城市居民相比，农民在权利和义务的分配中处于不对等的地位，制度性歧视仍然没有完全消失。目前的个人收入纳税制度、各种社会保障制度和再就业机制还处于建设阶段，覆盖面和执行力度还需加强，实施的机制也不够灵活，相对滞后于市场经济发展的需要，不可避免地造成社会资源利用、财富占有的不公平。概括性地说，社会财富和收入的第二次分配机制的不完善，一方面，可能诱发一部分社会公民疯狂地追求个人财富，丧失社会公德和伦理人性，经济犯罪率上升。另一方面，可能会形成贫民阶层，诱发社会矛盾和社会冲突。可见，其后果不仅关系伦理缺失，最终也将影响到经济社会的稳定，以及社会成员对公权力的认同与信任。

三、政治行政行为人的伦理失范问题

（一）重权力"利益化"，轻权力"公共性"

权力"利益化"现象必然导致权力"公信力"下降，严重影响执政党的威信与形象。在应然的意义上，一切权力都是公共权力。然而，在政治社会的实然中，掌握权力的人常会借助权力的力量而把自我凌驾于权力的作用范围之上，对于一个机构来说，则表现为凌驾于社会之上，权力的应然和实然矛盾突出，其公共性可能成为一种空谈。社会主义条件下，无论是理念和理论上，还是法律和制度中，都彻底告别了权力私有及权力利益化的逻辑。

在社会现实活动中，依然没有彻底根除权力从为人民服务的工具蜕变成少数人谋取私利工具的"异化"问题，少数人把"黑头（法律）不如红头（文件），红头不如白头（条子），白头不如口头（招呼），口头不如来头（靠山）"当作自己的政务潜规则，公共权力成为某些政治、行政行为人为其本人、亲属、身边人以及其他有"寻租"关系者谋取利益的工具。

从伦理的视角，思考上述问题的发生，本质上是由于社会政治个体对公权力的认识还囿于传统社会的思维方式，其政治伦理规范的内化缺失导致其官僚主义思维和以权谋私的行径。因此，为了防治政治、行政行为人的伦理失范和腐败滋生，在建立起权力公共性的法律依据和制度惩治的同时，我们还必须构建和确保实现权力"公共性"的政治伦理规范体系，让权力在运行前及运行中接受政治伦理的拷问、规范和制约。

（二）重"私利"，轻"民利"

人民利益是一切政治、经济、行政和社会活动的出发点和落足点，但是政治、行政行为人一旦把谋私利作为自己内心的取向，就会习惯性地错误判定"权力交易"是"官场"时尚的道德准则。在现实实践中，原本应为人民服务的公权力行为及活动等就可能发生扭曲，或者人为地造成资源的不良配置，妨碍生产要素在不同产业之间的合理流动，或者故意拖延乃至设卡，制造和引发新一轮的浪费性寻租活动。继而，利益受到威胁的利益主体也会采取行动避租

与之抗衡，"其结果是导致社会经济的内耗、资源的浪费"①，严重减低了社会的经济福利，直接损害到人民利益。"民利"政治伦理规范的缺失造成的是政治个体行为的扭曲，最终给社会、国家与人民造成重大损失。

更有甚者，由于"私利"当先，酿成恶性事故，威胁到人民的生命安全。在綦江虹桥垮塌案中，副县长林世元正是掌握了建设工程承包合同的原始发动权、变更解除权、监督权等，所以在收到无施工资质的包工头的 11 万元人民币贿赂后，违法发包，放弃监督。同时，綦江县政府作为发包方，为了打造"形象工程"，利用单方变更合同的特权，强令施工方在桥上增设座椅和花台，共增重量 1800 吨，唯利是图的承包商变本加厉，采取偷工减料的手段谋取利润，导致本是豆腐渣工程的虹桥更难承受其重荷，最终发生了死 40 人，伤 14 人，直接损失 600 余万的垮塌惨案，严重损害了人民的利益，也严重损害了政府的形象。

（三）重"政绩"，轻"公正"

政治伦理意义上的公正观，是要求政治、行政行为人在政治行政活动中以重视人的平等地位，肯定人的价值，维护人的尊严和幸福，满足人的需要和利益为出发点的一种道德价值规范。但是，仍然有一些政府官员为了邀功升迁，不惜违背民意，"制造"政绩，沉醉于招商引资、"政绩工程"等所谓"高显示度"个人业绩的表现，在公共政策的制定和资源分配上，缺失道德的公正，忽略社会弱势群体和低收入群体的社会保障、医疗保障、就业、教育和脱贫等公共需求的投入。一些地方政府存在以经济社会发展为名，站在出资方、雇主立场，单方面强调维护出资者的利益，无视普通劳动者的工作环境、工资待遇、劳动保护、社会保障等基本的利益诉求。一些地方的经济发展代价极其高昂，出现的环境恶化问题、劳工保护问题、房地产调控问题、侵占耕地和城市拆迁危机等社会问题愈演愈烈，严重影响了党和国家的执政宗旨与政治形象。

国家统计局发布数据显示，2003 年以来，我国基尼系数一直处在全球平均水平 0.4 之上，2008 年曾一度上升至 0.491。自 2009 年来连续 7 年有下降：2009 年 0.490，2010 年 0.481，2011 年 0.477，2012 年 0.474，2013 年 0.473，2014 年 0.469，2015 年 0.462，但仍然超过国际公认的 0.4 贫富差距警戒线。国际社会一般将 0.4 作为收入分配差距的"警戒线"，基尼系数 0.4

---

① 陆丁：《寻租理论》，载《现代经济学前沿问题》（第 2 集），商务印书馆 1993 年版，第 143~144 页。

以上的表示收入差距较大，当基尼系数达到 0.6 时，则表示收入悬殊。对社会收入差距悬殊的放任，必将影响到社会稳定与和谐的发展。如果现实生活中，一些赤贫者的收入甚至已超出了最普通、最起码的伦理底线，生活处境会非常艰难。这种现象与执政党和国家要求和倡导的追求公平正义和每个人的全面发展的目标是相悖的，收入分配不均问题会对公正、正义的追求提出严峻的挑战。

（四）重"自我之爱"，轻"人民之爱"

政治道德情感是真实地认知与体悟到相应的政治伦理精神、理念、原则和规范的情感体验，是在认识、认同的基础上产生的自觉的、内在的情感，与高度的责任感和使命感交织，具有深刻性、真实性、稳定性和持久性等特点，是人类最高形式的道德情感。在道德情感上，一些干部对人民群众缺乏真诚、真实的情感。政治主体的权力是人民授予的，在情感上，各级干部和人民群众的关系应然是血肉相连。但是，"党内脱离群众的现象大量存在，一些问题还相当严重，集中表现在形式主义、官僚主义、享乐主义和奢靡之风这'四风'上"①。在利益驱动下，一些干部更多地关心本人、配偶、子女、亲属以及其他有"利益"关系的团体的实际利益。

2012 年 "8·27 延安特大车祸" 之后，公众发现新华社拍下的现场图片中，竟有一名当地官员在事故现场"微笑"。2014 年 9 月，人民论坛问卷调查中心的调查显示，看客心态和"事不关己，高高挂起"的群体中，官员占比 26.9%，远远高于知识分子、白领阶层、青少年等其他群体。部分官员不仅没有做到"为官一任，造福一方"，却在基本的政治道德情感反映中，屡屡出现"不问苍生问鬼神"的信仰缺失，鸵鸟心态、未老先衰的初老症，以及思考依赖症，对强拆的冷漠、截访的无情等都不时发生。

伦理学的意义上，爱是人类历史上最广泛、最深厚、最真诚的感情。而政治、行政行为人对人民的爱不仅是一种情感，更是一种义务、责任和规范，在本质上是"理性的道德情感"。在社会主义市场经济条件下，政治行政行为人在作为"经济人"与作为"道德人"之间价值取向的矛盾冲突中，应以对人民有"理性的道德情感"为思想基础。只有始终恪守并将"爱民"政治伦理规范内化于心，才能真正做到"全心全意为人民服务"，才能真正地做一个对人民有情感的"公权行为人"。

---

① 习近平：《习近平谈治国理政》，外文出版社 2014 年版，第 368 页。

第二章 政治公信力与政治伦理规范

政治公信力为政党、政府的存在和运行提供合法性与持续性，政治公信力与相应的公共权力和政治权威相互影响并形成共生发展的机制。马克斯·韦伯（Max Weber）认为"传统权威、理性合法权威和感召性权威"是政治权威的基本类型。政党与政府是以上述的某种形式的权威作为基础和保证，没有权威，政党与政府就会失去公众的信任，失去其存在的基本保证与根本条件。

现代民主政治的公信力主要是建立在理性合法权威和感召性权威之上，而理性合法权威和感召性权威不仅来自公民对政党与政府提供社会公共服务、公共资源及公共物品基本能力的信任，更为重要的是源自公民对其政治理念和权力合法性的认同及支持。

这种认可和支持需要通过政治伦理规范去引导和约束，一方面是规范政治的健康运行，另一方面，要求政治主体从真实的"为民"政治道德情感出发，去代言、去努力、去主动作为，从而无论在理性合法权威方面，还是在感召性权威方面，都能够赢得社会民众的广泛信任与稳定支持。

第一节 信任与政治公信力

信任是作为"人之为人"的人性及世界存在的自明事态的"本性"。公信力，《现代汉语词典》解释为使公众信任的力量。公信力一词源于英文词Accountability，原初的意思是对某一件事进行报告、解释和辩护的责任，对自己的行为负责任，并接受质询。

一、信任的内涵

信任，是一种人与人之间、团队之间、组织之间及人与团队、人与组织之间等各方面产生与形成的一种关系状态。这种关系包含并体现着彼此的认识状态、情感状态、依赖状态及合作状态。虽然只是以社会关系的形式存在，但却因为信任意味着个人、团体或组织在寻求实践政策、道德自律、法律规则和行动的内心承诺，意味着面对可能存在的危机或潜在问题的解决，保持正面的期待与努力，从而具有极大的社会价值与社会意义。

信任的定义具有抽象性和结构复杂性，在不同领域的定义也不尽相同，但都基本认为信任是涉及交易或交换关系得以实现的基础。从心理学范畴研究信任的问题，皮格马利翁效应（Pygmalion Effect）提出"期待效应"，其内涵就是给予一定人、事特定的期许和对其能力的肯定，去影响这一过程中的情感和观念，从而获得积极正向的结果。这种暗示，会产生比较明显的期待效益与结果。后来，这个概念被广泛应用到现代社会体系中，体现在经济、社会生活、政治生活各个方面，信任被赋予不同的含义。

信任是社会影响概念中非常重要的部分。尼克拉斯·卢曼（Niklas Luhmann）[①] 给信任的定义是，"信任是为了简化人与人之间的合作关系"。"信任构成了复杂性简化的比较有效的形式。"[②] 这种简化是基于人与人、人对组织是倾向于相信而敢于去托付。简化复杂性是一切生物生存进化的策略，是应付充满非完备信息的复杂环境的机制。特别是现代社会是一个挑战与危机并存，发展与风险同在的开放性社会，更需要大力简化社会的复杂性，维持稳定与正常的社会秩序。

从社会学与政治学的角度，信任是一种确定性，是一种社会资本，也是新型社会治理结构建设的基石。在整个社会中，社会治理结构以社会信任系统的建设为基础。其中最为重要的是以政治公信力为核心，再辐射与贯穿市场、民间组织、社会个人等领域与个体，在相对确定的权利与责任对应、信任与合作的基础上，建立起以政党、政府公信为主导，转接社会各领域的新型社会治理结构。可见，公信力是复杂风险社会中的一座桥梁，由内至外，形成整个社会稳定的中枢。

确定性或相对确定性在公信力建设中具有非常重要的意义。确定性意味着社会个体、民间组织、市场等对社会制度的信心。从心理学角度，信任至少包

---

① 尼克拉斯·卢曼：德国当代杰出社会学家之一，他发展了社会系统论，也是一位"宏大理论"的推崇者，主张把社会上纷繁复杂的现象全部纳入一种理论框架去解释。其主要著作有《社会的社会》《社会的艺术》《社会的法律》《信任：一个社会复杂性的简化机制》。

② ［德］尼克拉斯·卢曼：《信任：一个社会复杂性的简化机制》，瞿铁鹏、李强译，上海世纪出版集团 2005 年版，第 10 页。

括正直、能力、责任、沟通、约束等要素。公信力建设中，其确定性在本质上取决于执政党、政府的理念宗旨，忠实地履行职责。其次是理性决策与执行能力，即信任者在交换过程中获得被信任者值得信任的证据，如口碑、意图、能力、可靠性等，然后信任者会依其信任倾向来决定是否信任对方。第三是情感状态，认知性及情感性的元素同样存在于公信力建设之中，如果只有理性认知而没有基于文化与历史的情感元素等，则信任可能只是简单的利益交换。

确定性还需要与公共权力的强制机制相结合，这与前述的三个方面并不矛盾，确定性意味着相对稳定且持续性的状态，这实际意味着一定的社会强制力量，只有以信任者或共同利益为优先，将上述的信任元素形成一定的主观自愿机制，并与公权力的强制性相结合，运行互信合作的简化程序后，整个社会才能高效有序地持续发展。

二、政治公信力的含义

追溯中国传统道德思想，早有对"信""诚信"的诠释与强调，"信"始终是中国传统道德文化中最普适、也是最基础的伦理规范。孔子就将"信"与"文""行""忠"并列为"四教之一"。"信""诚信"对于做人是最基本的要求，作为"公信"主体的执政党、国家和政府更是应将"信"作为社会治理和国家管理的基本政治伦理准则。《左传·僖公二十五年》在谈到"信"时，称"信，国之宝也，民之所庇也"[1]。子贡在请教孔子关于治理国家的要义时，孔子曰"足食，足兵，民信之矣"。子贡又问："必不得已而去，于斯三者何先？"孔子回答道："去兵。"子贡再问："必不得已而去，于斯二者何先？"孔子讲："去食。自古皆有死，民无信不立。"[2] 可见，信任是我们必须保护的东西，因为它就像空气和水源一样，一旦严重受损，我们所居住的社会就会土崩瓦解。一个国家、一个政府如果失去了公信力，其他方面就什么都谈不上了。公信力在政府理念、政府行为中具有最为本位的伦理地位和实践意义。

公信力是一种社会系统信任，同时也是公共权威的真实表达。基于政治伦理范畴，广义上讲，政治公信力包含着政治价值的信任、政治制度的信任、通过政府行使公共政策的信任、对政治与行政行为人的信任等。具体而言，至少可以从四个方面理解政治公信力的内涵。一是社会成员对执政党、政府基本理

---

① 参见《左传·僖公二十五年》。
② 参见《论语·颜渊》。

念和具有普遍性的行为规范的认同并赋予的信任，建构执政党、政府与社会成员之间和谐互动的关系，形成一种良性的社会结构秩序及发展趋势。二是执政党、政府应是"主权在民"的服务型政党及政府，执政党、政府要以社会成员公共利益最大化为价值追求，为社会成员提供有质量、效率高、普遍化的公共服务，社会成员始终是政治公信力建设的价值主体。三是政府应是追求公平、公正、信用的"阳光政府"。政府是因人们的利益需求而产生的，政府的存在价值就在于公正、公平并最大范围地为社会成员提供公共服务，而政府满足社会成员的目标、途径、举措、方法等都应依法公开。执政党、政府的权力必须运行在阳光下，是阳光下的公共权力系统。四是政府应是责任型政府。从社会契约论的角度，政府应遵守以"权责平等"为核心的契约精神，代表社会成员行使好权力，并同时对社会全体成员负责。

随着经济、社会等领域改革的深化与发展，执政党和政府越来越重视各级组织和政府的公信力建设。党的十八大报告强调，要"创新行政管理方式，提高政府公信力和执行力"。党中央关于制定"十三五"规划的建议也把提高司法公信力作为国家治理体系和治理能力现代化取得重大进展，人民民主更加健全，法治政府基本建成的重要内容。学术界从不同角度对政治公信力的内涵进行了界定。龚培兴等人认为政治公信力是指政府依据自身的信用所获得的社会公众的信任度[1]。唐铁汉的观点侧重于政府与公众互动，认为政治公信力是政府的影响力和号召力，既是政府行政能力的客观体现又是人民群众对政府的评价，并可用公式表示为：政治公信力＝政府行政能力×公众满意度[2]。高卫星解释政治公信力是政府在其公共行政活动中，依据自身的道德状况所表现出来的与社会公众建立自愿的稳定的，并能在紧急状态下外化为物质力量的信任关系的能力[3]。张旭霞则认为公信力是政府的信用能力，它反映了公众在何种程度上对政府行为持信任态度，这种信任程度依赖于政府所拥有的信用资源，它包括意识形态上的（如公众对政府的政治合法性的信仰，公众对政府制度及其公共政策过程的公正性、合理性的认可程度等）、物质上的（如政府的财力），也包括政府及其行政人员在公众心目中的具体形象（行政人员的率先垂范性、服务性、效率性）等[4]。国家行政学院薄贵利教授定义政治公信力是政府通过

① 龚培兴、陈洪生：《政府公信力：理念、行为与效率的研究视角——以"非典型性肺炎"防治为例》，《中共中央党校学报》，2003年第7卷第3期，第34页。
② 唐铁汉：《提高政府公信力 建设信用政府》，《中国行政管理》，2005年第3期，第8页。
③ 高卫星：《试论地方政府公信力的流失与重塑》，《中国行政管理》，2005年第7期，第62页。
④ 张旭霞：《试论政府公信力的提升途径》，《南京社会科学》，2006年第7期，第51页。

自己行为得到社会公众信任和认可的能力，它反映了人民群众对政府的信任度和满意度[①]。

由此，公信力建设涉及的信任力、支持率等倾向性意识和行为，是社会成员对执政党、政府行为及形象的一种心理反应和主观价值判断，表现为社会成员对公权力行使过程中某方面工作满意的程度或者信任的程度等，或者与之相反的质疑程度、抵触程度、漠然程度。公信力是执政党、政府政治行政理念及行为形成的社会公共信誉及社会成员心理反应，而这一心理反应从意识上来源于政治行政行为主体的道德意识、道德内化与行为自觉状况，在实践中取决于政治行为人及公务员在公权力行使过程中所产生的行政效果和服务效能，是社会民众对公权力信任程度的基本反映与总体评价。

可见，政治公信力是通过政党、政府履行其职责以及承担其责任的言论及行为予以反映。政治公信力的政治道德意义实质是社会成员对政党、政府履行其职责情况的道德情感评价，这种道德情感评价的积淀将深化为对政党、政府的政治合法性的信仰，对政党、政府制度及公共管理活动过程中的公正性、公平性与合理性的认可程度，对政党、政府行为人的具体形象的认同程度。具体而言，反映着民众基于对政党、政府的总体认识，对其整体形象构建起的情感、态度、情绪、期待、信仰、信念等，也体现出面对复杂性问题或局面时，民众自愿配合执政党及政府决策、组织和行动的响应情况和支持程度。

三、政治公信力的功能

政治公信力的强弱体现在其功能的发挥上。政治公信力的功能发挥主要涉及两个方面，一是信用方，包括政党、政府及其政治与行政的行为主体等组织、团体及个人。另一方面，是信任方，以社会公众或社会组织为主体。两者相互间的信任关系，特别是公众对政党、政府及其相关组织的信任，即对政党、政府及相关组织信誉的主观评价或价值判断，进而形成的一种比较稳定的心理反应和行动取向，是政治公信力的核心内容。作为信用方的公信力建设主体，既包含政党的政治价值信任、政治制度信任等，也包括政党的各级组织、各级政府及其工作人员的具体实施和履职情况。

基层党组织、地方政府作为执政党和政府执政行政的组织基础，其公信力

---

① 薄贵利：《论提高政府的公信力和执行力》，《武汉科技大学学报（社会科学版）》，2010 年第 12 卷第 5 期，第 20 页。

建设相对执政党与中央政府政治公信力建设将面临更多的具体问题和困难，更值得研究和思考。从内涵的角度分析，地方政治公信力因其外延小于整个政治社会的公信力，是相对更高层次政治公信力而存在，其含义可以理解为地方基层党组织、地方政府及其公务员进行政治、行政行为过程中所产生的公权力效应，推动民众形成的对所在地域党组织及政府的信任程度评价。相对于执政党中央及中央政府而言，基层组织、地方政府与公众的相互互动关系更为经常与密切，当然其作用影响也更加直接、具体和强烈。

"只有行为者才能被信任，因为他们是唯一能够互给信任的单位。"① 进一步分析执政党各级组织、各级政府的行为者在公信力建设中的重要地位与作用。公共权力是抽象的，基本政治理念和根本政治价值需要主体与路径来实现，民众对于执政党的认识要通过行使权力的人来认识，社会公众对执政党、政府的认识、认同直至信任，很大程度上来源于他们对自己身边的政治行政行为人的认识、认同到信任，特别是对政治行政行为人践行宗旨、履行公职现实情况的评价和判断。因此，除了政治制度本身蕴含的政治道德价值、意义所诠释的信任力以外，政治和行政行为人在政治公信力评价体系中是非常重要的一个主体。如果行为人能够认真履行执政党和政府伦理规范，自觉自律，切实履行公职责任，政治公信力自然会得到提升。如果行为人消极渎职，甚至滥用职权、贪污腐败，不依法行使公权，不发挥政治道德表率作用，则会败坏执政党和政府的形象，政治公信力就会受到损害。

第二节　政党与政治伦理规范

任何政治都有伦理意义的存在，只是在不同的历史进程、发展阶段其伦理作用和道德效力有所不同。在政党政治时代，特别是社会较发达地区，由于激烈的政治冲突、政治斗争不断被相对温和的政治改革、政治民主代替，社会民众参政议政的意识和权利，以及参政议政机会的增大，对政治符合伦理的意蕴及诉求也更为强烈，社会民众的善恶观对政治的影响也越来越直接和明显，在民主政治和政党建设中构建既联系又有别于法律、规章、制度等规范体系的政治伦理规范体系，建立社会政治生活的良性与自觉发展成为必要。

---

① ［美］马克·沃伦：《民主与信任》，吴辉译，华夏出版社 2004 年版，第 65 页。

一、政党的政治伦理意蕴

政党作为代表一定阶级、阶层或集团利益，通过执掌或参与国家政权以实现其政纲为目标的政治组织，需尽可能地代表大多数社会成员的利益，合法拥有国家权力。国家权力的运行一般是在执政党的领导下进行的，国家权力的行使是社会公共管理发展的要求与倾向，因此，执政党的合法性在于是为社会民众的公共利益服务。其核心是面向社会公众提供公共产品和公共服务，而不局限于一个阶级或一个政党的利益。执政党应提高其执政能力，有效整合社会资源，平衡国家、社会与公民三者的关系，就必须具有公共精神的伦理支撑①。执政党在制定公共政策时应协调社会各阶层利益关系，以满足公众利益诉求为导向，建立公正稳定的社会秩序作为基本伦理诉求，并获得公众的认同和支持。执政党应以公共精神为基本信仰，教育其成员坚持公共理性原则，真实地为公共利益服务。公共理性原则是在公共领域社会公民就公共生活的基本规则进行探讨并平等交流的理性，是政治权力合法应用的理性，与现代执政党的伦理诉求有着内在一致性。执政党按照公共理性的要求合理地行使公共权力，没有公共理性就没有公共行政，执政党执政合法性最终要接受公共理性的检验②。

卢梭（Jean-Jacques Rousseau）的社会契约论的观点指出，所有政治权力都是公意的结果，因为公意是组成社会的成员的意志集中表达，政治社会的一切权力都出自于人民的同意，只有人民才是真正的主权者。国家、政党和其他公共机构设立的目的就是为公意所指导，都是为了实现人民权利，为公共福利服务的，这是政治组织之所以可以存在的伦理性依据。正如巴黎公社无产阶级革命胜利后，马克思、恩格斯所指出的那样，"过去的一切运动都是少数人的或者为少数人谋利益的运动，而无产阶级的运动是绝大多数人的、为绝大多数人谋利益的运动"③。为人民谋利益是马克思主义政党全部政治行政伦理活动的出发点和归宿。马克思主义认为巴黎公社的干部是人民群众的代表，而不应是贪图享受的官老爷。公社在通过的《废除国家机关高薪法令》中严格规定，"各公社机关的职员，最高薪金为每年六千法郎""从公社委员起，自上至

---

① 李建华，等：《执政与善政：执政党伦理问题研究》，人民出版社 2006 年版，第 114 页。
② 李建华，等：《执政与善政：执政党伦理问题研究》，人民出版社 2006 年版，第 131 页。
③ 《马克思恩格斯选集》（第 1 卷），人民出版社 1972 年版，第 262 页。

下一切公职人员，都应该只领取相当于工人工资的薪金"①。公社采取定期普选制和平均工资制以防止国家公职人员追求升官发财，要求公职人员要清正廉洁，不搞特权，不搞特殊化。随时保持廉洁奉公是执政党各级干部和政党成员必须遵守的基本道德规范。执政党的各级干部和成员，不论职位高低，都是人民的公仆，都应当勤勤恳恳，兢兢业业，事事走在前头，做群众的表率。

政治伦理是伦理理念、伦理规范及伦理自觉的总和。具体讲，政治伦理即执政党在建立和建设中确定和形成的理想目标及其蕴含的价值追求，既包括政治伦理理念、伦理规范，也涵盖着制度伦理和执政党及其成员在社会政治实践中的伦理自觉，体现的是合理正当性，并得到社会的认同。人们行为或活动的道德性质和意义，最基本不在于其所达到的目的（或者所体现的内在价值），而首先在于它所具有的伦理正当性②。因此，行为是否具有道德意义就在于该行为是否与公共的道德规范相符合，执政党行为及作风也必须符合执政党承诺的伦理要求，保障公众自由、民主、平等权利和共享发展成果，而不能谋求执政党自身的特殊利益，这是执政党应负的责任，也是对执政党行为的根本伦理要求③。

二、政党成员是政党伦理的直接体现

党员是政党的主体，也是政治伦理原则和规范的实践者和履行者。党员的党性、道德修养，党员为所在组织的事业奋斗的精神以及为该党所联系群众的服务精神的培养等，是影响政治公信力高低的重要因素。执政党成员个人有义务无条件服从组织安排，但不意味不能主张自身权利，发表自己不同见解，受到上级不公正压制和非法打击时可以申诉，不应只是机械执行上级命令，而后将行为后果全部推托于上级组织，而应该成为有正义感、责任感，有政治德性的人，把职业要求的他律与政治道德的自律自觉统一起来，成为秉持公共理性精神和兼具求真务实理念的人。敢讲真话、做实事、光明磊落、表里如一，这是共产党人应有的品质作风，也是为人的基本道德底线。执政党成员的伦理自觉对于承担执政的责任极其重要，否则可能在遭遇利益矛盾的冲突时，可能丧失独立判断力而盲目服从，异化为唯上唯尊不唯真，权力沦为了人生的唯一追

① 《马克思恩格斯选集》（第 2 卷），人民出版社 1972 年版，第 375 页。
② 万俊人：《论道德目的论与伦理道义论》，《学术研究》，2003 年第 1 期。
③ 李建华，等：《执政与善政：执政党伦理问题研究》，人民出版社 2006 年版，第 194 页。

求，个体人格为权力欲望所扭曲变形，人格变异，"当面一套背后一套，台上一套台下一套"。组织成员对理性精神和道德自律的淡薄和漠然，各种形式主义、官僚主义、自由主义层出不穷，从表象上体现的是工作作风、工作态度的问题，在深层次上仍然是行为人的政治伦理问题。这些问题的长期存在将直接影响到社会公众对执政党的认同与信任。长此以往，将会严重损害到执政党的公信力及执政力。

三、中国共产党的政治伦理实践

中国共产党从成立之日起，就鲜明地将"人民"书写在了自己的旗帜上，把"全心全意为人民服务"作为基本政治理念。执政的根本任务就是带领全国各族人民建设富强、民主、文明、和谐的现代化国家，不断满足人民日益增长的物质文化需求，政治伦理的价值核心是"以人为本"和"执政为民"。"以人为本"的价值取向使人成为价值的核心和社会的本位，把人的生存、发展、尊严和价值实现作为整个社会追求的价值目标。把"人的尊严"作为社会发展的价值尺度，是对重物轻人、"以物为本"和"金钱至上"价值观的根本否定，又是人本主义现代发展理念的具体化及必然的结果，体现的是对人的终极关怀。"立党为公，执政为民"是中国共产党对其组织及其成员最根本的政治伦理要求，也是判断执政行为善与恶的基本价值尺度，是政治公信力的核心与灵魂，具体体现为全心全意为人民服务的宗旨，以人民拥护不拥护、赞成不赞成、高兴不高兴、满意不满意作为制定各项方针政策的出发点和落脚点，最终实现好、维护好、发展好最广大人民群众的根本利益。"得民心者得天下，失民心者失天下""民可载舟、亦可覆舟"，民众的认可和支持是执政合法性的根基所在，也是执政党及其成员需要遵行的伦理自觉。

党的十八大报告，"人民"出现了 145 次，报告强调"必须增强宗旨意识，相信群众，依靠群众，始终把人民放在心中最高位置"，通篇洋溢着执政党的伦理精神和为民情怀。呼应时代要求建构政治伦理的善恶评价，应"主要看是否有利于社会主义社会的生产力，是否有利于增强社会主义国家的综合国力，是否有利于提高人民的生活水平"[①]。要做到"善谋富民之策，多办利民之事；力争当好一方公仆，促进一方发展；确保一方平安，带好一方风气""为官一任，造福一方""当官不为民做主，不如回家卖红薯"。"我们共产党区别于其

① 《邓小平文选》第3卷，人民出版社1994年版，第327页。

他任何政党的又一个显著标志，就是和最广大的人民群众取得最密切的联系。全心全意地为人民服务，一刻也不脱离群众；一切从人民的利益出发，而不是从个人或小集团的利益出发"①。"我们是无产阶级的革命的功利主义者，我们是以占全人口百分之九十以上的最广大群众的目前利益和将来利益的统一为出发点的"②。要树立正确的权力观，"执政党的权力来自于人民，所以必须用好权，把好权，不要使人民赋予的权力变为一党之利，一人之利"。真正做到"情为民所系，权为民所用，利为民所谋"，才能抵制在建立社会主义市场经济体制过程中所滋长的拜金主义、享乐主义、极端个人主义等不良思想作风。

第三节　政党与政治公信力

随着现代社会民主政治的发展，民众的政治主体意识不断增强。新的市场经济体系催生着新的价值要求，兼之社会多元文化的冲击，民众对执政党的权威和信任从遵从与依赖，产生了更多的批评与问责。如马克 E. 沃伦（Mark E. Warren）所言，"民主的成分越多，就意味着对权威的监督越多，信任越少"③。20 世纪以来现代社会显现出的民主化、市场化、多元化等特点，促使政党建设面临着新的挑战，政党公信力建设成为政党建设的重要内容。

一、政党的公信力建设

执政党公信力建设是政党能力建设的重要组成部分。执政党公信力是民众对执政党在社会政治和治理国家方面的信任程度和认同程度，是影响与形成社会信心与社会凝聚力的重要因素。执政党执政能力与政治公信力建设休戚相关，而政治公信力又直接关系到执政党道德权威的树立，关系到执政党执政合法性的强弱。

公信力是民众对执政党及政府在政治和公共权力行使上的信任关系。而执政党的公信力建设是一个系统工程，涉及经济社会发展环境状况、执政党自身建设和执政能力、文化和传统的影响情况及民众意识及心态等方面。宏观层

---

① 《毛泽东著作选读》，人民出版社 1986 年版，第 591 页。

② 《毛泽东著作选读》，人民出版社 1986 年版，第 542 页。

③ ［美］马克 E. 沃伦（Mark E. Warren）：《民主与信任》，吴辉译，华夏出版社 2004 年版，第 1 页。

面，涵盖了社会政治经济发展现状与态势对公信力强弱的影响。中观层面，反映了执政党的能力建设、执政水平与政治伦理价值的呼应，以及对公信力的主动建设状况。微观层面，透视了社会民众对执政党、政府的认识、感知、评价与判断。在社会政治实践中，我们更多地从政党建设的角度思考公信力与政治伦理的问题，政党既要积极应对大的发展环境带来的挑战，更要以政治价值理念为政治伦理核心价值，持续提升公信力的建设水平，通过宣传、培养等，引导民众对政治制度、政治价值、公共政策等方面的信任。多管齐下，最终实现政治公信力的稳定与提升。

当然，以政治伦理为核心的政治文化也是构建政治信任的重要因素与重要背景。德国哲学家雅斯贝斯（Karl Jaspers）认为，"人不仅是生物遗传的产物，更主要的是传统的作品"，文化对于个人而言，从内心深处的影响将更加持久与深远，文化"可以说是他的第二天性"①。可见，文化与传统对人的认知、评判与成长有着极其重要的影响。同样，以实践精神为核心的政治伦理文化状况，对执政党公信力建设的状况，也产生着极其重要的影响。

政治信任是政治公信力的核心。政治信任的内涵至少可以包括五个方面：其一政治价值信任，是政治信任中最为核心的要素。一切政治体系都是以追求和实现一定的价值为根本目标，这个目标是政治体系得以存在和发展的根本所在。罗尔斯（John Rawls）认为，"正义是社会制度的首要价值，正像真理是思想体系的首要价值一样"②。提出和追求社会正义，是执政党的根本目标，也是执政党提升公信力的基本路径。其二，政治制度信任，制度是实现一定的政治价值和规范权力的外在形式。因为制度的强制性、客观性与可靠性，它蕴涵着人们应当的价值观，包含着民众的认同感，即对制度的信任。如果民众对政治制度都失去了信任，政治公信力将无从谈起。其三，公共决策信任。政治及行政决策是否符合民众与公共利益，是否符合执政党的政治价值和伦理追求，是否尊重了客观规律，决策过程面向公众，实现了科学、公开与民主，出台的公共政策是否可持续与健康发展，诸如此类的符合度，决定着政治公信力的强弱。其四，行为和程序信任，凡属政治活动和行政行为，应严格按照政治价值理念和法律规定，不出位、不越位、不滥用职权。程序上，做到法定、透明与公开。实现名实一致、言行一致和前后一致，做到价值目标与职、权、责

---

① ［德］卡尔·雅斯贝斯：《时代的精神状况》，王德峰译，上海译文出版社 2003 年版，第 117 页。

② ［美］罗尔斯：《正义论》，何怀宏等译，中国社会科学出版社 1988 年版，第 3 页。

一致，理念、政令与行动一致，政策与制度的衔接和延续一致。行为和程序的信任最为直观，是公信力实现的现实路径。其五，公务人员信任。政治权力及行政权力是抽象的，更多的时候，公众对政治与行政的认知和信任来自于他们与公务人员的交流、沟通和互动。因此，政治、行政活动的行为人的言行已经不只限于代表个人的活动，在民众眼前，他们就是政治和行政的代言人，是决定公信力产生、形成及状态的直接动因。

执政党的整体道德水平，源于组织机体中每个个体的政治道德水平，并通过每个个体的言论及行动予以反映。作为社会政治活动和公共行政的主体，德性高尚、勤政负责、廉洁奉公、具有良好人格修养和政治伦理自律是应当具备的政治品格和行政素养。只有心中怀有政治价值理念和政治道德自律，政治与行政行为个体才能够真正发自内心地恪守，实践与践行所在政党和国家的治国理政方略，其行为和思想才会被民众视为楷模，对社会起到积极的表率和导向作用，才能在整体上提高执政绩效和执政党的公信力。

二、中国共产党的公信力建设

中国共产党执政的最高纲领是实现人自由全面发展的共产主义的美好社会，偏离这一最高纲领的指引就会迷失方向，就会失去立党建党的宗旨与初心，有悖于既定政治理念、政治价值中蕴涵的政治伦理精神。执政党的基本纲领是党当前的执政使命，要求将党当前的奋斗目标与实现最广大人民群众的利益相结合，履行"立党为公，执政为民"的执政伦理，体现着始终把人民利益放在第一位。离开人民群众，空谈共产主义，不是一个理性政党的伦理诉求与政治实践，也不可能最终实现党的执政目标。中国共产党执政伦理是全社会道德关注的焦点，在全社会道德体系中具有示范性和价值导向性的作用，执政党是整个社会的表率，执政党的各级成员又是全党的表率，一切政策、法令、制度和措施，都必须靠党组织和政府的各级成员去执行、去实施，并在执行和实施中不断加以发展和完善。公务人员既是人民的公仆，同时又掌握着管理和领导的公权力。执政党的角色和地位决定了政治伦理必然具有导向性和示范性的特征，中国共产党执政伦理不仅规范着中国共产党的各级党组织和广大党员，而且通过对中国共产党组织的规范达到对整个社会道德的调整，从而影响着全社会的道德风尚和道德水平。

从政治价值信任和社会信任的视角，中国共产党的性质决定了始终把代表最广大人民群众的利益作为自觉的崇高使命。要求各级党组织及广大党员干部必须坚定中国特色社会主义的理想信念，树立践行社会主义核心价值体系，全心全意为人民服务的宗旨。中国共产党弘扬的富强、民主、文明、和谐，自由、平等、公正、法治，爱国、敬业、诚信、友善等国家层面、社会层面、公民个人的主流价值，已然为全社会所认同，形成了思想共识，引领着社会思潮，汇聚为全民族团结和睦的精神纽带和精神支柱。中国共产党始终主张并把社会正义作为政党的政治价值追求，特别是十八届三中全会强调全面深化改革要以"促进社会公平正义、增进人民福祉"为出发点和落脚点，实现发展成果更多更公平惠及全体人民。这些都体现了党的根本宗旨与执政理念，是政治价值信任和社会信任的核心与保证。

在政治制度信任和程序信任方面，改革开放以来，党和政府围绕以人为本的政治价值理念，在遵循根本制度的框架下，按照"于法周延、于事简便"的原则，以问题为导向，以改革为推动，大力开展经济、政治、司法、社会、文化、生态、军事等领域的制度建设，大幅度地提升了党和政府的公信力。当下的中国已经确立起系统的中国特色社会主义制度体系，包括中国特色社会主义经济制度、民主政治制度、法律制度、社会文化制度、生态文明制度等一整套相互联系、相互衔接的制度体系。同时，健全与完善了规避政治不信任问题的监督体系建设。目前，巡视制度、审计制度、监察制度、责任追究制度，以及传媒自主、集体决策等政治原则，也得到广泛的应用。制度的刚性约束和强化监督双管齐下，真正把公共权力关进了笼子里，持续推进了各级政治组织和各级政府政治、行政活动的透明性、公开性，从而有力保证政治、行政行为的程序性、公正性，促进了政治秩序的稳定性及可控性，有益地促进了民众对党和政府的信任。但是，对照政治伦理精神的诉求和公信力建设的标准，也要看到，仍有一些具体制度机制和程序没有充分体现全心全意为人民服务的价值理念，没能很好地发挥促进沟通、凝聚信任的功效，还有一些领域与重要环节，基于伦理诉求和建立信任的制度还没有健全，还需要持续加强制度信任的建设。

具体到政治行为人信任方面，执政党的各级成员及公务人员按照执政价值理念与政治道德的基本要求，形成高尚的政治道德修养，按照执政伦理的原则去制定政策、执掌决策、处理问题、解决矛盾，去用好干部、统筹资源、管理财物、办好事情。按照执政伦理规范用好权力，承担责任，搞好服务，处理好利益关系。在行使公权的过程中，按照执政道德的要求去过好权力关、金钱关、名利关、亲情关等。执政党的道德规范与实践如此，自然会引起广大民众的认同、赞许与效仿，在全社会起到政治道德引领和社会道德教化的导向作用。但也需充分认识到，改革开放以来，党员干部队伍出现了一些突出问题，一些党员干部跨过伦理道德的底线，以权谋私、贪赃枉法、腐化堕落、弄虚作假、善恶不分、违反党的执政伦理，在受到公众舆论的谴责的同时，严重损害到社会和民众对党员干部的评价与认同，也严重影响到党和政府在民众中的良好政治形象，影响到政治公信力的建设。

邓小平同志在中国共产党第八次全国代表大会上所做的《关于修改党章的报告》中指出："执政党的地位很容易使我们的同志沾染上官僚主义的习气……我们党内还有一种人，他们把党和人民的关系颠倒过来，完全不是为人民服务，而是在人民中间滥用权力，做种种违法乱纪的坏事。这是一种很恶劣的反人民的作风，这是旧时代统治阶级作风在我们队伍中的反映。"① "领导干部树立社会主义荣辱观，是提高执政能力、更好履行职责的需要。修养与威信是领导干部的软实力，缺少软实力而仅靠硬权力，不可能取得满意的施政效果。'公生明，廉生威'，树立'八荣八耻'的社会主义荣辱观，将行政职权与高尚的道德修养、人格魅力结合起来，才能达到良好的执政境界和施政效果。"② 党的十八大以来，党中央在践行群众路线，清除党员干部中存在的贪污腐败、形式主义、官僚主义等问题方面做出了"打虎拍蝇"的行动。党中央的反腐举措向广大群众传递了反腐倡廉的决心与信心，传递了中国共产党的执政伦理，传递了政治与社会的正能量，对于修复民众对党员干部的政治信任具有积极意义。

当然，相对传统政治社会，中国社会主义民主政治建设进程所面对的民众的个体性、主体性、独立性都较以往有许多扩展，政治信任的建设与形成呈现出更为明显的由遵从依赖走向监督多元的趋势。特别是改革开放加大了中国与国际社会的交流，各种社会思潮的传播使国内社会政治思想领域的冲突更为激烈。当代中国社会的文化传统认同和对执政党的政治威信认同，面临着多元文化的挑战。这些都对新时期我们的政党建设和政治公信力建设提出了新挑战。应对各种非马克思主义的思潮和多元文化的冲击，中国共产党围绕自己的政治价值核心，持续丰富与提出了邓小平理论、"三个代表"重要思想、科学发展观和"四个全面"发展战略，提出了加强党的先进性与纯洁性建设，以中国梦为中华民族的美好愿景和共同纽带，这是我们党的公信力建设始终保持相当强程度的重要根基。

---

① 《邓小平文选》第1卷，人民出版社1994年版，第214页。
② 人民日报评论员：《社会主义荣辱观：一项需要带头履行的领导责任——五论树立社会主义荣辱观》，《人民日报》，2006年3月31日，第1版。

第四节　政治伦理与政治公信力

任何权力都有着价值内核和约束性条件，即一定的伦理精神和伦理约束，背离伦理精神与伦理规范的权力指向"恶"。执政党和政府的各级组织及行为人直接面向社会公众与社会成员，所谓"民为邦本，本固邦宁""基础不牢，地动山摇"，各级组织和政府的公权力行使状态及其作风状况，决定着民众对执政党和社会的认同程度，决定着政治公信力的运行状况，是国家社会风险评价的重要风向标。加强执政党的政治伦理规范建设，特别是制度程序的伦理建设、行为人的伦理规范建设等，是政治伦理规范促进政治公信力建设的重要路径。

一、政治伦理建设与公信力提升

政治公信力建设是政党建设的重要组成部分。执政党的政治道德规定着政党的追求方向和行动纲领的价值取向，也规定着其行为主体的执政行为和执政作风，与之相应的各项政治制度及路线方针政策是实现执政党价值目标的行动准则。换言之，执政党伦理既是政治价值的集中体现，也是伦理规范的律令要求。如果一个政党缺乏基本的伦理制约，无视公共利益和民众利益，把公共权力作为谋取私利的手段，导致整个社会道德溃败，造成社会不公和秩序的混乱，势将危及其政权的稳定。执政者应当实行以德服人的仁政，加强自身的修养，为社会做出表率。如孔子所说："政者，正也。子帅以正，孰敢不正？""其身正，不令而行；其身不正，虽令不从。""治者无德，何以德治。"① 现代社会政治建设，通过关注公信力反映出的现象与问题，从内在的角度重视与加强政治伦理建设，就是要通过道德的内省和渗透，使执政党和政府行为主体自觉树立民众利益至上的伦理道德观，从而达到规范执政行为，转变执政作风，以服务、效益与情感提升社会的公信力。

政治伦理规范还应把政治伦理原则和政治道德要求固化为制度，以制度化途径对执政党的伦理加以规制，通过伦理的制度化，依靠伦理的内化性和制度的强制性使政治行政行为人应当并必须遵守相关规则条例，规范执政党和政府

---

① 参见《论语·颜渊》。

成员的行为态度和内化政治道德要求，保证政令畅通，预防和治理腐败。将既定的执政党伦理规范予以固化与制度化，形成规范的律令非常重要。邓小平在讲到制度问题时，曾经强调，"我们过去发生的各种错误，固然与某些领导人的思想、作风有关，但是组织制度、工作制度方面的问题更重要。这些方面的制度好可以使坏人无法任意横行，制度不好可以使好人无法充分做好事，甚至会走向反面"①。事实上，思想与作风也应从伦理的制度化角度予以律令的制约性，从而由内到外，由思想到行为发生效力。

政治伦理规范建设对政治公信力建设既有潜移默化的影响，从源头上又是夯实政治公信力的基石，体现在情感、信念、制度、行为、效果等方面，使社会与民众直观地感受到对政党的信任与认同。良好的执政伦理，有赖于正确的执政价值观的确立，形成内在的约束机制，使执政伦理要求及规范尽可能达到广泛社会认同和普遍接受，并成为政治行政行为人的基本行为准则和内心自觉。基于此，必须加强执政伦理制度化的建设，树立和践行社会核心价值体系，促进执政党的成员坚定并践行正确的理想信念和伦理道德价值观。1989年苏联在古谢尹诺夫的主持下，出版了《党的伦理——20年代的争论》一书，该书编者认为，由于党长期忽视执政伦理建设，社会分配不公和贫富两极分化导致社会阶层对立，干部群众关系疏远，上下级畸变成一把手为主导的内部人控制的人身依附关系，党政机关和国有企事业单位变相世袭和近亲繁殖，因而导致了党的威望的下降和党内的严重腐败，这是一条惨痛的教训。东欧社会主义政党在道德上产生麻痹意识，不能应时代形势和民众需求，忽视对政治伦理的审视，执政党的理念是仅为少数权贵阶层服务而忽视人民要求，最终使其执政权威失去道义基础，执政公信力受到削弱并最终失去了执政地位。

全心全意为人民服务是中国共产党的根本宗旨，是共产党人的根本道德规范。② 全心全意为人民服务是中国共产党政党伦理建设的核心，在社会主义制度下，执政党必须以为人民服务为核心内容加强自身的政治伦理建设。人民是党的群众基础，是党的力量的主要来源，党和群众的关系如鱼水关系。国以民为本，以民为基，如果没有人民群众的拥护和支持，我们党就失去了存在的基础。习近平同志在中国共产党十八大报告中指出：坚持以人为本、执政为民，始终保持党同人民群众的血肉联系。为人民服务是党的根本宗旨，以人为本、执政为民是检验党一切执政活动的最高标准。任何时候都要把人民利益放在第

---

① 《邓小平文选》第2卷，人民出版社1994年版，第333页。
② 李忠杰：《"三个代表"与党的建设学习文库》，人民日报出版社2002年版，第425页。

一位，始终与人民心连心、同呼吸、共命运，始终依靠人民推动历史前进。因此，只有始终坚持全心全意为人民服务的党的政治伦理内核，才能在社会主义的伟大实践中切实践行一切为了群众、一切依靠群众、从群众中来、到群众中去的群众路线，才能真正把全心全意为人民服务作为建设具有中国特色社会主义全部工作的出发点和落脚点。

二、政治伦理与作风建设

执政党建立的一种结构性与系统性的道德要求和制度性的伦理规范，会从精神自律的源头上加强与改进执政党的作风。因此，加强执政党的作风建设应与加强执政党伦理建设相结合，从他律与自律的整合与融合，促进执政伦理建设和党的作风建设取得实效。中国共产党的领导历来非常重视党的作风建设和党员的道德修养，如毛泽东同志的《关于纠正党内的错误思想》《整顿党的作风》，刘少奇同志的《论共产党员的修养》，邓小平同志的《加强党的领导，改善党的作风》，十五届六中全会通过的《中共中央关于加强和改进党的作风建设的决定》，十八届六中全会通过的《关于新形势下党内政治生活的若干准则》和《中国共产党党内监督条例》等，都是党的伦理建设方面的经典性文献和伦理制度化的成果。在长期革命和建设的实践中，形成并坚持发扬了理论联系实际、密切联系群众、批评与自我批评等优良作风，形成了与时俱进、开拓创新、求真务实等优良作风，如"三大纪律、八项注意""南京路上好八连"等，这些优良作风是由中国共产党的性质所决定，应作为党的伦理建设的重要范畴，成为执政党获得民众拥戴并不断巩固政权的根本前提。

回顾党的历史，必须警醒凡是偏离了中国共产党的政治伦理核心的时期，都是处于混乱和倒退的时期。中华人民共和国成立后的社会主义建设"大跃进"时期，执政党的各项工作来自上级领导的强迫性摊派和考核，"共产风、浮夸风、强迫命令风、瞎指挥、干部特殊化风"五风盛行，违背客观规律办事；进而在"文化大革命"时期践踏法律尊严，破坏党的民主集中制原则，执政作风简单粗暴，一切价值观及伦理皆以阶级划分，"凡是敌人拥护的我们就反对，凡是敌人反对的我们就拥护""要在灵魂深处爆发革命""狠批私心一刹那"，把道德立国推向极致导致了道德虚无主义的产生，弄虚作假、急于求成、浮躁冒进，背离"立党为公，执政为民"的执政伦理根本，全然偏离了全心全意为人民服务的执政伦理内核，严重脱离社会现实和人民的实际需求，人民实际的生活和利益被忽视，各项工作表现为一种政治需要和政治运动，最终使社会主义建设遭受困难与挫折，极大地破坏了执政党的执政威信，侵蚀执政的合法性资源①。

对执政党的作风状况要有既清醒又全面的评估，看不到主流，悲观失望自叹不如，是错误的；看不到问题的严重性，丧失警惕，不下大气力自我警醒与整改，是危险的。要用伦理律令规约权力，防止权力对人民利益的侵害，这是每一个执政党成员都必须坚守的伦理底线。执政党面临的党性不纯、党风不正问题，要求执政党既要坚持依法执政，宪法与法律高于一切，党和政府都要依法办事，决不允许有超越于法律之上的行为。同时，强化政治伦理建设，执政党工作的伦理基础就是维护、保障与促进人民的根本利益。

当前政治公信力方面存在的问题，有其复杂而深刻的社会根源和思想根源。党长期执政，党内一些人产生了脱离群众、故步自封等倾向。我国处在社会主义初级阶段，实行改革开放，发展社会主义市场经济，许多领域的制度还在完善的过程中。资产阶级腐朽思想和封建残余思想侵蚀着行为人。有的地方和部门治党不严，思想政治建设和组织建设抓得不紧，管理和监督不力。一些政治行政行为人在思想深处没有根植政治伦理的要求，放松世界观改造，理想信念动摇，革命意志衰退，经受不住各种诱惑考验。这些因素的存在，使执政党的伦理建设与公信力建设的任务十分艰巨，这些问题，归根到底都是脱离执政党的政治伦理旨趣与要求，其消极影响和后果不可低估。

探其根源，政治公信力弱化源于政治伦理的失范，政治伦理失范的直接表现是政党作风的败坏，强化政治伦理必须加强作风建设。执政党的作风关系执政形象，关系人心向背，关系执政党和国家的生死存亡。村看村，户看户，群众看干部，党风正则干群和。执政党的党风好了，以优良的作风促政风带民风，就能够营造出团结和谐的党群干群关系。中国共产党开展保持共产党员先进性纯洁性干部作风教育活动，开展"三严三实"教育实践和"两学一做"教育就是对广大党员，特别是党员干部进行党性党风教育，夯实执政的道德基础，发挥广大党员先锋模范作用，增强党的战斗力，实现党的宗旨，完成党的历史使命。加强和改进党的作风建设，是当前和今后一个时期要常抓不懈的重点工作，通过日常教育和监督，集中解决党的思想作风、学风、工作作风、领导作风和干部生活作风等方面的突出问题。其主要任务是：坚持解放思想、实事求是，反对因循守旧、不思进取；坚持理论联系实际，反对照抄照搬、本本主义；坚持密切联系群众，反对形式主义、官僚主义；坚持民主集中制原则，

---

① 李建华，等：《执政与善政：执政党伦理问题研究》，人民出版社 2006 年版，第 263 页。

反对独断专行、软弱涣散；坚持党的纪律，反对自由主义；坚持清正廉洁，反对以权谋私；坚持艰苦奋斗，反对享乐主义；坚持任人唯贤，反对用人上的不正之风。全党要全面贯彻"八个坚持、八个反对"，严守《关于改进工作作风、密切联系群众的八项规定》，进一步开拓创新、知难而进，关心群众、真抓实干，艰苦奋斗、拒腐防变，使党的作风有新的明显进步，使党群关系和干群关系有新的明显改善，将党的作风建设推向到治国理政的新高度，使广大群众看到实效，增强信心。

三、行为人的政治伦理要求

人民群众是我们党的力量源泉和胜利之本，代表最广大人民根本利益。失去了人民群众的拥护和支持，党的事业和一切工作将无从谈起。马克思主义执政党的伦理内核就是始终保持党同人民群众的血肉联系，马克思主义执政党的伦理要求是密切联系群众。脱离群众，高高在上，骄傲自满，产生优越于人民的膨胀感等种种表现，是对马克思主义执政党伦理的背离。坚守执政党的伦理内核，要做到始终不忘初心。党要经受住长期执政、改革开放和发展社会主义市场经济的考验，就必须始终密切联系群众。在任何时候任何情况下，与人民群众同呼吸、共命运的立场不能变，全心全意为人民服务的宗旨不能忘，坚信群众是真正英雄的历史唯物主义观点不能丢。李克强同志在第八届全国"人民满意的公务员"和"人民满意的公务员集体"表彰大会的讲话中强调，政府的权力来自人民，必须服务于人民，接受人民的监督。政府出台的每一项政策，制定的每一个举措，都应该尊重人民意愿，体现人民要求，为人民利益服务。衡量政府一切工作的尺度，都要看人民群众高兴不高兴、满意不满意、赞成不赞成。

融入伦理价值理念，加强理想信念教育。政治与行政行为人要坚定共产主义的远大理想，坚定建设有中国特色社会主义的信念，内化全心全意为人民服务的伦理精神，正确对待权力、地位和自身利益，做人民的公仆。要在思想上解决好参加革命是为什么、现在当干部应该做什么、将来身后留点什么的问题，自觉抵制各种剥削阶级腐朽思想的侵蚀，增强拒腐防变的能力。党的各级组织和全体党员必须坚持党的基本路线，自觉同党中央保持高度一致，维护中央权威，保证中央政令畅通。对党的决议和政策如有不同意见，在坚决执行的前提下，可以声明保留，并且可以向党的上级组织直至中央提出，但不得公开发表同中央决定相反的意见。坚决反对阳奉阴违，搞当面一套、背后一套的两面派行为。不允许编造、传播政治谣言及丑化党和国家形象的言论。禁止参与各种非法组织和非法活动。

坚持制度的伦理精神，在服务中做好工作。要切实执行好党的各项方针政策，充分领悟政策制度内蕴的伦理精神。在实践中接受"为民"伦理的考验，把精力用在勤勤恳恳为人民服务上。提倡以科学态度和求实精神，埋头苦干，扎实工作，坚持讲真话、报实情，力戒浮躁浮夸。把抓落实作为推进各项工作的关键环节，把中央的决策和部署变为各级党组织和广大群众的实际行动。要爱惜人力、财力、物力，着力解决国家和人民群众的当务之急，反对搞华而不实和脱离实际的"形象工程""政绩工程"。正确认识和评价干部政绩，建立和完善科学的考核标准，坚决刹住弄虚作假、欺上瞒下、追名逐利的歪风。涉及群众切身利益的决策，要充分听取群众意见。不准向下级提出不切实际的要求，不准强迫命令，严禁欺压百姓，切实解决作风粗暴、办事不公的问题。

注重伦理修为，提高政治素养和道德情操。要树立正确的信仰观，养成高尚的生活作风，始终保持共产党人的为民情操和革命气节。政治行政行为人的生活作风不是小事。一些公职人员道德操守不佳，行为不检点，影响党的形象和威信。一些人走上腐化堕落、违法犯罪的道路，往往是从贪图安逸、追求享乐开始的。政治行政行为人要加强思想道德修养，培养积极向上的生活情趣，做到自重、自省、自警、自励。自觉抵御拜金主义、享乐主义、极端个人主义的侵蚀，做到一身正气，一尘不染，以共产党人的高风亮节和人格力量影响和带动群众。坚持艰苦奋斗，发扬不畏艰难、奋力拼搏、克己奉公、甘于奉献的革命精神。提倡吃苦在前，享受在后，带领群众创造美好生活。遵循勤俭节约、艰苦创业的原则，量力而行，精打细算，讲求实效。把资金更多地用于发展经济和改善人民生活。反对讲排场，比阔气，铺张浪费。

四、政治伦理的执行与监督

政治伦理制度化之后，制度性的伦理规范的执行和监督是关键和保障。执政党的公信力与执政权威与执政党成员的道德修养密切相关，党员干部及公职人员的道德感染力和先锋模范作用是执政党执政能力的重要组成部分，党员干部及公职人员的道德水平与执政党的公信力是正相关的关系。执政党成员加强自身道德修养，牢记为人民服务的宗旨，严格遵守伦理规范，自觉接受社会监督，把执政行为置于阳光之下，包括接受党内监督，以及国家机关内部问责机构、社会舆论、社会团体和组织、其他社会成员等方面的监督，也包括进一步加强法律监督、群众监督，发挥民主党派的监督作用，严格责任追究制度，对于违法违纪行为严惩不贷，推动党风廉政和伦理建设。

要保证党的各级干部为人民掌好权、用好权，必须进一步加强党内监督。建立健全党内民主监督的程序和制度，健全定期报告工作和廉洁从政情况的制度。决不允许领导干部不遵守党的民主集中制和集体领导的原则，不受党的纪律约束，不按党的章程办事。中央和各省、自治区、直辖市党委要强化巡视制度，把下一级领导班子特别是主要负责人的廉政勤政情况作为重要内容，进行监督检查。严格举报制度，认真办理举报事项，保障举报人的合法权益。发扬批评与自我批评精神，不允许任何人将自己的观点、思想凌驾于他人之上，甚至凌驾于党的规章制度之上，以自己的观点为准则、压制他人的自由权利，打击、排挤他人。要切实保障党员享有党章规定的批评权、检举权、申诉权和控告权等权利，充分发挥党员的民主监督作用，特别是对上级非法行为的检举和控告。

除了上级的监督约束之外，实行基层民主自治的治理是最为直接有效的形式。执政党基层政权的有序规范运行，是社会稳定的基础。但时常会发现基层干部在招商引资、征地拆迁、维稳工作等方面，囿于短期性、功利性或者不良政绩观，行走于政策法规边缘，忘记了"立党为公、执政为民"的政治伦理精神，出现趋利避责的选择性执行政策，或采取层层加码的运动式治理方式，往往在某段时间内集中大部分资源、力量完成主要领导认为重要的头号工程，政策制定与执行随主政者变化而随意性改变，重复建设、浪费资源而使公众对政府产生不信任感，官民间缺乏正常沟通导致对立情绪出现。甚而，出现了政府决策作的一些民生工作都不被民众认可，反而被认为是"作秀"，陷入了塔西佗陷阱。因此，充分发挥基层广大人民群众的主体性，围绕基层民主自治和基层政治伦理开展的治理活动，对于巩固和提升执政党公信力，显得尤其必要与重要。这将在本书后半部的实践篇中展开。

从根本上促进政治公信力转变，还需要建立健全边界清晰、奖惩分明的执政行为道德制度和评估机制。中国共产党在召开党的十八大后，陆续出台了系列强有力的执政道德律令。2012年12月中央颁布关于改进工作作风、密切联系群众的八项规定，并强力推行及持续惩戒。2015年新修订《中国共产党廉洁自律准则》，2016年1月新修订《中国共产党纪律处分条例》，2016年7月出台《中国共产党问责条例》。十八届六中全会通过了《关于新形势下党内政治生活的若干准则》《中国共产党党内监督条例》，还包括《领导干部个人报告事项制度》等干部教育管理制度的制定实施，从正反两个方面，对党员、干部基本的纪律与作风要求，分别梳理形成了政治工作、组织工作、廉洁工作、群众工作及工作纪律、生活纪律的正面要求和负面清单，既有自觉培养和追求高尚道德情操、廉洁自律的"高线"，又有体现全面从严治党的明确"底线"，既规范党员领导干部这个"关键少数"，也包括了所有的广大普通党员，从政党伦理方面进一步扎紧了管党治党的"笼子"，刹住了奢侈享乐之风，杜绝了铺张浪费。按照公开、规范的原则，进一步改革完善福利待遇制度和公务活动接待制度。领导干部逐渐习惯于以身作则，廉洁自律，管好自己，管好配偶、子女和身边工作人员，管好分管地区、部门和单位的党风廉政建设。通过深刻剖析典型腐败案件，进行警示教育；大力宣传清正廉洁、克己奉公、敢于同腐败现象做斗争的党员干部的模范事迹，极大地弘扬了党内的正气。据国家统计局开展的全国党风廉政建设民意调查数据显示，党的十八大召开前，人民群众对党风廉政建设和反腐败工作的满意度是 75%，2013 年是 81%，2014 年是 88.4%，2015 年是 91.5%，2016 年是 92.9%，逐年走高。这充分表明推行强有力的执政道德律令，全面从严治党，顺党心、合民意，厚植了政治公信力（引自 2017 年 1 月 9 日十八届中央纪委七次全会精神新闻发布会）。

第三章　政治伦理规范

　　人们能够通过政治伦理理念和政治价值观的构建以及政治伦理规范的确立，构筑一种公正合理的社会环境，特别是政治环境，使社会客观存在的差异和问题能够符合人类理性原则，从而最大限度地达成广泛的社会认同、理解和解决，有效地缩小社会成员的差别和调节人类的矛盾与斗争，在根本上实现人类的和谐生存。因此，政治伦理是政治和谐与公信力建设的精神自律和内在动力，坚守政治伦理的基本价值目标和伦理基本诉求，对公信力建设有着重要的导向和促进。

　　从政治伦理学的视角，马克思主义政党政治伦理规范的内容与要求既包含"民主法治、公平正义、诚信友爱、充满活力、安定有序、人与自然和谐相处"，也是"富强、民主、文明、和谐，自由、平等、公正、法治，爱国、敬业、诚信、友善"价值体系的集中反映。其中，"民主法治、公平正义"，是最具政治伦理意义的"民利"规范和"公正"规范的要求。公正规范，即执政党和政治主体以实现民主法制和公平正义为目的，在人权、机会、规则等方面为人民提供保护。民利规范强调执政党和政治主体应当把人民利益放在第一位，树立人民以及人民利益是国家与社会的价值主体的思想，调节不同利益群体之间的利益关系，缩小社会贫富差距。"诚信友爱"是政治伦理规范中"博爱"规范的体现，博爱规范旨在友爱协作、推己及人，要求执政党和政治主体在全社会建构平等、互爱、协作、发展的人际关系。"安定有序、人与自然和谐相处"与政治伦理规范中"和谐"规范要求一致，执政党和政治主体在政治、经济、社会等活动中要努力维持和实现经济增长与资源环境、公平与效率之间的平衡和持续发展。在伦理意义上，"充满活力"是关爱"人"，重视"人"的全面发展，是尊重"人"性本身价值感、创造力的伦理指向。

　　在内容与建构上，公正、博爱、民利、和谐相互联系，互为补充。公正是执政党政治伦理理念与行为的价值内核；博爱是执政党政治伦理的情感基础；民利是执政党政治伦理良性运行的根本标准；和谐是执政党保障社会全面发展与政治伦理实现的基本途径。公正、博爱、民利、和谐，都是以"善"为核心精神和基本指向，既继承并借鉴了东西方政治伦理规范的精髓，更与现代社会紧密联系，是对东西方政治伦理规范的发展和丰富，是马克思主义政党对"实践精神的把握"，体现着政治伦理规范在"实践—理性"精神方面的指引和约束。

<h1 style="text-align:center">第一节　公　正</h1>

公正，或正义，是人类社会具有永恒价值的基本行为准则，是社会的基本善，是马克思主义政党政治伦理规范中最基础的规范。追求、坚持与实现正义的价值，是现代公民政治生活的基本目的。正如罗尔斯（John Rawls）所言，"正义是社会制度的首要价值，正像真理是思想体系的首要价值一样"①。

一、公正的内涵

公正（justice），按中文的字义解释，"无私谓之公""不偏不倚谓之正"。希腊文里，公正、直线、直道是同一个词。就其一般含义来说，公正是分配社会权利和义务时必须遵循的尺度，是调节人们相互关系的伦理准则。在政治学的视角，公正是一个历史的、阶级的范畴，是关系社会政治根本制度及基本秩序的问题，不同历史时期、不同社会、不同生存领域的人类对公正问题的回答不同，其政治集团、主体对其成员的公正标准也不同。正如博登·海默（Edgar Bodenheimer）对公正的描述："正义有一张普洛透斯似的脸，可随心所欲地呈现出极不相同的模样。当我们仔细辨认它并试图解开隐藏于其后的秘密时，往往会陷入迷惑。"

无论公正被不同的人们诠释为多少种不同的含义，但是体现在政治伦理规范的架构内，真实的公正必然是体现着"善"的本质与精神。事实上，一个真正关于公正的理论本身就是试图定义一个政治的"善"，这个"善"可能源于自然的善，但更多还包括知识的认知成分和行动的实践成分。体现在社会政治生活中，尽管每个公民在现实中都有自己的想法和价值倾向，但是总存在一种公民的普遍认同，这一普遍认同成为一种合法性，予以社会公共生活的内在的

第三章　政治伦理规范

051

"伦理规定性"，达成"公共善"，使社会政治生活有比较一致性的价值基础和内在的统一性。因此，公正规范对政治主体的政治活动的指导性和导向性是内在价值与外在实践的结合。

在这个意义上，公正规范是马克思主义政党政治价值取向的基本"善"与核心价值，是社会主义社会普遍认可的评价政治善恶的标准原则。具体而言，公正是执政党和国家在一切政治、行政决策、制度建设、资源分配、行使职权活动中的一种基本理念，在公正理念的规范导向下，在一切活动中充分保障国家中每一个人均享有平等的政治、经济、社会、文化、教育等权利，无论他们的种族特征、民族身份、阶层或社会地位、性别与行为能力有何差别，都能平等地参与到经济、社会、政治发展的过程中，共享发展的成果。

也就是说，公正，是对执政党、国家政治行政活动的指导与导向，是政治行政活动的过程要求及目标追求，是对政治行政活动善恶进行评价的根本标准。公正规范是以社会和人民的全面提高和共同富裕为目的的公正，其基本内涵包括以下方面。

（一）公正是社会主义制度的本质要求

马克思主义政党的政治伦理意蕴包含社会主义国家公民在制度设计、政治秩序、行政方式等方面达成与遵循的基本价值。历史唯物主义原理认为，生产关系包括生产资料占有关系、分配关系及交换关系等。其中，生产资料占有关系是生产关系的基础。显然，这些方面的公正问题既是整个社会公正问题的主要内容，又从根本上决定着其他方面的公正问题，尤其是生产资料的所有制关系必然是整个社会公正问题的基础。

社会主义是公有制为基础的社会，生产资料的公有制赋予社会成员平等地占有生产资料的权利，并体现了共同富裕的理性基础和光辉前景。邓小平同志指出："我们为社会主义奋斗不但是因为社会主义有条件比资本主义更快地发展生产力，而且因为只有社会主义才能消除资本主义和其他剥削制度所必然产生的种种贪婪、腐败和不公正现象。"

公正是社会主义本质的反映。马克思主义政党的最终目标是实现共产主义的社会制度，实现人的全面解放。执政党和国家的工作任务必然是围绕着公正原则与规范展开的，公正始终是实现人的全面发展和提升公信力的基本遵循原理和现实路径。为实现个人的全面解放，社会主义国家必然要为每个人的学习、积累和发展提供同等的条件。国家应对每个人的基本人身权利进行保护并在国民之间平等地分配这些权利[1]。

（二）公正是权利和义务统一于现实的基础

在私有制社会中，权利和义务的统一至多是局部得到实现。从根本上说，"它几乎把一切权利赋予一个阶级，另一方面却几乎把一切义务推给另一个阶级"。马克思主义政党的公正是真正将权利与义务相统一的公正，其权利和义务关系是"没有无义务的权利，也没有无权利的义务"[2]。有了公正理念及公正规范的引导，执政党和国家在政治、行政活动中，权利和义务互为包含的真实性，政策和制度制定内蕴的伦理性，既无所不在，也十分具体。

2006 年 6 月，国家修订《中华人民共和国义务教育法》，开始施行 9 年义务教育制度。2015 年 10 月，在中国共产党第十八届中央委员会第五次全体会议通过的《中共中央关于制定国民经济和社会发展第十三个五年规划的建议》中使用了"逐步分类推进中等职业教育免除学杂费，率先从建档立卡的家庭经济困难学生实施普通高中免除学杂费"的表述，深圳、珠海、福州等地或其中的部分地区，已经实行了 12 年义务教育。这个"义务"的公正性就是权利和义务互为包含的责任：一方面，接受教育者是由于他对自己受教育的权利负责才使上学成为一种义务的；另一方面，由于国家的义务是保障个人的受教育权利才使义务教育制度成为一种责任的。这种互为包含表明，这一教育制度对个人和国家仍然都是一种具有"义务"性质的责任。这种由自我负责推及互为负责的一种自觉性使公正规范的实现更为有效，也更利于公信力的提升。

相比之下，罗尔斯（John Rawls）在讨论公正时预设的"无知之幕""原初状态"，哈耶克（Friedrich August Hayek）作为公正根据提出的"自发秩序"，在研究和思辨的方式中多体现出一种虚拟和抽象，以一种原初状态来证明某种伦理原则的理论根基，或者是停留在对权利和义务互为包含关系的哲学表述，没有权利和义务在社会现实基础上的统一，公正规范终究可能成为空中楼阁，难以保证社会现实中经济的、政治的或法律的平等的真实实现。

（三）公正不是平均主义的公正

历史和现实生活中，公正与效率常相冲突，这一矛盾成为公正研究领域的

第三章　政治伦理规范

---

① 吴前进、周建明：《关于社会公正与公平问题的若干分析》，《上海经济研究》，2002 年 12 期，第 13~19 页。

② 《马克思恩格斯选集》第 1 卷，人民出版社 1972 版，第 18 页。

中心话题。一方面，现实地存在着私有制发展以牺牲社会的公正为代价来换取社会经济和少数集团物质水平的快速提升。另一方面，作为这种不合理的社会现实的反面，存在着以牺牲效率来换取简单平等的平均主义公正思想。这两个方面都不是马克思主义政党要求的公正。坚持公正伦理就是在公正和效率的关系上坚持以公正为基础，效率是结果，公正带来效率。要"结束牺牲一些人的利益来满足另一些人需要的状况"，一切具有劳动能力的人对劳动都有同等的权利和义务。

只要有公正，个人就愿意并能够通过诚实劳动为社会和他人创造物质财富，经济就会正常运行。做到了公正，就会产生和提升生产效率，生产的物质财富就会丰富。但是，公正不等于平均，简单的平均主义"公正"实质是割断了权利和义务联结的纽带。1984 年 10 月 20 日，中国共产党第十二届中央委员会第三次全体会议通过的《中共中央关于经济体制改革的决定》强调指出，"共同富裕决不等于也不可能是完全平均，决不等于也不可能是所有社会成员在同一时间里同步富裕起来。如果把共同富裕理解为完全平均和同步富裕，不但做不到，而且势必导致共同贫穷"。绝对的平均只能导致个人能动性的丧失、社会发展的停滞。马克思主义政党伦理的公正规范真正地把公正从观念领域引渡到现实领域。

二、坚持公正

在现代中国社会的建设中，政治与行政主体在社会政治行政活动中应当以公正为自律和导向，理念公正、制度公正、程序公正和行为公正缺一不可。坚持公正，促进执政党伦理建设与政治公信力提升，需要在更深的层面去把握公正规范的要求。

（一）人的本体价值第一位和权利享有的全面

一切"善"的政治活动、管理活动从理念形成、制度制定到具体行为都要以实现"人的全面发展"为目标，不忽略任何一个人的发展机会，不忽略对每一个人在政治权利、经济利益、物质需要和精神需求等方面的关爱。在社会主义条件下，公民权利具有广泛性、真实性、平等性等本质特点。在现实中，囿于历史的原因和等级文化的影响，在观念上、事实上仍然存在着一些弱势群体处于弱势状态的现象，或因历史遗留、地域因素、分工差异，或由于积病积贫等。对弱势人群的生活需要、发展需要以及他们的价值追求的支持是坚持公正的重要范畴。从社会阶层分析，作为"公民"地位的农民应然享有的政治权利、经济权利、文化教育权利等，事实上还处于较低水平。从全面深入的视角观察，社会公民权利和义务分配仍然存在欠公正的一些现象。因此，在社会政治生活中进一步以全体社会成员的全面发展为基本价值取向，公正的理念与实践依然十分重要。

（二）坚持效率是公正的衍生物

政治伦理视角下的公正规范，是对人的本体价值尊重的道德预设的基础，而效率仅仅具有衍生性质，追求效率也是为了"人"的全面发展。反观历史，不公正将带来反对与抵抗，导致生产效率降低，造成贫困和社会混乱。思考现实，辩证地分析，在社会主义发展的不同阶段，公平与效率可能有着不同的侧重。比如在社会主义初级阶段初期我们就提出"效率优先、兼顾公平"的政策，但也再三强调要以"先富带动和帮助后富""要注意防止两极分化"为前提。从全局和发展的观点看，公正和效率不应该有绝对的矛盾，马克思主义政党以实现每个社会成员利益为终极目标，在"执政为民"的根本理念下，效率仅仅是一个条件，为公正提供着现实基础，公正与效率能够实现统一。在公正的前提下，以健全的市场体制和社会主义法治为保障，大力发展效率，在公正的伦理规范和效率的物质保障中实际地关爱和解决弱势群体问题。事实上，经过几十年来的改革发展，劳动致富、知识致富、合法高收入的观念和行为已被绝大多数社会公众接受和承认，人们反对和不满的是权力滥用、贪污腐败、不道德及非法获利。因此，社会政治主体提高政治公信力，必须在政策制定、制度构建和行为实践中，处理好公正和效率的关系，坚持公正的第一性和基础性，效率只能是法律和秩序允许的、以公正为前提的效率。

（三）建构公正规则体系的基本原则

以公正指导社会政治理念及实践活动，用公正评判政治、行政等行为的"善""恶"，也即公正规范在实现政治、行政向"善"引导和约束中，至少应考虑四个基本原则：底线地保证公民基本权利原则，事先的发展机会平等原则，初次分配中以激发社会活力和发展为目的的按实际贡献分配的原则，平等地共享社会成果的再分配调剂原则。这些原则构成的公正规则体系是一个层次清晰的有机整体，在实际应用中每个原则都是环环相扣，缺一不可的，无论缺失哪一部分都不能真实地体现公正的内涵。并且，在操作中这四个原则也有一个优先秩序，公民基本权利原则为第一原则，是基础性和底线型的原则，按实现的优先时序排列，后面依次为机会平等原则、按实际贡献初次分配原则和再分配调剂原则。另外，人们常担心的平均主义公正导致的"大锅饭"制度实质就是只讲对社会成果的平等共享，只谈结果公平，不管过程中其他规则的不公平。干好干坏，干与不干都一样，只管分配享受相同的物质财富，这事实上是对劳动者的不公平。"大锅饭"制度是仅用"结果的公正"——"假"的公正，本质上是对劳动者的劳动态度、出力情况、劳动实际效果的有差别的"不公正"对待。

第二节 民 利

民利，简言之是指一定社会中全体社会成员应该占有和享用的物质生活和精神生活利益。从政治伦理的视角，政治行为者在社会政治生活中是否遵循民利规范是判断其政治实践活动"善""恶"的基本标准。把最广大人民的利益，作为社会政治生活的出发点和归属点的民利观是善的、正当的；为了维持自身存在和执政地位不得不关注人民利益，把人民利益作为一种维持其权力的手段是恶的、不正当的。可见，不同的民利观决定了社会政治活动的正当与不正当，也即善与恶。

一、民利的内涵

马克思主义政党的民利规范是尊重人民的主体价值和劳动创造，以发展的观点，尽可能不断地延续地创造出更多的可为人们分配和享用的社会总财富，使人们在社会政治、经济、精神和文化等领域能够充分享受社会发展成果的一种政治伦理指向。马克思指出："人们奋斗所争取的一切，都同他们的利益有关。"[①] 中国共产党和国家从革命战争年代到社会主义建设时期一直以人民利益为工作中心和奋斗目标。民利规范应然成为马克思主义政党及其政府自觉坚持和始终遵循的根本政治伦理规范。

（一）民利调整的利益普遍全面

"民"是一个政治历史范畴，在不同的历史时期和社会形态有着不同的内

---

① 《马克思恩格斯全集》第 1 卷，人民出版社 1956 年版，第 82 页。

涵。古代的"民"即庶民，多与"君""臣""人"相对。传统意义的"民"是国家的对象与客体，有别于君主、群臣百官和士大夫以上各阶层，是失去了权利和主体地位的依附成分，如孔子所语"民可使由之，不可使知之"。在现当代资本主义国家公民理论的基础上，马克思主义政党第一次将"民"的政治内涵和各项权益从本质和内涵上丰富与扩展，从而构建了人民的范畴。"人民"，与传统民本思想下的"民"比较，在权力与利益方面有着从未有过的普遍性和全面性。最广大的人民群众以及人民群众的利益真正成为马克思主义政党和国家在一切政治活动中应然和实然的价值主体。

所谓"利"，即利益，利益是人类生存、发展和享受的各种需要的总和，是主体对于客体作用的价值肯定，包括物质利益（经济利益）、政治利益、精神利益、文化利益与生态利益等。《文言》曰："利者义之和也。"从伦理意义讲，"义"就是善与正当。从这个意义上讲，利就是用"义"（正当性）为价值依据，处置和分配各种事物使其取舍适宜达到和谐一致状态下所取得的实惠，是一种人与物的关系。民利包含的利益关系是复杂多样的有机整体。按利益主体来讲，主要有集体利益和个人利益。按利益的表现方式和内涵来看，又可分为经济利益、政治利益、社会利益、文化利益和生态利益等。按利益实现程度和预期目标来看，又包括根本利益和非根本利益、长远利益与眼前利益、整体利益和局部利益、直接利益与间接利益，等等。

社会主义民利始终以最广大人民群众的根本利益为中心，人民群众的根本利益首先是与一定的经济利益相联系的，经济利益是人民最基本的需求，也是最突出的需要。社会主义不是贫穷，如同邓小平同志所说："不重视物质利益，对少数先进分子可以，对广大群众不行，一段时间可以，长期不行。革命精神是非常宝贵的，没有革命精神就没有革命行动。但是，革命是在物质利益的基础上产生的，如果只讲牺牲精神，不讲物质利益，那就是唯心论。"因此，马克思主义政党的民利规范要求执政党和政府不仅要高度重视与实现人民群众政治权利，同时不能忽略广大人民群众的物质利益，要大力发展社会生产力，改善人民的物质生活，满足最广大人民群众的物质和精神生活需要。

（二）民利规范的实现真实而具体

从实现程度和真实性反观，民利的分配方式和实现程度取决于不同的社会制度以及不同社会制度下执政党及国家对人民和人民利益的伦理情感与根本态度。"公有制""人民当家做主"是马克思主义界定社会主义制度的最基本要素。马克思明确指出，社会主义制度是比资本主义制度更公正、更公平、更先进、更科学的社会制度，人民大众在政治上是国家主人，国家政府官员在国家行政事务管理上是领导者，而在政治上却是为社会主人服务的社会公仆。不遵守社会主义制度的基本分配原则，社会公仆的政府官员就会异化为社会主人而形成恣意妄为的权贵阶层，工农大众就会变成弱势的奴仆阶层①。孙中山先生在谈及民主时，认为"要必能治才能享，不能治焉不能享，所谓民有总是假的"②。在一个正义和道德的国家里，人不仅是一个"经济人""社会人"，同时也是一个"政治人"，即作为个体的每个人的基本政治权利必须予以保障。马克思主义政党的民利规范，无论从根本制度设计，还是内在的伦理要求，都真实地致力于民有、民享和民治的现实统一，尤其强调对民治的重视和保证。

（三）民利的精神和内核是人民为本

民利规范是马克思主义政党"为绝大多数人谋利益"基本道德观的集中体现。一脉相承的全心全意为人民服务的政治价值观，是中国共产党从建立到发展，一以贯之的基本政治理念，也是党的基本政治伦理规范。抗日战争时期，毛泽东同志在张思德的追悼会上正式提出了"为人民服务"思想，"全心全意地为人民服务，一刻也不脱离群众；一切从人民的利益出发，而不是从个人或小集团的利益出发；向人民负责和向党的领导机关负责的一致性；这些就是我们的出发点"。江泽民同志提出了"三个代表"思想，要求广大党员一定要代表最广大人民群众的利益，树立立党为公、执政为民的观念。胡锦涛同志强调："群众利益无小事。凡是涉及群众切身利益和实际困难的事情，再小也要竭尽全力去办。"习近平同志在党的十八大报告中共有 145 次提到"人民"两个字，通篇贯穿着以人为本、执政为民的宗旨意识和为民情怀。他在新一届中央政治局常委同中外记者见面会上说："人民是历史的创造者，群众是真正的英雄。人民群众是我们力量的源泉。""我们一定要始终与人民心心相印，与人民同甘共苦，与人民团结奋斗，夙夜在公，勤勉工作，努力向历史、向人民交一份合格的答卷。"③ 因此，为人民服务的民利观，应当体现在一切政治、经济、社会、文化、生态等领域，无论理念、制度，还是行动、实践，都要以最广大人民群众为国家与社会的价值主体，在价值导向上明确"职权的运用是为人民服务"，真正树立"权为民利而谋"的政治伦理观，在行使职权的道德关

---

① 《马克思恩格斯选集》第 3 卷，人民出版社 1995 年版，第 1 页。
② 《孙中山选集》，人民出版社 1981 年版，第 493~494 页。
③ 《中共中央总书记习近平在十八届中央政治局常委与中外记者见面时讲话》，《人民论坛》，2012 年第 33 期，第 7 页。

系和道德行为上真实地代表和维护中国最广大人民群众的最根本利益。

二、坚持民利

遵循民利规范，执政党和政府应注重"过程善"与"目的善"的考量，充分尊重、保障和培育广大人民群众的选举权与被选举权、社会话语权和参政议政权，以及治理与管理国家、社会事务等方面的政治权利及其权利行使能力，坚持以"民治"为核心，发展与促进物质财富、经济利益等方面的"民有"及精神文化等方面的"民享"，全面体现民利的真实性和具体性。

（一）"过程善"与"目的善"的统一

从伦理学视角，事物的"善"划分为"过程善"与"目的善"，应用于社会政治领域，又相应为一定政治活动中的过程善与目的善。罗斯认为，"过程善"是达到某种善的目的的手段，换言之，善的这种含义用于一种复合行为，意指被叫作善的东西和它的某种结果，亦即结果善之间的因果关系①。显然，事物的善应该是"目的善"与"过程善"相结合的一种"复合行为"，缺失了任何一方面，都会失去善的本义。历史上的专制政治史实，以及常能看到的国际关系中"强权政治"及某些大国操纵政治集团，一方面在做着牺牲大多数人利益甚至于民众生命的行径，另一方面还振振有词地声称"我们的目的是好的""我们的决定出于正义"的所谓的"目的善"，事实上是对民众的欺骗和愚弄。因此，在马克思主义政党的政治伦理建设中，坚持社会主义民利必须坚持和遵循政治活动的"过程善"与"目的善"的统一，把最广大民众和为民众谋利益作为自己全部活动的出发点和归属点，并贯穿于一切政治与行政活动的过程和始终。

（二）政治权利与参政素质相结合

马克思主义政党的各个时代的领导人在不同的时代背景下有着不同的政策运用，但人民主体地位的立场从未改变，"坚持人民主体思想已成为党的'道统'，历代领导人都以人民主体地位的实现为使命，以能否密切联系群众、服务群众、提高人民群众生活水平为己任，不断探索人民主体地位实现的新形

① 王海明：《伦理学方法》，商务印书馆 2003 年版，第 235 页。

第三章　政治伦理规范

059

式、新思路、新方法。"①

毛泽东同志讲，"人民，只有人民，才是创造世界历史的动力"，可从三个层面分析。首先，基于人民的权利观，人民的主体地位不仅表现在经济权利、生活权利、文化与教育权利等方面，还体现在充分保障与实现人民的政治权利，建立有益于公平性、法制化的社会主义民主的理性发展轨道。其次，基于个体的人生观，人们是人生的主体，人们在实践中形成一个什么样的人生目的和意义，决定着人们如何形成一定的实践活动目标与人生道路方向，决定着人们的态度与行为选择方面的价值取向及其对待国家、社会和他人的态度。人生观从本质上是世界观的重要组成部分，受到特定世界观的影响和引导。因此，要鼓励与引导广大人民群众，进一步内化马克思主义政党的信仰与目标，为实现人生的价值与幸福，实现事业成功去不断进取和勤奋工作。第三，基于实现的方法论，人民群众是社会实践活动的主体，要团结与动员广大人民群众参与到中国特色社会主义建设的实践中。

为了保障民利的实践性和真实性，党和政府及其政治行为主体在形成和发展对民利的自觉认识和内化的过程中，还需要建立一系列在民利指引与规范下的，调整和制衡社会利益关系的政治运作规则、制度和程序。"价值通过合法与社会系统结构联系的主要参照基点是制度化。"② 政治主体在社会政治活动和管理公务事务中真实地实践民利规范，提高政治公信力，必须强化制度的保证。因此，在社会民主政治建设中，执政党和政府需进一步健全人民参政、议政、听政制度和体制，积极组织人民发挥行使管理国家的权力，使人民群众不断提升与掌握管理自己和管理社会事务的能力，切实使人民当家做主成为党执政的实质。

（三）人民群众是价值主体

在价值判断中，主客体的关系常常决定着谁处于主动方面和事情发展的性质，反映在一个国家和社会的政治活动中，表现为最广大人民和政治行为者谁是主体，谁就处于决定问题的主要方面。唯物史观认为，人民群众是历史主体，人民群众是历史的创造者、社会物质财富和精神财富的创造者以及社会变革的决定性力量。马克思主义政党将人民群众作为历史的主体和社会的主体，

① 郭广银：《中国共产党人民主体思想的理论演进与实践发展》，《中共中央党校学报》，2013年第5期，第27页。

② ［美］塔尔科特·帕森斯：《现代社会的结构与过程》，光明日报出版社1988年版，第144页。

并将保证与实现人民群众的主体地位作为坚定的执政理念和执着追求。因此，马克思主义政党及其政府无论在世界观，还是价值观上，都一以贯之地将最广大人民作为党和国家的社会主体与价值主体，将最广大人民的利益作为制定政策与实施活动的前提与依据，完善人民当家做主的政治权利体系，牢固树立人民依法支配权力而非权力支配甚至主宰人民的思想，依法保障人民的言论、出版、结社和集会自由的合法权利，使人民真正成为社会政治生活中的核心与主人，在社会政治生活中最大限度地维护最广大民众的根本利益。

第三节　博　爱

博爱，其本意是人人相爱，无差别地爱一切人。博爱是一种道德情感，她是道德意识的主要构成。作为一种理性的道德情感，博爱应是人类历史上最广泛、最深厚、最真诚的爱。但是，"世界上没有无缘无故的爱"，在不同的历史时期和社会形态，博爱必然受到既定社会经济、政治关系等方面的制约。

政治道德意义上的博爱已经不仅仅是一种道德情感，特别是马克思主义政治伦理精神下的博爱，更多地体现为一种政治义务、政治道德情感和现实地政治实践，从而在本质上与其他社会形态和类型的博爱反映出的世俗的、抽象的、哲学的，甚而至于功利的、有条件的、有限的相区别。如果"博爱"是"人类文明提升的一把尺度"，马克思主义政党的"博爱"观则是人类文明发展史上的较高尺度，是对人的主体性的根本人文关怀。

一、博爱的内涵

无论东方的"仁者爱人""推己及人"和"兼爱非攻"，还是西方基于对神的爱及其对神的律令的敬畏而爱所有的人，"博爱"精神都是同人类与生俱来的。资产阶级"博爱"观源自基督教的教义，从最初很长时期内的空洞"口号"到20世纪30年代新自由主义时期的发展。新自由主义时期博爱与社会责任有了联系，民众社会责任和社会的整体利益开始纳入博爱规范。但是资本主义的本质与发展历史表明，居于统治、主导和制高地位的精英阶层和富裕的有产阶层，不可能具备从社会制度与社会本质上去彻底解决现实存在的社会根本矛盾、根本问题的意志、决心和眼界。马克思主义政党的奋斗目标是谋求全人类的解放，马克思主义博爱是贯穿整个马克思主义理论体系的灵魂，马克思主义理论体系建立在，"人是目的，不是手段，是一种追求现实性、真实性和本质性的大爱大仁"，其思想体系形成的起点与内核都是源于对人民无限的爱。

具体而言，马克思主义政党的"博爱"观是政治道德意义和政治道德实践相结合的博爱规范，是执政党和政府及其行为人在观念、制度和实践活动中应然体现对民众的爱，对所有爱好和平的人的爱，无论国籍、种族、肤色、语言、宗教、性别、出身、贫富和年龄，要在各民族之间、在社会各阶层之间以及人与人之间建立起广泛的友爱互助的和谐关系。尤其要以政治伦理义务和政治伦理责任为要求与内化，直接体现于社会最普通最基层民众，尤其是对社会弱势群体成员的大爱与关爱。

从更广泛的意义，马克思主义政党的博爱规范已不仅仅是人与人的相爱，除了人与人的关系外，人与自然、人与地球、人与其他一切物种的关系也凸现在社会政治道德的范畴，还体现为维护人类生存和地球环境的责任义务，表现为珍爱生命，博爱万物，以建立人与自然生态之间的普遍的可持续发展关系为一切政治和行政决策活动的出发点和归宿。因此，政治道德意义的博爱既体现了社会主义社会本质对人的重视的政治要求，也反映了社会主义国家对生命、对自然的自觉的社会道德责任和义务。

（一）具有政治伦理规范意义和实践性的"爱"

马克思首次提出了"共产主义的博爱观"，是与"无神论最初的抽象的博爱"相对立的，他说，"无神论的博爱最初还只是哲学的，抽象的博爱……""共产主义的博爱则从一开始就是现实的和直接追求实效的"[①]。区别于"理论的人道主义"，马克思是以批判和扬弃私有财产和现实的人的自我异化为中介的"实践的人道主义"[②]，是实践的博爱。实践性的博爱既体现为一种伦理要求，更体现了政治主体对自身义务和责任的自律。其执政主体既从政治伦理的角度，建立起各民族之间、社会各阶层之间、各社会团体和组织之间以及人与人之间的新型伦理关系，促进尊老爱幼、扶弱济贫、团结互助、文明礼貌等"我为人人，人人为我"新型社会风气的广泛形成，更以政治手段和法规制度的形式保证着政治道德意义博爱的实现，体现出政治伦理对政治主体在政治活动中应该具有的责任和义务。在这个意义上，帮助和接济孤寡病残、尊重老人、赡养父母、保护妇女儿童、保障退休人员的生活等，不仅受到传统伦理、

① 《马克思恩格斯全集》第 42 卷，人民出版社 1979 年版，第 121 页。
② 《马克思恩格斯全集》第 42 卷，人民出版社 1979 年版，第 174 页。

社会公德和家庭关系的舆论引导，而且写进了《中华人民共和国宪法》和相关法律法规。反映了博爱规范对社会政治活动的指导意义。

（二）系统广泛的真实的"爱"

马克思在《共产党宣言》中设想的人类理想社会是，生产力高度发展，社会占有全部生产资料，人类获得自由和全面的发展，实行各尽所能、按需分配原则等。这一理想社会的最终价值旨趣是每个人的自由发展，是一切人的自由发展的条件，表明了马克思主义政党追求和奋斗的价值观与博爱的本质是全然相通和高度一致的。

不同于传统的狭隘的博爱观，马克思主义政党的博爱思想指导和调整的范围更加广泛和真实，包括人与人，政党、政府与人民之间，地区与地区，国与国之间，人与自然环境和生态之间的各种关系。比如，处于社会主义初级阶段的中国在生产力的发展上，尊重生态发展规律，实施绿色生态可持续发展战略；在人与人关系上，倡导人们文明礼貌、团结互助、友爱和谐的新型人际关系；在政党、政府与人民之间，要求执政党、执政者树立为人民服务的思想，切实实践"立党为公""执政为民"的宗旨；在对待弱势群体上，重视"三农"问题和下岗职工再就业问题，深入推进精准扶贫，实施与深化社会保障制度改革等；在对外关系上，爱一切爱好和平的人们，加强同一切爱好和平的人民的团结，倡导和坚持和平共处五项原则，追求全世界人类的共同进步。这些政策的制定都反映着马克思主义政党的博爱规范在社会各项实践活动中的指导与内化。

（三）把权利和义务相统一的"爱"

私有制社会的博爱，爱与被爱的权利和义务的统一，至多局部地得到实现。从根本上说，"私有制"几乎把一切权利赋予一个阶级，另一方面却几乎把一切义务推给另一个阶级。真正享有被爱权利的是精英阶层和富裕的有产阶层，而平民只有绝对的无条件的"爱"精英阶层和富裕的有产阶层的自由和义务，这种因为阶级阶层原因而不平等的爱实质割断了权利和义务联结的纽带。要么是从上至下的拯救式的神学意义的博爱关系，要么只是单方面从下至上的效忠型的博爱关系，要么是自私的自由放任主义下的集团利己主义、不对等的博爱关系。在这些关系中，特权阶层享有被爱的权利而没有爱平民大众的义务，而广大民众则只有爱特权者的义务而没有享受被爱的权利。

马克思主义政党的博爱，是通过消灭私有制度，消除社会隔阂和阶级，建设美好社会，实现共产主义的社会理想去实现。马克思主义政党的博爱注重爱的权利与义务的统一，以公有制为现实的物质基础，把博爱从观念领域引渡到现实领域。在社会主义社会中，个人与集体、个人与个人之间的关系既有从上至下，又有从下至上的和立体交叉的情感纽带相联结。不仅包括从上至下的政党与国家关爱人民，而且也是人民群众出自内心地拥戴与热爱社会主义的政党与国家。同时，还有干部与群众的服务与接受服务之爱和社会成员之间的和谐协作与相互关爱。马克思主义政党的博爱反映出一种完全新型的权利与义务相统一的关系。

二、坚持博爱

围于经济与社会发展事实上存在的不完全同步，一些群体在社会地位、经济地位和情感评价上仍在一定时期处于弱势境遇，部分弱势个体作为人的尊严和社会价值感依然存在被淡化取向。又尤其是投机腐败行为的负面影响与矛盾冲突的增多，造成弱势成员的失败挫折感和"相对剥夺感"，社会成员之间的关系出现了一些不和谐、不对等现象。

亚当·斯密（Adam Smith）认为，同情和利己同样是人的天性。只有当全社会的成员都具有同情心，以此作为行为的准则时，社会才会有和谐、安定和进步。由此可见，以自利为基础的市场机制需要用以利他为基础的道德情感来协调，特别是必须用执政党政治伦理价值中的公正感、责任感、义务感、尊重感、荣誉感等道德情感来主导与协调。

（一）对社会弱势群体问题的重视及解决居于首位

在马克思主义政党看来，救助弱势群体不是对弱势群体的权宜和赐予，而是主导与自觉运行博爱政治伦理规范，充分发挥公有制社会制度的优越性，代表人民利益，关爱每个社会成员，维护每个社会成员尊严，实现人的全面发展的问题。遵循博爱规范，执政党和国家将关爱和扶持社会弱势群体作为一切工作的首位，放在各项工作的重中之重，在全社会倡导与形成关爱、帮助、保护和扶持弱势群体的大爱精神，调动社会的各种力量、各种资源（包括人力、财力、物力、权力、能力、信息等），参与到对弱势群体的帮助与扶持中来。比如，依靠政策调控的优势，创造和提供合适的就业机会，保障社会弱势成员有劳动致富的机会和基本条件，维护他们作为社会成员的价值和尊严。以法律为保障，在立法上体现博爱规范的要求，在修订户籍制度、教育制度、劳动制度、社会保障制度等相关的法规、制度和政策条款上不仅坚决消除可能对弱势群体有不平等的规定，并且围绕政治意义博爱规范的伦理性诉求，设计与制定保护与扶持弱势群体的制度和政策。通过各类各层次教育和职业培训提高弱势群体的素质和增强其竞争能力，激励和培养他们自我生存并发展的能力。

（二）加大力度解决贫富悬殊是实现博爱的现实路径

在同一社会环境中，贫富差距的拉大意味着一方面经济社会快速发展，另一方面部分社会成员无权平等享受社会发展的成果。这些问题的长期存在将会造成社会发展畸形化，社会各种歧视现象出现和低收入群体心理失衡，甚至对社会产生对抗情绪，进而影响社会的和谐与友爱。邓小平同志曾经说道："如果富的愈来愈富，穷的愈来愈穷，两极分化就会产生，而社会主义制度就应该而且能够避免两极分化。""什么时候突出地提出和解决这个问题，在什么基础上提出和解决这个问题，要研究。可以设想，在本世纪末达到小康水平的时候，就要突出地提出和解决这个问题。"经济的高速发展不会自动带来社会的博爱。在现代社会建设时期，政府要以马克思主义政党的博爱和公正为理念与规范，运用政策、行政、经济和法律等手段在资源分配，尤其是第二次分配上加强社会调控的力度，使社会成员尤其是弱势成员普遍地得到由发展所带来的收益。基尼指数通常是把 0.4 作为收入分配差距的"警戒线"。发达国家的基尼指数区间一般在 0.24 到 0.36 之间。中国国家统计局公布基尼系数 2010 年为 0.481，2012 年为 0.474，2013 年为 0.473，2014 年为 0.469，2015 年为 0.462，2016 年为 0.465。连续 6 年总体呈下降趋势。随着五大发展理念的指引，中国"十三五"规划（2016—2020 年）推进和国家精准扶贫工程的实施，判断收入分配公平程度的基尼系数有望在未来 5 年下降至国际警戒线 0.40 之下。

（三）持续遏制权力滥用和腐败滋生是博爱的基本底线

社会阶层，尤其是贫困阶层，在心理上极其反感那些贪污腐化、违法违规经营、偷税漏税、走私欺诈、变相侵占国有资产获取不正当高收入和非法高收入的集团和个人，收入的差距导致心理的失衡，人们对腐败现象的义愤逐渐演变为对社会的不满、怨恨，甚至行为的失范，可能导致一些过激的边缘化的行为方式。腐败问题已严重影响到政府与社会成员之间、社会成员与社会之间、社会成员相互之间的感情与信任，成为当前和将来很长一段时期内影响博爱进程的问题。2017 年 1 月 9 日，中央纪委监察部在国务院新闻办召开十八届中央纪委七次全会精神新闻发布会。通报党的十八大以来，中央纪委共立案审查中管干部 240 人，给予纪律处分 233 人；全国纪检监察机关共立案 116.2 万件，给予纪律处分 119.9 万人，全国共处分乡科级及以下党员、干部 114.3 万人，处分农村党员、干部 55.4 万人。2014 年以来，共追回外逃人员 2566 名，"百名红通"人员已有 37 人落网，追赃金额 86.4 亿元。上述数据显示，执政党在党的十八大以来着力解决管党治党失之于宽、失之于松、失之于软的问题，不敢腐的震慑作用得到充分发挥，不能腐、不想腐的效应初步显现，反腐败斗争的高压态势正在形成。

遵循政治道德意义的博爱规范，解决和疏导社会成员的不信任问题，须内外结合持续高压惩治各类腐败，一方面，要充分运用政治手段、经济手段和法律手段，抑制和防止不合理、不合法高收入阶层的形成。惩治政治与行政行为人失职渎职、贪污腐败、制度设计公正意蕴欠缺、政治伦理行为失范等问题。另一方面在情感和义务方面，还要强化社会政治行为主体对人民群众的伦理意识和伦理责任，从规范内化的途径促使其在行使职权中自觉加强伦理约束与自律，自觉地接受社会、政府与人民的监督，从道德选择与行为根源上消除腐败，促进社会政治行政活动的伦理自律性，推动政治公信力特别是基层组织公信力的提升。最后，还应大力引导整个社会道德规范向善、向爱，推进人类主体之间"普遍交往"的任何过程，都应该去体会与实践"是社会的活动者"，又都是"社会的享受者"，"一人为大家，大家为一人"的"博爱"情感与道德责任。

第四节 和 谐

以和谐为核心的世界，是最为基本的人类社会存在的一般形态。在人类政治思想发展史上，要社会和谐、世界和平还是对抗冲突、战争手段的伦理判断的思辨贯穿始终，但人们总是通过种种努力追求着和谐世界这一"善"的目的。具体地说，和谐是以尊重生命、维护人类生存为基本伦理基础，是对人类最基本的生命权利的保障，是要求政治主体遵循和谐规范，抑制冲突，避免战争这一处理对抗性纷争的极端手段的一种伦理要求。

一、和谐的内涵

和谐规范要求执政党和政府应然做和谐社会及和谐世界的倡导者、支持者与践行者，在社会政治与国际政治中以政治伦理范畴下的"和谐"概念及思维方式解决争端与冲突，"通过和谐世界的方法来实现和谐世界"，反对群体性事件和恐怖主义乃至战争。这是马克思主义政党和谐规范的伦理指向，也是中国共产党一脉相承提出建设和谐社会最本始的意义，以构建和实现国际、国内社会的安定团结与和谐有序为目标。

（一）和谐是以善为核心的尊重生命和人类整体利益

从尊重人的生命，保护人的生命，维护人类生存角度出发，和谐规范认为毁灭大批人乃至某个群体的一些国家行为的选择是"恶"的、不正义的，尽管在政治上它可能是既可取而又可行的。和谐规范要求政治主体的决策要以人为本，以人类为本，殃及生命的伤害需要十分的谨慎。在和谐规范的律令及内化下，政治主体在面对政治的有利和生命的伤害做出选择时，应然把拒绝伤害人的生命放在决策的首位，在全球范围确立人类一体、全球一家的"地球村"共识，强调人类的基本利益一致，人的生命是无差别的，人们都必须依赖于地球这个休戚与共的人类生存环境，依赖于"他人"，无论他的国籍、种族、肤色、宗教等如何的不同。从更广泛的意义上讲，和谐规范引导并约束着人类应然提升自我的主体伦理意识和伦理精神，普遍建立起友善修睦、和谐世界共处的理性共识。

（二）和谐强调内部和谐与对外和谐共同发展

一般来讲，和谐规范至少有两层政治伦理意义，一是和谐，包括自然和谐、生态和谐、社会和谐和精神和谐等；二是有衡，包括国家与国家、地区与地区及国家内部各种关系的义利相当、有礼有节、制衡适当。马克思主义政党政治伦理构建下，和谐世界的基本要求也包含着两个方面：在国家内部，强调与协调国家与社会、国家与个人、群体与群体等方面的利益关系，避免社会群体性事件及暴力冲突发生，实现社会成员的和谐相处与共同发展。在处理与其他国家、地区之间关系时，不分国家大小，民族强弱，一律予以平等对待和互利交往，积极消解国际范围内利益争端和战争冲突的问题，反对将战争作为解决政治争端的手段。

（三）和谐规范以"和而不同"为理论基础

和谐的伦理旨趣显示，现代和谐社会的进程也是追求和谐世界的进程。无论是和谐社会建设，还是和谐世界的进程，执政党政治伦理和谐规范指导下的政治主体所追求的和谐社会与和谐世界，其思想渊源与理论基础都是建立在"求同存异、和而不同"的传统伦理文化之上。"和而不同"的政治伦理意义在于：一方面，不能简单否定"他""异"与"多"，明确构建"和"是在"他"或"异"的基础上建成，这就意味着和谐世界的达成并不是一个全然求同的过程，"和"实际上是一种对立基础上的统一；另一方面，要反对那种将"和"流于"同"的做法。"和"作为一种共性，其中包含有个性，和谐社会与和谐世界的构建，主要是建构一种有序的、动态的与和谐的系统。因此，在现当代政治经济多极化、民族发展多样化和人类价值多元论格局下，在许多有着特殊需求、特殊传统，或地域差异性政治经济文化的不同国家、区域和民族之间，展开平等、坦诚的对话，是今天国际社会范围内达成和谐世界伦理诉求的前提。这是一个由"不同"到某种意义上的相互"认同"的过程。这种相互"认同"不是一方消灭一方，也不是一方"同化"一方，而是在两者认识差距中寻找交汇点，并在此基础上推动人类政治经济文化生态的和谐世界可持续发展，这正是马克思主义政党和谐规范的内在意义与作用。

二、坚持和谐

和谐社会与和谐世界作为一种美好的社会状态和一种良好的国家与地区关系，是马克思主义政党政治伦理的基本规范与内在旨趣。和谐规范，规导着政治主体与政治行为者遵循和谐社会与和谐世界的发展理念，尊重生命，尊重生态，尊重主权，倡导和谐世界，抑制战争冲突，如康德的学生、哥廷根大学哲学教授腓烈德里克·布特维克（Friedrich. Borterwek，1776—1828）所说，"我们过度地弯曲一棵菁草，它就会折断；谁要求得太多，就什么也要求不到"[①]。坚持和谐，应建立在和而不同、平等互利的基本原则上，以制衡、公约和守信等为途径，处理好各种复杂的国与国、地区与地区等内外部的国际关系与社会关系。

---

① ［德］康德：《永久和平论》，何兆武译，上海世纪出版社 2005 年版，第 36 页。

（一）善于运用伦理规范和国际舆论的导向和影响

康德（Immanuel Kant）在晚年著述的《永久和平论》，是对人类命运的深入思索和考察，成为他基于历史哲学对人类发展理论思想的主要关怀。他在"国与国之间永久和平的先决条款"中，提到了"凡缔结和平条约而其中秘密保留有导致未来战争的材料的，均不得视为真正有效""没有一个自身独立的国家（无论大小、在这里都一样）可以由于继承、交换、购买或赠送而被另一个国家取得""任何国债均不得着眼于国家的对外争端加以制订""任何国家均不得以武力干涉其他国家的体制和政权"等①。

基于对人类灾难的痛定思痛，1945年6月26日，来自50个国家的代表在美国旧金山签署了《联合国宪章》，世界建立起了以联合国宪章为中心的多边或双边国际契约关系体系，初步构建了与人类文明进步一致的国际政治伦理规范。对相互尊重主权、领土完整和政治独立、应以和平方法解决国际争端、不得对别国使用武力或武力威胁、不得干涉任何国家国内管辖的事项等进行了规定。1992年6月3日至14日，巴西里约热内卢召开的联合国环境与发展大会通过了《21世纪议程》（Agenda 21），是"世界范围内行动计划"，成为全球范围内各国政府、联合国组织、发展机构、非政府组织和独立团体在人类活动对环境产生影响的可持续发展的综合行动计划。

当前在运用国际伦理、国际法的规范力量时必须注意防止两种倾向，一是过高估计伦理规范、舆论评价对国际强权的影响；二是过低看待政治伦理对国际社会的影响，认为在国际关系中政治伦理是无关的东西，重要的只是国家利益和权势等。事实上，国际政治关系史告诉我们，善于遵循和运用国际伦理、国际舆论的导向和影响作用，互利互惠、实力相当、制衡适当，就能争取与影响更多的人、更多的民族、更多的国家来共同遵守诺言、尊重国际法、相互诚信、摒弃战争，努力为人类和谐世界做出贡献。

（二）推动国家治理体系现代化与国际政治经济新秩序

人性存在着私利的倾向，但是"一群有理性的生物为了保存自己而在一起要求普遍的法律"是实然。人类为了更好地生存与发展，必须有理性的规范与控制，包括国家内部的和谐与国家外部的和平，都需要安排与建立一种内外和谐的体制与机制。除了内部建立起以和谐、发展为主题的现代国家治理体系以

---

① ［德］康德：《永久和平论》，何兆武译，上海世纪出版社2005年版，第5～9页。

外，还有很重要的一方面是国际政治经济新秩序的建立和保证。

当代，世界与地区间的不和谐主要根源仍然是政治手段强权化的延续，表现为超级大国的强权政治和霸权主义，这是战后一直延续到现在还没有根本改变的国际旧秩序。从世界人民的共同利益出发，应然"建立理性基础上的公意"，与一切爱好和谐世界的人民一道，反对强权政治，既要改掉现行国际秩序中的不公正因素，在和平共处五项原则的基础上，建立健全以公正、平等、互利、互惠为核心的国际行为规则和相应的保障机制，也要反对和抵制强权政治对国际秩序基本稳定的冲击，以共同推动国际政治新秩序的建立与保证。只有通过在国际社会形成一股反对强权政治和霸权主义的共识和合力，在国际政治经济新秩序和公平正义的国际法框架下，才能真正地走上世界普遍持久的和谐世界之路。

（三）在坚持和谐的同时理性反战与打击恐怖主义

维护和谐世界的本质与实践是反对冲突与战争，强调用谈判和协商、斡旋和调停的政治方式及对话途径解决冲突与争端。但是，由于强权政治、贫富差距、民族差异等矛盾的存在，在现阶段的人类社会中，一些国家在矛盾冲突中可能会使用武力，一切爱好和平坚持反战求和的国家就不得不做好应战的准备。和谐世界在现实语境下表现出一种相对性和目标性。战争（正义性）作为追求和维护和谐世界的一种不得已的手段仍然有着它存的意义。

一般而言，为摆脱阶级剥削和民族压迫，抵御外敌入侵的是正义战争。反之，则是非正义战争。就一场具体战争而言，交战双方也有正义与非正义区分。从这个意义上讲，建设与一个国家综合国力相适应的国防力量也是争取和维护和谐世界的基本保障与重要手段。和谐世界的环境，还必须重视反对与打击恐怖主义的意识与力量。恐怖主义对和谐的影响已远远越过一般意义上的战争，威胁到国家的领土安全、社会的政治稳定、经济的健康发展，以及民众的生命财产安全。

为此，一方面要正视宗教矛盾和民族矛盾，正确把握其深刻的历史根源，倡导与促使国际社会逐渐建立公正、平等、互利的政治经济新秩序，从根本上解决矛盾根源，消除恐怖活动、地区或民族冲突；通过对话等方式尊重各民族的平等权利和文化多元化，重视倾听弱小民族的呼声；发扬国际人道主义精神援助落后贫困国家的发展，防止最贫困国家被"边缘化"，从源头上阻止恐怖分子的滋生和蔓延。另一方面，必须加强武装力量建设，增强威慑、震慑效能，联合国际社会力量，严厉打击宗教极端势力和极端民族主义，保证社会的稳定、安全和有序，维护人类和谐世界永远持续健康发展。

第四章　政治伦理规范与和谐社会建设

　　和谐社会是协调有序状态的理想社会，是社会与自然环境、政治、经济、文化等各种关系自觉的、非强制性的"良性运行和协调发展的规范性社会"。这些关系看似纷繁复杂，但是从质的界定上可概括为两类：一是人与自然的关系，二是人与人的关系。其中，人与人的关系涵括了政治关系，经济关系和伦理、文化、精神关系，等等。政治关系是"人们围绕着特定的利益、借助社会公共权利、在对社会公共资源分配形成中的社会关系和社会活动的总和"①。如恩格斯所说："经济状况是基础，但是对历史斗争的进程发生影响，并且在许多情况下主要是决定着这一斗争的形式的，还有上层建筑的各种因素。"②因此，经济关系虽然是基础和决定性因素，但政治关系、伦理关系等却最终支配和影响着其他关系的和谐实现程度。

　　法律制度和伦理力量是实现社会和谐基本途径的两个方面。在非对抗性矛盾占主导地位的和谐社会里，政治伦理规范独有的特性在化解社会冲突，弥合社会裂痕中，能够与法律规范相互补充，利于解决社会政治生活中的实践难题。仅以伦理学的视觉来分析，和谐社会不仅包含着对社会外在生活整体的规范秩序"良序化"（well-ordered，罗尔斯语）的严格政治要求，而且也蕴含着对社会内在生活品质的精神秩序"和谐化"（harmonization）的高度伦理理想。在政治理想和伦理目的的层面上，和谐社会的政治内涵与人们的伦理期求在本质上是一致的：以"善"为导向，立"善"为目标。

　　作为社会调控体系的重要手段，伦理道德与法律法规共同构成人们的行为规范内容。体现在现代和谐社会的建设中，坚持民主与法治是实现社会政治和谐的重要路径和必要途径。同时，基于政治理念、政治制度和解决社会政治现实问题的实际，政治和谐必然也离不开伦理规范的约束，有伦理的政治才可能

---

　　①　翁世平：《简析政治文明与道德的相融互动》，《道德与文明》，2002年第5期，第4～8页。
　　②　《马克思恩格斯全集》第37卷，人民出版社1971年版，第460页。

是真正和谐的政治，政治和谐的社会才可能是真正和谐的社会。从这个意义上讲，和谐社会建设应然以构建政治文明为核心，以马克思主义政党政治伦理规范的建构和实践为导向。

第一节　和谐与和谐社会

"和谐"仅从字面上理解，"和"主要是协调、恰到好处的意思。如《广韵》中解释的"和"即"顺也，谐也，不坚不柔也"。《谥法》也说，"不刚不柔曰和"。同样的含义在《说文解字》中也有记述，称"和"为"和今言适合，言恰当，言恰到好处"。"谐"主要是协调，有顺和、无冲突的意义。如《尚书·舜典》记载的"八音克谐，无相夺伦"，原意为调和乐器，使音循序而发，节奏清晰，不相互混乱。又如《后汉书·宋弘传》中的"事不谐矣"，其意就是说，事情做得与愿望相反，不一致①。

一、和谐社会的内涵

基于和谐思想的和谐社会的设计模式是各种各样的，与当时的社会历史条件和社会发展相对应，和谐社会可分为传统和谐社会与现代和谐社会。在中国有典可考的历史中，至少有两种类型的传统和谐社会。

第一种是集权式的相对和谐社会，如汉朝和唐朝的鼎盛时期。这种传统和谐社会的实质是集权制度下以怀柔政策和"大一统"为特征的和谐社会，是在一定历史时期和一定范围内的有限的、不完全的和谐社会，其"和谐"的本质是从上至下的、单方面要求老百姓顺从统治者的"和谐"。据司马光所著《资治通鉴》载，秦始皇统一中国后，在接受丞相王绾关于废除分封制，实行郡县制的建议时说："天下共苦战斗不休，以有侯王。赖宗庙，天下初定，又复立国，是树兵也；而求其宁息，岂不难哉！"秦始皇设郡县、统一律令和度量衡，暂且不言是为了期望"朕为始皇帝，后世以计数，二世、三世至于万世，传之无穷"，从社会整体的角度可以理解为此举是为了构建一个在他看来意义非凡的"和谐社会"。因此，秦始皇继实行郡县制后，又下令收缴全国民间所藏的兵器，运送汇集到咸阳，熔毁后铸成大钟和钟架，以及12个铜人，各重千石，

---

① 阎钢：《政治伦理学要论》，中央文献出版社2007年版，第270页。

放置在宫廷中，其目的是求得长久和平，不再有战乱。秦始皇采纳丞相李斯焚书坑儒的建议也是为了保持所谓的"言论和谐"与社会稳定。

第二种是以"不患寡而患不均"为价值取向的平均主义的和谐社会。《老子》将其形容为："小国寡民，使有什伯之器而不用，使民重死而不远徙。虽有舟舆，无所乘之，虽有甲兵，无所陈之。使民复结绳而用之。甘其食，美其服，安其居，乐其俗。邻国相望，鸡犬之声相闻，民至老死，不相往来"。《孟子》也有对这一类型平均主义和谐社会的描述，"五亩之宅，树之以桑，五十者可以衣帛矣。鸡豚狗彘之畜，无失其时，七十者可以食肉矣；百亩之田，勿夺其时，数口之家可以无饥矣；谨庠序之教，申之以孝悌之义，颁白者不负戴于道路矣。七十者衣帛食肉，黎民不饥不寒，然而不王者，未之有也。"① 历史上农民起义也多以平等、平均作为口号或纲领，追求以平等、平均思想为核心的和谐社会。如陈胜、吴广提出的"等贵贱、均贫富"的平等平均纲领，太平天国颁布的天朝田亩制度所要建立的和谐社会，就是平均主义的和谐社会，这种社会是"务使天下共享""有田同耕，有饭同食，有衣同穿，有钱同使，无处不均匀，无人不饱暖"。

在哲学层面，传统和谐思想主要是构建关于个人伦理修养、心灵和谐、人际和谐和人与自然和谐的社会，它更多地从自然哲学的层面去关注天（宇宙）与地（自然）的和谐、天（自然）与人的和谐、人与人之间的人际和谐及其人自身的和谐关系。反映在当时的社会政治伦理要求上，多倾向于对平均主义式或者朴素的"和谐"社会的追求，形似平等和完美，实质是平均主义和整体水平不高的社会"和谐"。

社会主义和谐社会是现代和谐社会，是人类孜孜以求的美好社会状态，是马克思主义政党持续不懈追求的理想社会。社会主义和谐社会是"民主法治、公平正义、诚信友爱、充满活力、安定有序、人与自然和谐相处的社会"②，是建立在现代社会化大生产基础上，不仅从自然哲学出发，关注人与人、人与自然的关系，更以人为核心，从政治哲学和社会伦理的深层次层面去关注、构建和实践人与社会、人与国家、人与执政党以及国家与社会、执政党与社会、国家与外部世界等方面的和谐关系。

社会主义和谐社会与传统和谐社会主要有以下区别：其一，理论基础不

① 参见《孟子·梁惠王上》。
② 《胡锦涛在省部级主要领导干部提高构建社会主义和谐社会能力专题研讨班上的讲话》，2005年2月19日。

同。社会主义和谐社会建立在科学的唯物史观基础之上，传统和谐社会则以唯心史观为基础。其二，阶级基础和归宿不同。社会主义和谐社会代表着最广大、最多数的民众利益，是以公平、正义、民利、博爱、和平为理念兼顾协调社会整体利益和个体利益关系，同步发展富裕群体的利益增长和困难群体生活处境改善的和谐。传统和谐社会却是维护少数统治阶级、集团的利益，是少数社会群体和少数人剥夺大多数社会群体和大多数人利益的和谐。其三，实现途径和方法不同。社会主义和谐社会坚持以民主、法制，及依法治国和以德治国相结合的方略来保障和谐社会的建设。传统和谐社会却常常利用国家强制力在政治、思想、文化上高度集权，以军事压制等强制手段来维系。其四，和谐的性质和状态不同。社会主义和谐社会是充满了社会活力的"各尽所能、各得其所而又和谐相处"的社会，她追求的是积极、动态、充满活力的和谐。传统和谐社会往往以牺牲个体利益来换取社会的和谐，表现出的和谐状态必然是暂时的、不稳固的、消极静态的、局部和阶段性的和谐。

"社会主义和谐社会"是现代社会理性政治价值和理想政治追求的目标，在本质上它不仅包含对社会外在生活整体的规范秩序"良序化"（well-ordered）的严格政治要求，而且也包含对社会内在生活品质的精神秩序"和谐化"（harmonization）的高度伦理理想。从这个意义上理解，社会主义和谐社会"首先应该是一个政治伦理的概念，而不仅仅是一个社会政治观念"①。

二、和谐社会的价值取向

在价值目标上，现代和谐社会体现的是全面系统的价值体系。是人与自然、人与社会、人与人、人与自身全面和谐的社会，是经济繁荣、政治文明、环境友好、社会秩序稳定、人民安居乐业的公平正义型社会。社会公正是构建和谐社会与利益协调机制的伦理基础，利益的协调安排状态及良序运行是和谐社会的重点及考量。当代中国的和谐问题主要由于经济制度变迁和社会转型引起，由于制度变迁带来了利益结构的调整，在利益关系变动中产生的种种矛盾和冲突，构成了当代中国所面临的社会和谐问题。

和谐社会的核心是利益和谐，利益均衡是构建和谐社会的本质要求。现代社会是一个利益共同体，也是一个伦理共同体。如美国法学家博登海默（Edgar Bodenheimer）所说，在一个健全的法律制度中，秩序与正义这两个价

① 万俊人：《论和谐社会的政治伦理条件》，《道德与文明》，2005年第3期，第4页。

值常常是紧密相连、融洽一致的。一个法律制度若不能满足正义的要求，那么从长远的角度来看，它就无力为政治实体提供秩序与和平[①]。这是因为，社会是一个合作体系，在社会合作体系中，人们"对由他们协力产生的较大利益怎样分配并不是无动于衷的（因为为了追求他们的目的，他们每个人都更喜欢较大的份额而非较小的份额），这样就产生了一种利益的冲突，就需要一系列原则来指导在各种不同的决定利益分配的社会安排之间进行选择，达到一种有关恰当的分配份额的契约。这些所需要的原则就是社会正义的原则，它们提供了一种在社会的基本制度中分配权利和义务的办法，确定了社会合作的利益和负担的适当分配"[②]。合理地划分利益是政治社会公正规范的要求。

要构建的现代和谐社会绝不是没有利益冲突的社会，而是一个有能力解决利益矛盾和化解利益冲突，并由此实现利益关系趋于均衡的社会。改革实际上是社会利益资源再分配的过程。中国 30 多年来的体制改革打破了传统的利益结构，推动了中国社会利益结构的多元化进程。在体制转轨和结构转型并驾齐驱的社会变迁进程中，以利益分化为核心的社会分层现象开始迅猛发展。客观地讲，这种利益分化作为市场经济的伴生物，有其存在和发展的客观必然性。社会历史发展的实践表明，社会内部存在的利益差异和矛盾，本质上是利益整合的发展动力，从另一角度反映了社会利益制度转化和创新的诉求。它会促进新的利益结构和利益制度的生成，从而为协调各种利益关系，大幅度提高社会和谐程度提供制度性资源。

从这个意义上讲，我国现阶段出现的利益矛盾和部分群体的不满意，客观上为创新利益制度、调整利益结构进而构建现代和谐社会提出了要求。在现实社会实践中，由于我国改革开放以来的利益分化是在一种特殊的社会历史背景下发生的，在利益分化的实际进程中出现了一些值得关注的社会问题。当前我国收入不平衡的现象，虽然有下降趋势，但还是必须引起高度重视。经过 30 多年改革开放的发展，中国正处于工业化后期增长阶段，从一个几乎没有什么收入差距的国家跨入收入差距比较大的国家行列，速度之快在其他国家是少有的。如果我们回避甚至否认利益结构多元化及其存在的失衡状态，那么就可能使社会弱势群体在无可奈何的情况下，以非正常方式或从体制外寻找获得自己利益的途径。这种状况及其后果，不仅会使社会的和谐程度大幅度下降，甚至

[①] ［美］埃德加·博登海默：《法理学法律哲学与法律方法》，邓正来译，中国政法大学出版社 1999 年版，第 318 页。

[②] ［美］罗尔斯：《正义论》，何怀宏等译，中国社会科学出版社 1988 年版，第 2 页。

还有可能造成社会的混乱和动荡。社会公正是实现利益均衡与社会和谐的伦理基础，遵循这一思想，需要通过全面深化改革和有效制度安排来容纳和规范不同利益主体的利益表达和利益博弈，创设均衡性激励性兼顾的利益制度，建立利益整合机制，形成一种大体均衡的利益格局，在利益矛盾中求协调、在利益差异中求一致、在利益对立中求妥协、在利益冲突中求共存，这是构建现代和谐社会所面临的重要任务。

三、和谐社会的特征把握

社会历史的发展具有复杂性和系统性。社会作为一个整体，在组成的各个主体及其各环节之间构成了有机整体，这一有机体又将社会的各个主体、各个方面联成一体。要深入触及并全面把握到事实的客观真相，须得将实际触及的点放在整个面上去思考和分析，从社会的总体中去把握。正如马克思创造性地将黑格尔的辩证法应用到现实社会的分析，"将黑格尔的抽象的总体从天上返回到现实的人间"。对和谐社会内涵的理解与把握也是基于上述的"总体性原则"，对社会各主体、社会关系、社会生活等方面进行整体并全面的理解。中国共产党提出的"中国梦"执政理念，实际上就是"总体性"的发展和愿景，它除了明确了"两个一百年"的目标，最大特点就是把国家、民族及个人作为一个命运的共同体，把国家利益、民族利益和每个人的具体发展利益都紧紧相连，体现着社会主体和系统发展的全面性和共同性。现代和谐社会的政治理念也是在"总体性原则"下的构架，表现为良性互动、协调发展的社会，即经济、政治与文化，城市与乡村，人与自然，东、中、西部不同区域乃至国家与世界等所有这些关系的良性互动和协调可持续发展。

社会与个人、个人与个人之间的关系，是和谐社会的主要关系。现代和谐社会的体系构建中，个体与社会、个体与群体、个体与个体等利益关系都内含伦理意蕴和制度安排，制度设计和社会活动中如何维护个人自由与社会认同之间的合理张力，都十分重要。在社会各构成部分之间的联系中，个体与社会的整体联系是重要环节。指导和评价个体与社会的联系与关系，要避免两种比较对立的态度。首先是要避免将社会共同体脱离于每一个单独的个人之上，将社会视作是一种抽象物。另外，也要注意不能离开社会共同体来谈论个体的自由，因为人之所以为人，是其具有社会的属性，只有在社会关系中，这个人才是真实的，不存在游离于社会共同体之外的抽象的个人。因此，个体的自由与发展是社会发展的目的与标志，同时，个人在与外部环境的相互关系与作用下，实现自我的自由与发展，这一关系是有机、互动、融洽的联系与作用，是在信任、共识的前提下自然形成的稳定持久的协同与合作，涵盖着个人、团队、社会、国家等各个领域与各个层面。

和谐社会还包括人本身的和谐要求。马克思对人的本质有深刻的论述。他把实现人的劳动这一本质所要求的人的能力的全面发展，概括为"全面发展自己的能力""发挥其全部才能和力量""人的全部力量的全面发展"等。在考察并实现人的全面、整体发展的过程中，应充分认识"人"是一个系统性的整体，不能用某一特定的要素或方面，去片面、单向度地覆盖人的全面性、综合性。人的全面发展，是人的各个方面、各个层次内心与外在的兼容并包与协调稳定的发展，也需要外部的社会环境、社会发展的支持与保证。因此，人的全面发展与和谐社会是"总体性原则"下相互联系的两个方面，和谐社会的建设目标是人的全面发展的必然要求。人的需求和功能之间的和谐协调是构建现代和谐社会的起点，也是目的。

第二节　和谐社会与政治伦理

和谐社会本身蕴含着政治伦理的意蕴。政治伦理及其规范的建构对社会政治关系及其派生关系中"善"与"恶"的认知和建立，对和谐社会的构建起着引导、约束和调整的功能。在优秀的文化和政治伦理自律的经济社会与政治环境下，经济社会市场法律等各领域的制度与机制才能有效发挥作用，社会才能避免动乱。因此，政治伦理是和谐社会的内在动力和基本保证。

一、和谐社会与政治伦理具有趋"善"的同质性

从政治伦理的视觉，和谐社会"乃是社会的多元利益主体通过道德的认同和行为选择的协调而形成的一种有利于满足人的需要、促进人的发展的社会良好的道德关系和精神氛围"[①]。在这个意义上，和谐社会建设的过程也是一个加强马克思主义政党伦理道德建设即"求善"的过程。在这个过程中，以人为核心和出发点，人融入社会，社会融入人，和谐社会正是这样一种始终以人为

第四章　政治伦理规范与和谐社会建设

077

[①] 唐凯麟：《道德建设：构建和谐社会的道义基础和精神动力》，《光明日报》，2005 年 5 月 10日。

核心、以人为本、对社会各种关系协调有序的发展状态的追求。和谐社会的构建是对"善"的诠释，以"善"为目标，追求"善"的实现。与和谐社会的本质"善"相同，作为上层建筑和意识形态的政治及政治活动，只要它是理性的，即有伦理的，最终也都将以"善"为终极目标。如亚里士多德（Aristotéles）所言，"所有人类的每一种作为，其本意总是在求取某一善果"①。可见，政治伦理与和谐社会在本意上旨在求"善"的伦理意蕴必然殊途同归。

也有人认为，政治是战争、斗争、权力、谋略的代言，认为政治是非伦理甚至于反伦理的。探究本质，政治可分为"道""术""势"三个层面，无伦理的政治观仅仅关注了"术"与"势"两个方面，而"道"才是政治的目的本身。古希腊时期，柏拉图（Plato）就提出了政治的本质是"公正"，他所著述的《理想国》事实上就是"公正国"。而亚里士多德更是把国家等同于"最高的善"，坚持"善"既是"城邦—国家"的政治追求，也是个人的美德追求，并强调个人之善必须隶属于城邦之善。因此，作为上层建筑和意识形态的基本要素，政治伦理作为人类社会政治文明的价值内核和价值基准，与和谐社会一样，应然是以"善"为途径与目标。

二、有伦理的政治是实现政治和谐的前提

按照历史唯物主义的基本观点，经济是政治的基础，经济决定政治，政治是经济的集中表现。任何政治现象的变化与发展都能在经济中找到原因。有什么样的经济基础，就有与之相对应的上层建筑。人类历史发展到今天，国家依然是人类政治生活的主题。我们知道社会财富私有化的过程也就是国家形成的过程，国家一旦从社会中脱离出来，就必然地成为凌驾于社会之上的特殊权力。恩格斯在描述国家产生时指出："国家是表示：这个社会陷入了不可解决的自我矛盾，分裂为不可调和的对立面而又无力摆脱这些对立面。而为了使这些对立面，这些经济利益互相冲突的阶级，不致在无谓的斗争中把自己和社会消灭，就需要有一种表面上驾于社会之上的力量，这种力量应当缓和冲突，把冲突保持在'秩序'的范围以内；这种从社会中产生但又自居于社会之上并且

---

① ［古希腊］亚里士多德：《政治学》，商务印书馆 1997 年版，第 7 页。

日益同社会脱离的力量，就是国家。"①

国家只要存在，"冲突"就会存在，政治权力对社会和谐的巨大影响与力量就必然存在。由于国家的继续存在，政治组织和社会组织充分发育，人与自然的关系在很大程度上受到人与人的关系的制约和支配，在很大程度上显现出政治的作用和力量，政治和谐成为社会和谐的前提。事实上，纵观社会政治发展史，权欲追求、利益差别和不平等诸因素，导致的种族冲突、民族冲突、阶级冲突以及围绕着国家权力、利益之争的暴动、战乱，等等，都无不严重影响着人类的和谐生存，成为人类社会不和谐的主要且直接表现形式。

对此，人们能够通过政治伦理理念和政治价值观的构建以及政治伦理规范的确立，通过和谐社会之政治伦理建设，有效地以公正、博爱、民利、和谐等政治伦理规范及其制度安排的伦理意蕴等抑制这种差别和不平等，努力构筑一种公正合理的社会环境特别是政治环境，使这种差别能够符合人类理性原则从而最大限度地达成广泛的社会认同和理解，有效地缩小社会成员的差别和解决人类的矛盾、斗争，在根本上实现人类的和谐生存。概括地说，政治伦理是政治和谐的内在属性，也是政治和谐的基本价值目标，政治和谐实质是政治文明、政治伦理的基本状态，对和谐社会的实现起着重要的导向和促进作用。

三、政治伦理规范是实现和谐的途径

社会和谐的构成大致可以分为三个层面，第一层面表现出的是人际和谐、利益和谐，第二层面是制度和谐、政策和谐，第三层面也是最深层次，是以价值观为核心的伦理和谐。在这些和谐关系中，利益和谐是重点，制度和谐是关键，而伦理和谐却是难点。

利益和谐、制度和谐是指要把社会的利益关系调整到一个既充满活力不抑制竞争，又能使那些社会弱势群体、边缘群体或贫困阶层得到比较宽裕的生活保障。也就是说，使资源的占有、利用及利益的最终分配都能符合社会和谐的限度和张力，不能因起点、机会等非个体的因素造成人与人之间贫富差距的拉大。现代社会中，特别要注意调节那些特殊利益部门、垄断行业的非竞争性高额利益。

伦理和谐是指要在全社会确立和谐的价值观、价值理念，使和谐成为国

① 恩格斯：《家庭、私有制和国家的起源》，《马克思恩格斯选集》第 4 卷，人民出版社 1995 年版，第 166 页。

家、政党、政治行政行为人及其人们自觉遵循的伦理律令，伦理规范，伦理习惯。以价值观为核心的伦理和谐，能使整个社会和谐在源头和本质方面获得内生动力和保障支持。人类政治史表明，一定时间和空间范围内的社会和谐，也一定是在这样的时间和空间范围内已经建立起的一种政治和谐。因而，政治和谐是社会和谐发展的基础和保证。

进一步讲，伦理和谐中起着最重要和关键作用的还是政治伦理和谐。在现代和谐社会构建的实践中，无论人际和谐、利益和谐，还是制度和谐、政策和谐，其不和谐根源都集中产生于利益、权利、权力、资源分配的不平等，等等。而有关利益、权利、权力和资源分配的问题是社会政治的核心问题，处理有关利益、权利、权力和资源分配的理念、情感、态度和取向是政治伦理要解决的核心问题。因此，利益和谐与制度和谐的实现最终要依赖和受制于政治伦理和谐的秩序与状态。只有具备了政治伦理这个内在的道德选择，社会的整体和谐才能真实得以实现。

第三节　政治伦理的现代建构

对现代政治伦理建构的探讨一直持续被学界关注。有学者认为，建设中国特色的社会主义政治伦理，应坚持两个基本态度。一是要树立开放、包容、平等、负责的政治伦理意识，不能因为有些政治价值观念是西方其他文明形态所推行的，就采取简单的拒绝和不对话的态度；二是要坚持道路自信和理论自信，坚持社会主义信念，坚信随着全球化进程的深入，社会主义所倡导的政治价值理念将更富有价值。

当代中国政治伦理的建构须确立"适应社会现实发展要求的、能整合不同价值取向的、内在协调一致的政治伦理价值观"。概括地讲，有两大主要任务，一是把政治伦理的价值目标定位在发展社会主义民主政治和确保政治稳定上，二是确立有中国特色的、充满理论自信的政治伦理模式。具体到政治伦理的现代建构方面，围绕政治的正当性问题展开的人类政治的价值选择和伦理结构始终是政治伦理的核心与根本，政治价值理念、政治制度伦理、政治行为主体伦理和法治支持构成了现代政治伦理的基本框架。

政治性是人的首要社会属性。人，是社会人，离不开社会公共领域，其本质特征在社会中也总是通过各种政治关系来加以定义。正如亚里士多德指出人是政治的动物，他把人的社会本质描述为政治性的，以此来区别于非理性生物。作为各种社会活动和社会关系的总和，政治是以权力为核心展开各项活动，主要包括以政党、政府及其行为者为核心的公权、市场为核心的私权、以社会为对象的共权。

在政治发展史上，政治权力一度被视为"洪水猛兽"，被认为是一种"恶"的存在，认为最应当受到最严格限制，孟德斯鸠（Montesquieu）提出的三权分立思想，康德（Immanuel Kant）认为只有承认政治权力中恶的成分，才能解决建立政府机构所带来的问题，休谟（David Hume）更是提到当我们设置权力机构时，应该把所有人都假设为具有道德危险性的[①]。而从伦理的视觉，政治作为一种公权力，代表着社会民众的共同利益，追求"善"的政治价值与政治生活才是具有意义和伦理关怀的。这种"善"是政治"正当性""正义性"的总体体现，是对所代表者的道德情感和具体利益的维护。

政治价值理念是人类政治的思想表征，不同的政治价值理念预示着人类政治不同的发展趋向。政治价值理念的确立，在人类政治文明的发展中具有优先地位；政治制度伦理是保证政治价值理念"正当"存在与付诸实践，并追求可能实现的基本规则体系，政治制度伦理的价值在于使政治价值理念获得具体的落实；政治价值理念和政治制度伦理规定着政治组织结构的伦理性质；而无论是政治价值理念、政治制度伦理，还是政治组织伦理，都是通过政治行为主体来实现的，政治行为主体伦理既是政治伦理实现的主体，也是其客体。

一、在正当性的核心价值中建构

正当性问题，首先是一个伦理学命题和政治哲学命题，其次才是一个法学和政治学命题。政治正当性具体可分为"价值正当性"和"工具正当性"。所谓政治的"价值正当性"，是关于人类社会政治发展的最一般的价值理念和价值系统。"按照社会学的设想，价值被审慎地规定在高于目标的一般的层次上。……在信念的层次上，价值的'理由'超越经验的知识，而根植于宗教和哲学的领域。"[②] 在政治伦理系统的现代建构与社会实践中，应将政治的"价值正当性"作为基本政治理念和政治伦理构架的起点与内核。

关于政治的"工具正当性"，是人类在关于政治最一般的价值理念和价值

---

① Mark E Button. *Contract，Culture，and Citizenship：Transformative LiBeralism From Hobbes to Rawls*. University Park, Pa．：Pennsylvania State University Press，2008，P28—29.

② ［美］塔尔科特·帕森斯：《现代社会的结构与过程》，光明日报出版社1988年版，第142页。

系统基础上对人类政治发展所进行的制度层面和组织方面的预设与创新。根据马克斯·韦伯（Max Weber）的观点，政治的"工具正当性"是一种工具理性行动，具有形式合理性。形式合理性主要是一种手段和程序的可计算性。这种合理性是纯粹形式的，它指引的行动具有最大程度的可计算性，可以达到任何一个不确定的（非决定论的）、可能的（概率的）实质目标。这种纯粹形式的合理性是现代社会结构具有的一种客观属性，当人们在评价清晰、缜密的计算在社会生活中日益增长的重要作用时，其重要性就必须得到承认[1]。工具理性行动既有使行动驱弃情感的形式合理内容，同时也有驱使人们行动走向常规化、制度化、程序化的实质非理性特征[2]。

根据正当性结构的上述特点，政治伦理的现代建构必须既要内设政治的"价值正当性"，又要汲取政治的"工具正当性"。结构功能主义社会学将社会系统分为三个结构层次，即价值、制度和集体。价值被表述为规定系统成员取向的总领域而独立于系统结构、情境或目标的特殊内容；制度是规范模式，它规定了位于系统的不同地位、不同情境、掌握或服从不同制裁的局部个人被期望（指定的、允许的或禁止的）行动的范畴；集体是从事角色活动的个人的群体或组织，这些群体或组织在它们作为局部所处的系统中有某些功能意义[3]。借用这种分析，可以把社会政治系统解析为由价值、制度、集体（组织）这样三个结构层次组成。

追溯社会政治历史的发展，我们可以发现，随着社会的不断进步，无论人类政治文明如何丰富和延展，其逻辑结构和内容体系如何日趋缜密，然而其中最亘古的、最为基本的，仍是社会政治的价值理念、制度规范和组织结构这些根本性的架构和内核。价值理念是社会政治的价值判准，制度体系是社会政治的规范，组织结构是政治价值理念和政治制度规范的载体，既是政治价值理念与政治制度规范的产物，又是政治价值理念与政治制度规范再生的结构动因。"政治支撑着人类生活的框架。"[4] 人类就生活在以政治的价值理念体系、制度规范体系和组织结构为主的相互联系、相互影响、相互作用的体系之中。因此，作为现代政治伦理体系，其基本构架事实上主要仍是由政治价值理念、政治伦理规范、政治制度伦理和政治组织结构所蕴含的伦理精神与意蕴等组成。

---

① 苏国勋：《理性化及其限制》，上海人民出版社 1988 年版，第 228~229 页。
② 戴木才：《政治伦理的现代建构》，《伦理学研究》，2003 年第 6 期，第 52 页。
③ ［美］塔尔科特·帕森斯：《现代社会的结构与过程》，光明日报出版社 1988 年版，第 160 页。
④ ［美］肯尼斯·米诺格：《当代学术入门：政治学》，教育出版社、牛津大学出版社 1998 年版，第 21 页。

二、在伦理规范的制度化中建构

执政伦理理念与执政主体的道德品质，二者相互促进、相互影响。具有高尚的道德品质的执政主体，可以自觉地遵循执政党的执政伦理理念，而执政伦理理念又可以通过执政党全体成员的实践，提升执政主体的道德品质。但是二者并不是绝对必然的因果关系。执政伦理理念的存在，并不能直接促进执政主体道德品质的内化与实现，而高尚的道德品质也只能为执政主体实践执政伦理理念，提供主观意义的主体条件。在现实的政治生活中，执政伦理理念与执政主体的道德品质的协调互动，需要一定的客观保证，这个保证便是执政伦理规范的制度化。

伦理规范的制度化在执政党伦理的建构与实践中处于核心地位。如美国当代著名的国际政治理论家亨廷顿（Samuel P. Huntington）所说，"所谓制度，是指稳定的、受到尊重的不断重复出现的行为模式。制度化是组织与程序获得价值和稳定的过程。"执政党的伦理规范，从产生到形成，再到认同、共识与内化，这一逐步发展的过程，离不开伦理规范的制度化过程。执政伦理理念作为规范执政行为的思想基础，本身就具有规范、引导和终极关怀的价值意义。但执政伦理理念毕竟是一种价值理念，它的实现，还有赖于以"刚性"为表达形式的制度保证和制度支持。在一定意义上说，执政伦理规范的制度化过程，就是不断丰富和强化执政伦理理念的过程。作为马克思主义政党的中国共产党，在领导中国人民进行长期的革命和建设过程中，形成了并不断丰富着立党为公、执政为民、以人为本的执政伦理理念，同时，以此为基本政治价值建立健全了日趋完善的系列党内规章制度，这既是将执政伦理理念不断制度化的过程，也是社会政治实践中现代政治伦理建构的重要环节。

三、在政治制度的伦理意蕴中建构

政治制度的伦理价值在于使政治价值理念获得具体的落实。贝尔（Daniel Bell）指出："最为关键的事实是，社会不是自然撮合物，而是一个人造结构，它有一套专横规则来调节自己的内部关系，以免文明的薄壳遭到挤压破坏。"① 政治价值理念与政治制度伦理构成的关系是："价值规定了行为的总方向。然

---

① ［美］丹尼尔·贝尔：《资本主义文化矛盾》，上海三联书店出版社 1989 年版，第 51 页。

而，价值并不告诉个人在既定的情境中干些什么；价值太一般（抽象）了。"因此，"价值通过合法与社会系统结构连系的主要参照基点是制度化"。"价值系统自身不会自动地'实现'，而要通过有关的控制来维系。在这方面要依靠制度化、社会化和社会控制一连串的全部机制"①。从深层次原因看，西方学者认为，社会价值的改变——即意识形态的变更——是制度变革的主要因素。

早在古希腊时代，亚里士多德（Aristotélēs）就从价值与制度相统一的角度对政治制度作过一个深刻的定义："一个政治制度原来是全体城邦居民由以分配政治权利的体系。"② 这一定义揭示了政治制度的本质内容，对于现代政治伦理的建构，具有很经典的指导性。他深入地分析了不同政体与善恶之间的关联，根据政体的宗旨把政体分为两大类：凡是照顾到公共利益的各种政体就是政治或正宗的政体；而那些只照顾统治者利益的政体就是错误的政体或正宗政体的变态（偏离）。可见，制度体系的设计能最大限度地照顾与体现公共利益的，即正义的政治制度才能真正使相应的政治价值理念得以真实实现。事实上，政治制度的设计与实施，是对纯粹工具主义的一种超越，透视了政治制度背后的道德价值，是一种价值关怀。因此，现代政治制度应是保证政治价值理念"正当"存在与付诸实践，并追求可能实现的基本规则体系。

四、在政治主体的行为规范中建构

执政党政治伦理的实现，不仅受到政党价值理念、政治制度伦理、社会经济关系、社会制度规则等的影响，还要依赖执政主体的道德水平与执政能力的保证。现实社会政治生活中的政治、行政行为人，本身也具有二重性。一方面要恪守并追求符合社会正义和社会发展规律的政治生活，另一方面，作为个体，又有满足自己的物质生活、追求现实利益的客观需要。由于执政主体在执政与行政中，要以对国家权力的运用为前提，而权力本身所具有的特性又为执政个体在政治上"寻租"提供了可能的机会和条件。在这种情况下，制度的规范约束成了客观的现实需要。制度的实践，不仅具有规范和约束执政主体的执政行为、维护公民权利的价值关怀意义，而且在一定意义上还内化和造就了执政主体与行为人的良好道德品质。在这个意义上，制度作为中间环节，保证了

---

① ［美］塔尔科特·帕森斯：《现代社会的结构与过程》，光明日报出版社 1988 年版，第 141～145 页。

② ［古希腊］亚里士多德：《政治学》，商务印书馆 1965 年版，第 109 页。

执政伦理理念与执政主体道德品质二者之间的协调互动，使执政伦理构成了一个相互统一、共同发展的完整体系。

当然，执政党伦理规范作为规范执政主体执政行为的价值本质的抽取和概括，属于形而上学的范畴，具有不依赖执政行为者个体意志的客观属性，而政治行为者的道德品质则是在长期的政治生活实践中，在环境、制度、文化、民族习惯等因素的相互作用下形成的，对现实政治事件做出客观评价和权力行使中道德选择的心理结构。政治行为人的道德品质，是社会道德意识内化于自身的结果，具有主观性。因此，公权力履职者的高尚道德品质并不是天生就有的，它的形成要靠伦理自律、理想信念，靠个人努力，同时，人类社会所形成的政治、经济和社会相互关系的一系列制度，对政治主体的政治道德品质，也有着潜移默化的影响作用，即制度具有"形塑"功能。对于制度，尤其是政治制度来说，它的作用与功能，从古希腊时期柏拉图（Plato）以来，就被东西方政治家、思想家关注。

为了防止公务人员由人民公仆变成人民的主人，马克思主义的创始人在巴黎公社创建过程中，就实行了公社领导人由普选产生和决策重大问题的民主集中制的制度。邓小平曾说："只要有一个好的政治局，特别是有一个好的常委会，只要它是团结的，努力工作的，能够成为榜样的，就是在艰苦创业反对腐败方面成为榜样的，什么乱子出来都挡得住。"政治制度不仅是限制政治权力行使的手段和解决社会问题的联系模式，而且还引导着社会成员特有的组织行为、思想习惯和民风民俗，社会成员的素质状态集中体现在他们怎样解决问题，怎样应付冲突，在既定政治制度的框架下怎样谋求优势、克服利益诱惑等方面。一般而言，政治行为者的理念价值、行为习惯、道德状况及考问，主要应由相应的政治制度决定与影响。政治伦理决定社会政治生活的价值取向，政治生活创制了政治制度，政治制度继而塑造政治行为者与公民的政治品格和伦理规范，良好有序的公民性格最后又可以回馈社会政治生活。

五、在法治力量的支持与保证下建构

政治主体的道德品质在执政党伦理规范的建构与实践中具有重要作用，即执政伦理理念的确立、执政制度的实施，都要在政治行为者的道德品质的影响下进行。如果行为者道德品质低下，他不仅不会去实践执政伦理理念，而且还会戕害制度的权威和公信力，从而损害执政党执政的形象。相反，如果行为者具备良好的道德水准，那么他在公权力的行使过程中就会做到公正无私，服务高效。但是，我们并不能因此而过分地夸大道德品质在规范制约执政行为上的作用。一方面，由于行为者的道德品质，在一定意义上要在政治制度影响下形成；另一方面，是因为权力本身所固有的特性，以及人们在面对权力时都会表现出"类"的弱点，还会使权力行使者道德品质的稳定性受到一定的影响。罗素（Bertrand Russell）说："人们爱好权力，犹如好色，是一种强烈的动机，对于大多数人的行为所发生的影响往往超过他们自己的想象。"因此，仅仅依靠执政主体主观意义上的道德自律还不够。以权治权作为现代民主政治对执政行为最为有效的规范方式，在客观上就突出了德治与法治并举的必要。

法治，是实质意义上的法治与形式意义上的法治二者的统一。从形式意义出发，强调的是治理的方式、制度及其运行机制。在实质意义上，体现的是法治至上、制约权力、保障权利的价值、原则和精神。法治的基础是制度建立，广义的制度包括非正式约束（社会认可部分）、国家规定的正式约束和实施机制，是特定社会范围内统一的、调节人与人之间社会关系的一系列习惯、道德、法律（包括宪法和各种具体法规）、戒律、规章（包括政府制定的条例）等的总和。马克思认为，制度是社会经济关系的产物，是"具有规定和管理一切特殊物的、带有普遍意义的'特殊物'。"① 社会经济关系是制度产生的深层经济动因。诺斯认为："制度是一个社会的游戏规则，更规范地说它们是为决定人们的相互关系而人为设定的一些制约"。

制度构建了人们在政治、社会、经济或生态等方面进行交换的"激励结构"，制度变迁则反映和决定着社会演进的方式的变化，从这一角度，制度也是理解历史变迁的重要显现。制度的基本功能"是为了降低人们相互作用时的不确定性。这些不确定性之所以产生，是所要解决的问题的复杂性以及个人所有解决问题的软件（用一种计算方法）不足的结果。"② 帕森斯从社会功能与结构的角度阐述了制度的工具理性意义，认为制度具有技术性质，是规范的一般模式，这些模式为人们与他们的社会及其各式各样的子系统和群体的其他成员互动规定了指定的、允许的和禁止的社会关系行为的范畴。

制度说到底是一种工具，因此，在设计制度时，必须注重制度的健全功能，即它的工具理性。制度必须具有这样一些特性："第一，任何制度必须适应周围环境，即外部各种体系。第二，一个制度必须实现自身的目标，即确定

① 《马克思恩格斯列宁斯大林论政治和政治制度》（上册），档案出版社1988年版，第15页。
② ［美］道根拉斯·C·诺斯：《制度、制度变迁与经济绩效》，上海三联书店出版社1994年版，第34页。

这些目标是什么，并动员一切必要的资源和能源来达到这些目标。第三，任何制度都必须保证使其成员融为一体，保持协调和团结一致。最后，任何制度都必须保持随时能动员其成员去完成自己的目标，即使其成员热爱本制度的规范和价值观。"①

在政治学的意义上，制度是一种负责维持社会政治秩序或改变这种政治秩序的规范体系。因此，政治伦理的现代建构，需以政治伦理的自律与内化为核心，以实现社会和谐和社会信任为目标，精神自律与伦理制度化同步，制度德治与法治惩戒并举，确保权力不被滥用，通过改革与完善，建设适合中国自己的制度，既代表人民又依法治理的政治运行机制，维护和保持人民权益的发展。

第四节　和谐社会建设中的政治伦理实践

和谐社会蕴含的政治伦理内涵，生动地诠释着执政党作为以高度自律为内在要求与属性的马克思主义政党，自觉设定政治伦理目标，建立政治伦理规范架构，自觉运用与接受政治伦理规范的内化和约束，在政治活动、社会事务管理中践行政治伦理，显性制度与隐性制度结合，德治与法治双翼并举，优化执政能力和服务水平，协调各方关系与主动化解矛盾，建设与形成从政治、经济到社会各领域公平正义、诚信友爱、充满活力、安定有序、人与自然和谐相处的社会氛围。

一、政治伦理体现的隐性制度效力

政治伦理是研究人类政治正当性及其操作规范和方法论的价值哲学，政治伦理作为人类社会政治文明的价值内核和价值基准，对政治文明的发展和政治体制改革，具有导向、规范和终极价值关怀的意义②。因此，政治伦理规范的建设与实践在认识论与方法论上对人们的政治理念和实践活动具有"规范性功能和工具性功能"，反映和体现着和谐社会的伦理内涵并付诸实践的保证。和谐社会是有序的规范化社会，按照现代制度经济学奠基者康芒斯（John

---

① ［法］莫里斯·迪韦尔热：《政治社会学—政治学要素》，华夏出版社1987年版，第189页。
② 戴木才：《政治伦理的现代建构》，《伦理学研究》，2003年第6期，第49页。

Rogers Commons）在其《制度经济学》一书中的解释，"制度"实际上就是集体行动对个体行动的控制、解放和扩张。具有这一"控制、解放和扩张"功能的社会"制度"不仅包括社会基本经济制度、政治制度等在内的"显性制度"，也包括道德伦理、行为准则、社会风俗礼仪和惯例等影响着社会发展的"隐性制度"。

这些隐性的社会制度因素更经常、更活跃，也更有效地支配或影响着人们的日常经济行为，成为人们解决日常经济生活问题更常用的行为方式或手段[1]，并"构成了一个社会文化遗产的一部分并具有强大的生命力……是得到社会认可的行为规范和内心行为标准"[2]。当前影响社会和谐的主要因素已从过去阶级斗争的敌我矛盾转化为在社会生活中产生的需求矛盾或利益冲突等，社会机制的作用显得更加复杂。在这种情形下，社会"隐性制度"的约束力明显要强于社会"显性制度"的约束力。另一方面，"显性制度"即社会伦理制度之外的种种社会制度，是基于伦理之外的经济、政治、法律、文化等方面的需要而形成、存在并发挥其作用的，在形式上是非直接的道德规范的组合，但在本质上社会制度仍蕴涵着基本的伦理追求、道德原则和价值判断。尼尔·麦考密克（Neil MacComick）指出："法律的生命在于永远力求执行在法律制度和法律规则中默示的实用的道德命令。"[3] 可见，无论是"隐性制度"，还是"显性制度"，都隐含和体现着强大的伦理规范的价值导向和约束力。

在社会政治活动领域，其"隐性制度"主要指政治伦理规范。一方面，如果缺少这些政治伦理规范或伦理资源的日常隐性调节作用，一些利益问题、社会矛盾及行为冲突就无法得到及时有效的避免或化解。另一方面，如果政治主体在制定"显性制度"时缺失了政治伦理规范的精神内核和价值导向，围绕权力、利益、资源分配和社会秩序的公平正义等就难以实现和保障，因而也就更不用说以此来创造和谐社会了。因此，在社会政治实践中，社会基本制度体系是化解社会主要矛盾和冲突的首要条件，但却不是化解社会全部矛盾和冲突的充分条件。化解各种社会生活矛盾或利益冲突的充分条件是：社会基本制度的正义安排与合法有效的运作，社会伦理规范的合理有效的规导与协调以及公民

---

① ［美］康芒斯：《制度经济学》（上册），于树生译，商务印书馆1997年版，第86页等处。

② ［美］格拉斯·C·诺斯：《制度、制度变迁与经济绩效》，上海三联书店出版社1994年版，第64页。

③ ［英］麦考密克、［奥］魏因贝格尔：《制度法论》，周叶谦译，中国政法大学出版社2004年版，第226页。

个体美德的修养与自律①。三个方面的共同作用，才能真正全面、及时和有效地化解各种社会生活矛盾，才能使社会生活进入一种有序和谐的发展状态。

二、和谐社会建构的政治伦理自觉

中国共产党是一个自觉的先进的执政党，党自建立以来从领导人民革命的革命党发展为带领人民搞建设的执政党，始终以人民利益为党的根本理念和政治规范，在成为执政党之前，党就把全心全意为人民服务写入党章，以建立没有阶级压迫、阶级剥削和阶级差别的社会主义和共产主义社会为目标，通过阶级斗争建立人民民主专政，为创建和谐的新社会提供政治条件。成为执政党以后，党在理念上从以阶级斗争为中心转移到以经济发展为中心，提出了"三个代表"重要思想、"以人为本"科学发展观、构建和谐社会的思想和中国梦的战略指引。其中的和谐社会理念，即通过发展经济、健全民主法制和加强伦理道德建设来协调关系、化解矛盾、统筹兼顾、整合社会，以营造与形成全体人民各尽其能、各得其所而又和谐相处的社会氛围。

社会主义和谐社会从思想酝酿、提出到理论构建、完善的过程充分体现了执政党建设和谐社会，加强政治伦理规范建设的自觉意识。20 世纪 80 年代，首次将"社会发展"纳入发展目标，由原来的"经济发展计划"改为"经济社会发展计划"，2002 年 11 月，党的十六大报告在阐述全面建设小康社会的目标时，提出了实现社会更加和谐的要求。2003 年提出要协调经济与社会的关系。2004 年 9 月，党的十六届四中全会明确提出了构建社会主义和谐社会的重大战略任务，把提高构建社会主义和谐社会的能力确定为加强党的执政能力建设的重要内容，提出了构建社会主义和谐社会的基本要求。2005 年 2 月，正式提出了构建民主法治、公平正义、诚信友爱、充满活力、安定有序、人与自然和谐相处的社会主义和谐社会的总目标。2005 年 10 月，党的十六届五中全会把构建社会主义和谐社会确定为贯彻落实科学发展观必须抓好的一项重大任务，并提出了工作要求和政策措施。2012 年 11 月，党召开第十八次全国代表大会以来，习近平总书记正式提出"中国梦"重大战略和重要执政理念。中国梦与和谐社会建设同途共向，是和谐社会建成的目标与结果。从政治伦理学的视觉，关爱"人"、尊重"人"、重视"人"，中国梦与和谐社会的目标体系体现着执政党的政治伦理精神。

① 万俊人：《论和谐社会的政治伦理条件》，《道德与文明》，2005 年第 3 期，第 7 页。

三、政治伦理规范促进和谐社会

全面建成小康社会，构建社会主义和谐社会，实现中华民族的伟大复兴是当代中国面临的一项重大历史任务，也是中国共产党和政府对自身执政能力的考验。政治伦理规范促进小康社会建成及和谐社会建设，必须将坚持社会主义的发展方向、坚持和发展马克思主义、坚持共产党的领导作为政党政治伦理建设的思想指导。从政治伦理思想、政治伦理理念、政治伦理原则、政治伦理规范、政治制度的伦理性建设以及政治行为人的政治道德内化等方面，通过深入系统的理论研究，把握以政治伦理建设促进和谐社会建设的规律性认识，促进中国特色政治伦理理论的完善与发展，并指导于当代社会政治的实践，促进全面建成小康社会和现代和谐社会的建设。

公正、博爱、民利、和谐是马克思主义政党政治伦理的基本规范。社会主义核心价值观以理想与信念为基础，以促进社会公平正义为核心，是马克思主义政党政治伦理基本规范的真实体现。全面建成小康社会与构建和谐社会，一方面，要求执政党及其行为人内化马克思主义政党的政治伦理精神和伦理规范，在全社会率先引领社会主义核心价值观的践行，在广大社会成员中确立与融入社会主义核心价值观。另一方面，应当遵循公正、民利、博爱与和谐，完善和保障公民的权利，包括公民的政治权利（依法有序扩大公民的政治参与和政治表达）、公民的经济权利（保护公民的合法权益和就业的权利等）、公民的社会权利（建立符合中国国情的社会保障体系）、公民的文化权利（每个公民平等地受教育和享有文化的权利等），等等。现代社会首先是在民族国家的范围内构建的，国家所代表的共同利益，也就是社会利益。而社会成员就是组成国家的公民。公民权利的确立，表明个人与社会之间一种新的相互认同、相互负责关系的形成，也表明社会作为利益共同体，是以国家为载体的存在。公民权利的确立，也表明以人为本在经济上、政治上、文化上、社会上、生态上有了具体的表现方式，公平与正义也有了具体的内涵。

在政治体制的安排上，应顺应市场经济发展形成的新型社会结构，建构包容所有阶层，提供他们实现政治参与的政治框架。由市场经济的发展所带来的社会分化和社会结构变化是一个长期现象。它要求在政治体制的安排上能够反映这种变化，能够通过伦理诉求、沟通与协调，来形成反映最大多数人民利益的公共政策。建立健全这样的具有伦理精神的政治体制，就可以把可能因不同利益冲突所引发的群体性事件转变为理解、沟通与折中，使对抗或矛盾得到解决，使不同的利益集团能够合作、共赢与共存。这就需要以公正、民利为政治追求，进一步发展社会主义民主政治，坚持和完善人民代表大会制度、中国共产党领导的多党合作和政治协商制度、民族区域自治制度以及基层群众自治制度，增强党与行政机构以及整个国家领导机关的活力，推进协商民主广泛多层制度化发展，切实发展基层民主。

遵循伦理精神的追求，和谐社会构建的另外一个重要方面，是非营利组织的健康发展。这是公民根据自己的社会交往需求，为弥补市场失灵和政府所提供的公共服务不足而形成的组织。这种组织是社会伦理精神的诠释与体现，强化社会的组织化程度，能在更大程度上满足公民对公共服务的需求。用压制或限制的方式，往往容易导致这种组织的地下化和政治上的对立化。如果采取因势利导的做法，这种组织可以成为政府的伙伴，为社会和社会成员提供更多的公共服务。

中国共产党十分重视制度化建设和制度的伦理意蕴。毛泽东同志说："扩大党内民主，应看作是巩固党和发展党的必要的步骤"。经过"文化大革命"十年浩劫，邓小平深刻地看到了领导制度、组织制度的根本性、全局性、稳定性和长期性，他再三地强调制度建设在社会主义现代化建设过程中的重要作用。中国共产党第十五次全国代表大会明确提出了"依法治国"的基本方略。九届全国人大二次会议通过了宪法修正案，把依法治国作为治理国家的基本方略，以法律的形式确定下来。党的十八大以来，习近平总书记强调"努力让人民群众在每一个司法案件中都能感受到公平正义"，新一届党中央崇尚法治、践行法治，形成一系列建设法治中国的新理念，把全面依法治国纳入"四个全面"战略布局的体系中，体现了治国的真正主体是广大人民群众，依法治国之"法"，是代表人民群众利益之法，是体现人民意志和社会发展规律之法。依法治国要求保障人民权利，重在治权，体现了法治的实质正义。依法治国使中国共产党立党为公、执政为民、以人为本的政治伦理理念进一步制度化、法治化，执政党政治主体的政治伦理实践和执政行为更加地显现出理性与成熟。

第五章　政治伦理与执政党建设

现代社会以多元化为表现与特征，社会核心价值能否真实地表达"善"，是不是体现了正义社会"正当性"的本质诉求，并成为所有社会成员的理性共识和理想追求，对于现代和谐社会建设与政党政治建设尤为重要。马克思主义政党以解放全人类和实现人的全面发展为奋斗目标，始终将"正义""正当"与"善"镌刻在政治宣言与政治纲领中。

中国共产党作为马克思主义思想的实践者、先行者与探索者，秉持"全心全意为人民服务""立党在公""执政为民"的政治伦理精神，丰富与发展了社会主义政治价值理念及中国特色社会主义政治的理论与实践，使其成为普遍被认可的社会政治生活得以运行和持续的基准与公理，合理并合法地保持了政治权力与公共权力的运行机制，形成了社会民众对于政党、国家、民族的公信力与忠诚力，维护着社会稳定与社会和谐。

第一节　党的纯洁性建设的政治伦理问题

"纯洁性"是一个富含道德意义的概念。"政党纯洁性"因赋予以政治性上升为马克思主义政党建设的范畴，而升华为执政党主导的政党伦理要求和价值取向，成为执政党伦理建设的目标与规范。党的纯洁性本质由政党的宗旨和性质决定，体现于思想、政治、组织和作风等各个方面。人们多从廉政视觉对纯洁性的内涵、结构及其问题、对策进行研究，但对纯洁性保持及建设的深层次伦理语境及其问题研究不多。

对于社会主义政党体制下长期执掌政权的执政党，从道德自觉的视阈，加强各级党组织和党员个体"自我净化、自我完善、自我革新、自我提高"的能力，强调政治行为人自觉做"社会主义道德的示范者、诚信风尚的引领者、公平正义的维护者"的要求，进一步凸显了保持纯洁性问题及纯洁性建设的重要道德价值和道德实践意义。

一、纯洁性是马克思主义政党伦理建设的理性基础

"纯洁"在《现代汉语词典》中意指"纯粹清白，没有污点，没有私心"，"纯"可解释为"美""善"（fine；good；sincere），"洁"有廉明的含义。作为同属道德范畴与政治范畴的语境，纯洁性不仅是执政党建设的内在道德要求，也是执政党伦理建设的理性基础。党在"治国理政"的进程中，以纯洁性和先进性为情感认同与理性基础，通过制定政策与领导监督等行为，推动政府为社会民众提供最广泛的公共利益，从而实现执政党"为民"的责任与宗旨。执政党通过社会政治活动实现公共利益的过程，诠释了纯洁性不仅是党注重自身建设与道德要求的内在体现，也是党实现理念目标的理性基础。

（一）纯洁性的品质要求与执政党伦理建设有着共同旨趣

《中国共产党章程》规定中国共产党的性质是中国工人阶级的先锋队，同时是中国人民和中华民族的先锋队，是中国特色社会主义事业的领导核心，代表中国先进生产力的发展要求，代表中国先进文化的前进方向，代表中国最广大人民的根本利益。党的最高理想和最终目标是代表和体现无产阶级和劳动人民的根本利益，实现共产主义。"正义是社会制度的首要价值"，无论是党的章程规定，还是建党以来的社会政治实践活动，都深刻地体现着执政党为民宗旨的正义品格与阶级本质，蕴含着政党伦理的价值与架构，体现着政党纯洁性的内在要求。

其一，在最高层面，执政党的最终目标和最高纲领是执政党伦理建构的根本原则和最高要求，执政党最广泛的群众代表性与实现共产主义的奋斗目标，是对以"正义"为核心的"善"的质的规定。政党纯洁性以"纯粹""无私"为本性，在本质上同样将"公正""正义"作为自身的根本旨趣。其二，执政党的基本路线和基本纲领是相应历史阶段的奋斗目标，是执政党以"正义"为核心目标，在某一历史阶段的集中显现，也是政党纯洁性在不同历史时期的具体要求。革命党时期，在艰苦危险的战争环境下，人们加入中国共产党的动机是因为坚定的信仰，自然形成了党组织及其党员的自我纯洁机制；在执政党领导人民长期执政的新形势下，由于利益复杂化、价值多元化，入党动机更加复杂，其经受的纯洁性考验更加紧迫和艰巨。其三，基层组织及其成员具体执行和落实的方针政策、制度措施、执政及行政行为，是执政党在理念、制度、实

践等方面政治伦理的反映，也是纯洁性保持与建设在各级组织及政治行为人理念、制度、行为中的具体体现。

（二）纯洁性的自我净化与执政党伦理的自律性的内在一致

道德的基础是人类精神的自律。政治道德作为调整政治行为主体与个人、社会、环境等众多关系的特殊道德原则和规范体系，从根本上反映着执政党及其政府各级组织、机构及其政治行为人等政治道德主体的自律情况。相对于"他律"，执政党伦理要求其在围绕公共权力展开的活动中以及运用公共权力进行资源分配的过程中，以自主、自愿和自我约束为意蕴和要求，对政治和行政活动进行自觉选择与决定。保持党的纯洁性是执政党自我净化的内在品质要求，对执政党及其政治行为人的主体行为进行导向与规范，并施以约束和评价，一方面明示了党对"纯洁性"的内涵、品质、思想、行为的规定，另一方面，引导着党组织及其各政治主体的思想选择和行为方向。可见，保持纯洁性的主体自觉意识与执政党伦理的自律性具有内在联系。

其一，纯洁性主体的自我净化与政党伦理的自律本质，都是执政党加强自身建设、自我完善、自我发展中的一种主体性活动。中国共产党自建党以来，无论在革命党时期，还是在执政党的建设与改革时期，在主观上都特别重视自我完善与纯洁自律。从著名的古田会议、延安整风以及《关于纠正党内的错误思想》《论联合政府》三大作风建设的要求，到党的十八大强调"抓好道德建设这个基础"，做到"干部清正、政府清廉、政治清明"的要求，体现着一个自觉、先进、纯洁的执政党的自律品质与主观上对政治行为人的道德自律要求。其二，保持纯洁性建设与政党伦理建设都具有明确的评价标准和准则，并以此建构政党及其政治行为者应该或不应该的决策依据。执政党伦理在调整社会政治生活领域的各种关系时，始终以明确的善恶标准，即"立党为公、执政为民"为核心的标准，作为最基本的道德评价标准，并要求政治行为主体通过内在的自律活动，以此标准对自身的政治意识、政治活动及政治实践进行选择与取舍。保持纯洁性是执政党以马克思主义政党对自身的规定作为根本标准的要求体现。

（三）纯洁性的价值理性精神与执政党伦理浸润的公共理性相通

在现代社会政治活动中，马克思主义政党以人民利益为价值目标，集合社会成员的利益与需要，并以政纲、政策、政府等为途径，通过代表"民意"，使"民意"转化为"公意"，实现社会资源的整合，实现国家、社会、公民等各种关系的和谐发展，最终实现执政为民的价值应然。价值表征是人作为现实世界实践主体特有的存在方式。在政治伦理的语境下，保持纯洁性的价值表征意义在于，作为执政党及执政党主体的中国共产党人，在社会政治关系与活动中具有明确的、特有的存在方式，这种存在方式是由马克思主义政党的本质特征所确定的。"纯洁性"正是执政党伦理价值对于主体道德本性的体现或者实现，并通过一定的道德关系、价值体系及规范体系来确证"纯洁性"的"存在方式"及其意义。执政党作为公共利益的代表者，其纯洁性的存在和行动的自觉，与执政党伦理"立党为公、执政为民"的内在要求是相通的，具有一致性。

其一，保持纯洁性和执政党伦理建设，都是在社会公共政治领域公民、社会、政党、政府之间构筑的富于公共理性的情感共鸣与价值理性。这种情感与理性的交融，不仅促进了执政党在制度、组织的建构设计中，真实地体现党的纲领与宗旨，同时在社会政治活动与生产生活实践中，以党的纯洁性与伦理自律为途径，浸润和赋予价值与理性的精神，有益于执政党的合法性与合理性建设。其二，纯洁性建设和执政党伦理都立意于执政党及其政治行为人的自觉与自律，并以此主动调整政党、公民、社会之间的关系，体现着执政党理念及活动的实践理性及公共理性，凝聚与整合成执政党及其政治行为人共同的理想信念、品格意志、价值标准，是执政党权力在公共生活运用中的理性基础。

二、从伦理学几个基本问题把握保持党的纯洁性的实现路径

保持党的纯洁性既是马克思主义政党的本质特征，更是马克思主义政治伦理观对其政党和政治行为人的内在要求。作为一种特定的道德原则和规范，纯洁性建设的基本特征和实现途径必然反映政治伦理精神及政治伦理实践的要求。

（一）以"是"与"应该"关系把握事实与价值的辩证统一

在伦理学的范畴中，"是"（to be）与"应该"（ought to be）是最基本、也是最为著名的一个问题。休谟（David Hume）认为，道德准则、规范与判断是关于"应该"或"不应该"的价值判断，而事实真假是有关"是"与"不是"的事实判断，不能由事实真假推断出道德价值的评判。也就是，事实与价值之间存在不通约性。但在康德（Immanuel Kant）看来，因为人既是自然存在物，又是"有限的理性存在物"，必然会受到理性法则的指导，通过"应该"

如何，来达到道德的行为，即存在着从"应该"到"是"的一个过程。马克思主义伦理学立足于社会现实，特别是现实的生产关系，一方面以实证逻辑为方法，建构了从"是"到"应该"的科学思维逻辑，另一方面，超越由"是"到"应该"的单向逻辑，具有以"应该"来掌握群众、指导人民改造世界"是"的特殊功能，达到"应该"与"是"在马克思主义哲学基础上的辩证统一。从政治伦理学的视角，研究与保持党的纯洁性问题，既要从马克思主义执政党阶级性质"是"来规定马克思主义执政党纯洁性之"应该"，更要以执政党推断的这种"应该"来指导和掌握其政党及政治主体自觉地改造自己的主观世界和客观行为"是"，从而真正地实现保持党的纯洁性在价值与事实上的辩证统一。

（二）以实践理性与道德评价把握理性与现实

马克思在 1845 年研究费尔巴哈笔记时提出："人的思维是否具有客观的真理性，这并不是一个理论的问题，而是一个实践的问题。人应该在实践中证明自己思维的真理性，即自己思维的现实性和力量，即自己思维的此岸性。关于离开实践的思维是否现实的争论，是一个纯粹经院哲学的问题。"[①]这段话也适用于人们对道德实践理性及其道德评价的思考与把握。道德作为一种特殊的社会价值调整方式，一方面是以善恶为标准并施以规范的手段，另一方面是促进主体以某种准则或规范自觉完善的实践精神。正如康德（Immanuel Kant）所言："一切兴趣终究都是实践的，甚至理论理性的兴趣也是有条件的，只有在理性实践运用中才能完成"[②]。可见，道德的实践理性不仅体现在道德的设立、规范及其实践过程，还表现在道德评价过程中，是特定的规范及准则对人们正在做的，或者已经完成的事情、行为的判断、评价和指导。政治道德作为社会政治生活的特殊价值形态，其道德规范及评价更体现出既定的社会政治生活关系与客观的生产生活实践要求。政治道德价值和"应该"的建构与内涵，是主体性与规范性的结合、理想与现实的统一，体现着实践理性与实践智慧的统一。只有将"纯洁性规定"内化为自身的道德义务与实践理性，既在内心唤起积极的感应与共鸣，又理性地体现于执政与政治活动的实践中，坚定共产主义信仰、实现共产主义理想、保持党的纯洁性的要求才能够被遵守，保持纯洁性的实践理性与道德评价导向才可以实现。

---

① 马克思、恩格斯：《马克思恩格斯文集1》，人民出版社 2009 年版，第 500 页。
② ［德］康德：《康德著作全集》（第 5 卷），李秋零主编，中国人民大学出版社 2007 年版，第 122 页。

（三）以自律与他律的统一把握"应然"走向"实然"

自律是指道德主体自主地依照一定的道德精神，对某种道德规范在自觉选择、自觉比对的基础上，予以自觉践行、自觉反思，直至自觉完善的过程。在道德自律及实现中，人作为意志自由的主体，体现着理想和现实的结合与超越，在对主观世界与客观世界的改造活动中，向更高远的境界与更远大的目标努力与追求。这一过程中，自律是主体自觉反思能力的体现和主观意志的自我立法，被看作是道德主体自我立法的"自律"，对于以保持纯洁性为核心的执政党道德建设，有着先决性的意义。执政党及其政治行为主体在社会政治活动与现实实践中，必然以内在自律为途径，对"纯洁""民利"体现的善与"腐化""私利"体现的恶进行区分，并自觉以共产主义道德规范为价值导向来进行政治意识、政治活动的选择与取舍。一方面，通过自觉自律将党的纯洁性规范与要求内化为执政党及政治行为人的主体精神与行为动机，注重执政党及政治行为人行为动机的自律性道德评价，以在社会政治实践活动中发挥理性效力。另一方面，通过以纯洁性为核心的马克思主义政党政治伦理观的导向和规范，在宏观上，引导和影响执政党政策、组织条例、法律法规、政府制度、社会活动等方面的制定与实施；在微观上，直接制约与规范执政党及其政治行为人的现实活动与善恶选择，使"应该如此"的执政党及其成员的纯洁性要求，成为社会政治生活的"客观现实"，实现制度伦理对身处其中的社会公众道德感知、道德意识、道德认同及道德取向的整合与引导。

三、保持党的纯洁性建设的政治伦理路径

政治思想史上，权力不仅被冠以政治活动与政党活动的根本与核心，也被指是"危险的"，尤其"政治权力是腐败的源泉"。当道德上有缺陷的人和"危险的"权力结合时，问题就出现了。孟德斯鸠（Montesquieu）认为，"每个有权力的人都趋于滥用权力，而且还趋于把权力用至极限，这是一条万古不易的经验"①，这是政治哲学基于权力本"恶"的判断与投射。随着执政党提出与推进全面依法治国和全面从严治党的治国理政思想，政治道德视阈下研究保持党的纯洁性的对策和实现途径显得更加迫切。

---

① ［法］孟德斯鸠：《论法的精神》，张雁深译，商务印书馆1995年版，第154页。

（一）保持党的纯洁性教育的实效性

实现共产党人理想信仰、思想理念的纯洁是保持党的纯洁性的首要问题。中国共产党作为领导人民执掌国家政权的政治组织，以带领全国各族人民建设富强、民主、文明、和谐的现代化国家为根本执政任务，在全党提出了"加强思想建设，教育引导广大党员、干部坚定理想信念，坚守共产党人精神家园"的要求。但在现实社会政治活动中，不少党员、党员干部的共产主义理想淡化，服务人民宗旨淡漠，传统"官本位"意识及取向仍不同程度存在。新的历史时期，进行信仰教育、纯洁性教育的关键是要"实现党的政治信仰向政治态度、情感意志、精神状态的转化"。具体于政党伦理建设，在转化中要防止将事实与价值割裂开的二元论，避免将纯洁性规定停留在意识形态领域，缺失了将其作为把握世界的特殊实践精神的意义。换言之，保持纯洁性建设，只有在价值与事实的辩证统一下，根据执政党的阶级性质及宗旨确定党的纯洁性规定，发挥其标准意义和规范导向功能，既以纯洁性标准内在地规定"应然"价值与"使然"要求，又将纯洁性标准通过执政党及其政治行为人的内化与自律，转化为执政党及其成员实践纯洁的"实然"，从而不断增强"党的意识、政治意识、危机意识、责任意识"，使纯洁性教育既具有坚定的政治态度、坚忍不拔的意志，更反映党在新的历史时期的特殊要求。

（二）保持党的纯洁性指向政治的合法性

提升纯洁性建设，是提升执政党政治合法性的重要内容，实质是加强以纯洁性、先进性为核心的党的建设，在执政理念与行为中真正代表民意、体现民意，并实际得到人民群众在情感态度和政治取向上的认可、同意与支持。"脱离群众是我们党执政后的最大危险"。保持党的纯洁性，不仅要具体地体现于党的执政与党员、党员干部的政治活动实践，也要进一步注重群众对存在的问题，准备做的或者正在做的事情和行为的道德评价与导向。现实存在的干部弄虚作假损害公信力、"三公"消费奢侈浪费、政绩工程漠视群众利益引发群体事件的问题等，都严重地影响着党的纯洁性建设，造成了群众对党和政府的心理认同上出现负面印象。通过对纯洁性这一价值判断和现实存在的反思，一是要在纯洁性建设和实践中深刻地贯彻以人为本的核心价值观。不仅在价值、理念、法律、制度上体现公平、正义，更要在工作任务、工作作风上体现"立党为公、执政为民"的宗旨，特别是当前正处于党和国家推进城市化、现代化进程以及社会转型的特定历史时期，更要处理好、维护好群众的合法权益，在政治道德与政治实践上充分体现党与广大群众的血肉相连，深刻诠释党在核心价值上的合法性、纯洁性。二是要保持与强化党和政府在政策、策略、法律、法规中内蕴的"执政为民"的核心理念与伦理精神，特别是要加强基层组织在落实与执行党和国家方针、政策的过程中，以思想、政治、组织、作风等方面的纯洁性为善恶评价标准，对政治、行政行为选择与活动进行调整和评价，让社会公众在经济社会生活中切身感受到党"全心全意为人民服务"的价值纯洁性及自我完善的精神追求。

（三）构建保持党的纯洁性建设的长效性

"作为确定的人，现实的人，你就有规定，就有使命，就有任务。"保持党的纯洁性，正是马克思主义政党对自身及其党员这类"确定的人"予以的"规定""使命"与"任务"。党要管党、从严治党，对党的纯洁性建设的制度性、约束力及其形成长效机制提出了要求。一是要强化自律与他律的结合。马克思主义充分肯定他律在道德中的作用，认为道德的社会功能就是以一定的伦理原则和价值规范对人们活动的约束。"高度的自律就是对道德他律性的高度认识和主动符合"，在新的历史时期，要进一步健全"党要管党、从严治党"的规范体系，把保持党员干部思想纯洁、队伍纯洁、作风纯洁、清正廉洁的要求，贯穿于执政党伦理建设和党的建设的各个方面，完善对纯洁性保持的监督制约机制和运行监控机制，以"他律性"制约与控制为途径，实现保持纯洁性高度的自律。二是要从伦理的制度与制度的伦理两个维度，促进纯洁性制度伦理"应然"与"实然"的统一，形成保持纯洁性的长效机制。伦理制度方面，将纯洁性为核心的执政党伦理建设制度化，从制度层面进一步明确纯洁性的道德义务规定。具体于制度的结构、要素及安排中，将纯洁性为核心的政党伦理进一步规范化、制度化与条例化，以法律规范、行政法规、规章制度、章程、守则、承诺等多种形式，健全纯洁性规定的评价机制、监督机制、反腐惩腐机制、奖惩机制等制度要素，以制度的健全、执行、监督和遵守来保持党的纯洁性。制度伦理方面，应充分彰显社会主义制度体系蕴含的纯洁性、先进性伦理精神，通过制度设计、制度安排与对权利义务的规定和监督，发挥伦理精神的"默示"效应，实现制度伦理对身处其中的社会公众道德感知、道德意识、道德认同及道德取向的整合与引导，从而使社会公众通过对党和国家制度体系的认可，去认识党和国家"纯洁自律""执政为民"价值内核的精神品质，在制度理性和道德情感上形成社会公众共同的理想、信念和情感倾向。

第二节　中国梦政治伦理意蕴的探究

"中国梦"是一个充满理想旨趣与道德意蕴的政治理念。党的十八大召开后，习近平总书记在带领新当选的中央领导集体参观国家博物馆大型展览"复兴之路"时，首次提出了"中国梦"思想。十二届全国人大一次会议上，习近平总书记又进一步系统阐述了"中国梦"的理想、目标及内涵。"中国梦"的认识与建构引起了国内外的广泛关注和系统研究，在历史逻辑、重大意义、价值贡献、具体要求等方面对"中国梦"展开了理论研究和实践探讨。作为新时期执政党政治思想与政治理念的凝练与升华，"实现中华民族伟大复兴，是中华民族近代以来最伟大的梦想"，既是未来中国发展的战略目标，也是执政党及其执政行为的精神力量与价值追求。"中国梦"深厚的政治伦理意蕴与政党道德意境，对执政党及政治主体的政治伦理建设提出了理论建构更加完善与实现路径更加创新的新要求。

一、"中国梦"政治理念的伦理意蕴

习近平总书记指出，"中国梦凝聚了几代中国人的夙愿，体现了中华民族和中国人民的整体利益，是每一个中华儿女的共同期盼"，"这个梦想就是要实现国家富强、民族振兴、人民幸福"，特别强调了"中国梦归根到底是人民的梦"。这一系列重要思想既是以"和"为核心的"修身、齐家、治国、平天下"的家国情结和传统文化的一脉相承，更深刻凸现了中国共产党一直以来秉持的"以人为本"的伦理内核和"全心全意为人民服务"的价值归宿，"中国梦"的执政党理念投射的是深厚的政治伦理意蕴和熠熠的德性光辉。

（一）"中国梦"的价值维度是正义、公平与和谐

"维护社会公平正义""高举和平、发展、合作、共赢的旗帜""建成富强、民主、文明、和谐的社会主义现代化国家"是"中国梦"架构内最为核心的理念。"正义""公平""和谐""和平"构成了"中国梦"最基本的价值维度。基于政治伦理的视阈，正义作为"社会制度的首要德性，正像真理是思想体系的

首要价值一样"①，是中国共产党调整和处理人民个体与个体、个人与国家、国家与国家之间各种关系的最高价值标准和根本原则。根据正义的性质与功能，可以衡量与评价政党、国家的合法性，以及组织、个体的正当性。根据主体的不同，可以将正义划分为以他人、社会和国家为对象的个人正义，以国家自身及其组织、成员个体为对象的国家正义，以其他地区组织和国家为对象的国际正义。作为政治范畴与道德范畴的聚焦点，正义是"整合公共领域与私人领域的权衡机制，是连接现实生活与理想生活的绵延通道"②，"能够统率政治道德的一系列规范和范畴"③，正义的"至上性"深刻与鲜活地呼应着"中国梦"蕴含的正义理念的旨趣与价值。

公平，即公正、平等，是调整和处理人与人之间各种关系的基本价值，是中国共产党在执政理念与执政活动中的核心道德规范和基本行为准则。恩格斯认为公正、平等就是"结束牺牲一些人的利益来满足另一些人需要的状况"④，在《共产党宣言》中，马克思、恩格斯讲到无产阶级要获得平等，就必须"消灭私有制"⑤。中国共产党建党以来就以"消灭私有制"为奋斗目标，领导全国人民胜利完成了中国革命，并正带领着全国人民展开中国特色社会主义建设的宏伟事业。对平等问题的政治伦理思考，在邓小平同志的社会主义本质论中有深刻体现，"社会主义的本质，是解放生产力，发展生产力，消灭剥削，消除两极分化，最终达到共同富裕"⑥。"消灭剥削"，是从根本与本质上保证人民的政治权利，消除人压迫人的不平等制度。"消除两极分化"是保证人民的经济权利，消除人与人之间的收入悬殊显失公平的状况。"最终达到共同富裕"是保证人民在较高水平的社会基础上实现真正的平等和完整的幸福。"中国梦"政治思想进一步提出与强调"保证人民平等参与、平等发展权利"，是中国共产党在新时期对"公平""平等"理念在更高层次的实现与升华。

和谐与和平，以政治伦理的意义，是一种"社会资源兼容共生""福祉每一个人""社会结构合理""行为规范""社会运筹得当"的社会内部状态⑦，是"民主法治、公平正义、诚信友爱、充满活力、安定有序、人与自然和谐相

---

① 袭群：《罗尔斯政治哲学》，商务印书馆 2006 年版，第 1 页。
② 阎钢：《政治伦理学要论》，中央文献出版社 2007 年版，第 156 页。
③ 阎钢：《政治伦理学要论》，中央文献出版社 2007 年版，第 156 页。
④ 《马克思恩格斯选集》第 1 卷，人民出版社 1995 年版，第 43 页。
⑤ 马克思、恩格斯：《共产党宣言》，人民出版社 1979 年版，第 38 页。
⑥ 《邓小平文选》第 3 卷，人民出版社 1993 年版，第 373 页。
⑦ 阎钢：《政治伦理学要论》，中央文献出版社 2007 年版，第 273～274 页。

处的社会状态"①，也是以"中庸""忠恕""和谐"等为核心词的传统儒家文化形成的比较稳定的"民族心理结构"所决定的"和而不同"的外部关系状态。基于生态伦理与环境伦理视角，"和谐"还是与社会领域之外的自然、生态环境等方面"绿色"发展的协调状态。"中国梦"将生态文明建设纳入经济、政治、文化、社会建设的总格局，以"建成富强、民主、文明、和谐的社会主义现代化国家"为奋斗目标，包容了"和谐"的种种内涵与要求。"中国人民爱好和平，始终不渝走和平发展道路，致力于同世界各国发展友好合作，履行应尽的国际责任和义务，继续同各国人民一道推进人类和平与发展的崇高事业"的重申，更是对优秀中国传统文化"和为贵""求同存异""兼爱""非攻"等思想的秉承，是从尊重生命、维护人类生存发展这一基本伦理出发，以负责任的大国态度，致力于全球人类社会生活正义、平等、友善伦理秩序的实现。

（二）"中国梦"的价值目标是实现人民的尊严与幸福

"坚持人民主体地位"，追求和实现人民的尊严与幸福是"中国梦"理念的最高价值目标。习近平总书记在十二届全国人大一次会议上的讲话《实现中国梦必须凝聚中国力量》，全文仅 3100 字。将近 25 分钟的讲话中，习近平总书记就有 44 次提到"人民"。"中国梦归根到底是人民的梦""必须不断为人民造福""随时随刻倾听人民呼声、回应人民期待""在学有所教、劳有所得、病有所医、老有所养、住有所居上持续取得新进展，不断实现好、维护好、发展好最广大人民根本利益"，这些都充分体现了人民是"中国梦"主体的本质属性，"中国梦"的价值目标与理性归宿是实现人民的尊严与幸福。

尊严与幸福是社会成员在一定环境中形成的持续时间较长的对社会、权利、物质、精神、心理等方面的一种感知与满足，是人们千百年来不懈追求的一种价值目标。"中国梦"在"造福人民"的理念构筑上，体现的是"国家—民族—个人—全体""政治—经济—文化—社会—生态"全面立体、融会贯通的理想与路径。《共产党宣言》指出，共产党人的最终目标是建立"每个人的自由发展是一切人的自由发展的条件"的联合体，中国共产党从建党开始就始终为之而奋斗。在领导中国革命时期，中国共产党推翻了"三座大山"，为苦难的劳苦大众夺取基本的民生、民权和民治。在中国特色社会主义建设时期，"发展是硬道理""共同富裕""先富带后富""代表最广大人民群众的根本利

---

① 胡锦涛：《在省部级主要领导干部提高构建社会主义和谐社会能力专题研讨班上的讲话》，2005 年 2 月 19 日。

益""权为民所用，情为民所系，利为民所谋"，所有的理念都深刻地诠释了"中国梦"就是要紧紧围绕人民的尊严与幸福生活，"中国梦归根到底是人民的梦，必须紧紧依靠人民来实现，必须不断为人民造福"，投射着共产党人"执政为民"的伦理深意。

从伦理学的视角，在特定的价值判断中，主体与客体的关系是基础性与决定性的问题，即主体对善恶具有最终的判断决定权。一般来说，凡是客体有利于满足主体的根本需要、实现主体的根本愿望、符合主体的目的性活动就是善①。历史唯物主义认为，最广大的人民群众是国家和社会的主体。中国共产党始终将人民定位于国家和社会活动的主体，将人民群众作为执政理念、政策制定及行政活动的基础与目标，表现为主体（人民群众）—客体（执政者）—主体（人民群众）的逻辑顺序，可描述为主体（人民群众）决定着客体（执政者）的理念与行动，客体（执政者）的理念与行动的目的是维护与发展主体（人民群众）利益。可见，作为主体的人民群众既是起点，又是目标。"中国梦"提出的"人民当家做主""坚持人民主体地位，扩大人民民主""坚持和完善人民代表大会制度的根本政治制度"正是维护人民主体属性与主体地位的政治宣言。"中国梦归根到底是人民的梦"，是每个中国人智慧的积聚，凝聚每个中国人的力量，实现人民的平等、尊严、幸福与爱。

（三）"中国梦"的实现路径是机会平等的伦理诉求

"保证人民平等参与、平等发展权利，维护社会公平正义"是中国共产党实现"中国梦"的基本路径，是中国共产党人对自身执政理念与施政活动提出的伦理性自律原则。习近平总书记在号召人们为实现"中国梦"奋斗时强调，"中国人民共同享有人生出彩的机会，共同享有梦想成真的机会，共同享有同祖国和时代一起成长和进步的机会"。这段富有文采的表述实质是中国共产党政治理念"机会平等"伦理精神的投射与要求。平等是政治伦理的核心范畴，对平等的理性认识至少应包括同等享有作为人的权利、政治态度上人的同等性、享有分配上的同等性。平等的伦理内涵比较复杂，有从结果平等与机会平等展开的，更多从人的发展的起点、机会与结果三个层面对平等进行诠释。无论从哪个角度的思考与实践，都毫无疑义地认为一个良好的社会政治形态，必将把机会平等作为一切政治行为的政治理念、实践内容与基本路径。"中国梦"思想中，"三个机会"的表述正是中国共产党政治价值构架中通向社会正义的

---

① 阎钢：《政治伦理学要论》，中央文献出版社 2007 年版，第 185 页。

现实路径与伦理原则。

"三个机会"以中国式话语体系反映了中国文化、中国背景、中国道路下形成的中国共产党实现人民平等与个体成长梦想的政纲与追求，蕴含了从执政党和政府的视角，从政治理念、制度体系到实现路径等方面，保证中国人民每个个体所有机会的平等，包括政治、经济、文化、社会、生态等领域的权利，包括"分配正义""政治参与的机会平等""创造制度文明的机会平等"①，也包括无论高低贵贱、穷富美丑，只要通过个人奋斗就能够享有人生出彩、梦想成真、同祖国和时代一起成长和进步的机会。古今中外对平等的讨论很多，在"中国梦"的语境下，机会平等才可谓是真正的平等。因为，机会对任何一个个体都是正义的，机会平等是一个人作为"人"存在的，应当享有的不能剥夺的最基本人权。谚语说道，正义是相同情况相同处理，不同情况不同对待（Treat like cases alike, treat different cases differently），这里的两个"相同"、两个"不同"，实质就是意指机会的平等预示着正义的实现。机会意味着希望，意味着成功，这一原则透视出机会平等特别地保护了那些先天自然禀赋不够优越，或者出身环境比较不利的个体。"中国梦"构筑的实现路径就是要创造与建立尽可能公平的机制与制度，创造机会平等的社会环境，使每个个体都有信心，通过自己的努力与奋斗，可以赢得人生的成功，推动个人、家庭、国家与社会的进步。

二、"中国梦"的政治伦理建构与实现

"中国梦"思想与理念的提出，不仅是国家经济、政治和社会发展的战略目标，也深层次蕴涵着中国共产党的道德价值立场和政治伦理的基本取向。除了从国家与民族的层面确立国家富强与民族复兴的历史责任与当代使命，"中国梦"更是从人民与个体的角度高度关注"分配正义""政治参与的机会平等""创造制度文明的机会平等"等原则与途径的设定和实现。人民生活的幸福感、人的生存尊严、人的全面发展、中华民族的伟大复兴、国家的繁荣富强、中国的和平崛起等目标构成了"中国梦"的架构，把每个中国人的利益与国家、民族的利益紧密地联系在一起，形成一个共同体，是"中国梦"政治伦理思想的核心。

① 彭晓芸：《共享出彩：机会平等的政治伦理》，《河南日报》，2013-4-1（010）。

（一）中国道路是"中国梦"伦理体系建构的根本

中国作为一个对自己和世界都负责任的大国，在复兴之路与追梦之旅的进程中，需要并且能够发展出一套概念体系、话语体系和知识体系。在政治伦理的视角，如何以中国独特的方式为中国架构一个社会理念、一种生活信念、一套价值观，既包括中国关于世界的理念，又要以基本而达成共识的发展道路为依托与保证，概括地讲，就是"坚持走中国特色社会主义道路"。道路决定命运，1840年鸦片战争至今以来的170余年历史进程中，中国经历了民族觉醒、民族独立和民族振兴的奋斗历程。各阶级、各党派经历了多种模式、多种路径的探索，譬如在器物层面学习西方的洋务运动，围绕制度性改良图强的维新变法，以三民主义为纲领的资产阶级民主革命。历史证明，马克思主义政党领导下的社会主义道路才能让中国洗刷近代百年屈辱；在当代中国的发展中，只有坚持走中国特色社会主义道路，中国才能走向民族繁荣和国家富强。执政党"执政为民"的核心政治观是人民群众强有力的政治信念基础。马克思主义思想始终是中国政治生活的主题，马克思主义的价值追求是中国政治价值理念的灵魂，是中国历史的选择与决定。

实现人类解放和人的自由全面发展是马克思主义哲学的主题，这一哲学思想决定着马克思主义政党建党的目标与宗旨。作为马克思主义政党，中国共产党在新的历史时期的总任务，是把中国建设成为富强、民主、文明的社会主义现代化国家，中国共产党执政的根本原则是建立、维护人民在经济、社会、政治等公共领域的主人地位，使人民群众在民生保障方面有公平获得感，在权利与精神上能充分感受到平等、尊严与关爱，这正是"中国梦"对个人、家、国共建一体的伦理内涵。"中国梦"的政治伦理思想凝练着千百年来我国人民不懈追求的政治目标，涵盖并发展了传统的仁爱政治理念、近代"三民主义"政治思想，从毛泽东思想、邓小平理论、"三个代表"重要思想，到"科学发展观"，再到"四个全面战略"，"中国梦"思想的提出与内涵是在马克思主义思想指导下，与中国历史传统、现实环境不断深化结合的过程。作为系统的价值体系和理想共识，完整表达了中国的政治文化和人民的期盼诉求，是中国政治文化传统与当代政治精神的融汇和统一，丰富和完善了中国政治生活的基本框架和价值追求。

（二）中国精神是"中国梦"伦理特质建构的核心

从哲学视角来分析，"精神"是一个集合概念，包含着精神物类和精神事类的所有概念，如听感、触感、认知、意识、思维、心理、知识、理念、理论、宗教信仰等。外界的事和物通过人的感觉神经系统以感觉、知觉、意识等方式输入人的体内并重演于体内外，便成就了人的精神。因此，精神并非内生的，而是由外再内，再由内向外而产生的，对外界产生绵延的影响与作用。国家精神也是一个集合概念，是国家赖以生存和发展的精神支柱。从古至今，凡为世界强国，基本都有着生生不息支持其不断发展壮大的国家精神。国家精神的形成与凝聚，以国家或个体梦想的方式或就是梦想本身的形式来表现，是国家前进的方向与动力。中国精神是中国大地上历史、现实和未来相承接的，社会群体和成员共同笃信、共同追求的前进方向与动力。经过五千年血与火的洗礼，中国精神是中华民族之魂，是华夏文明五千年的血脉流淌在中国人心中对祖国、对民族、对山河生生不息的爱。这种爱，既具浓厚的家国情怀，又与伟大的时代共鸣，是宏大的历史与现实、与国家、与人民心灵共颤的特殊情感，是中华民族实现伟大复兴的力量之源。"中国梦"思想的伦理价值与道德情感构建的核心正是"中国精神"。在表现形式上，"中国梦"源于中国精神，又发展着中国精神，既是执政党与国家的战略目标，又从民族情感出发，气势恢宏，离每个人如此之近。

"中国梦"凝聚的是几代中国人爱国、强国、富民、强民的夙愿，体现的是中华民族和中国人民的整体利益。要实现国家富强、民族振兴、人民幸福必须以中国精神为灵魂，坚持弘扬中国精神。具体而言，就是以爱国主义为核心的伟大民族精神，以改革创新为核心的时代精神。一个物体，如果在构成它的物质中，记录着过去的物质数量越多、内容越丰富，那么其精神内涵就越深刻，其生命迹象就越明显，其生命表现就越复杂细致。爱国主义与时代创新精神是华夏文明五千年来为中华民族称颂和追求的伦理美德和民族气质。追溯中国历史，家国同构的文化传统，以血缘为基本单位的一个个家庭组成着传统社会，忠孝传统美德的核心——爱国主义在中国政治文化传统中被赋予了久远的意义。爱国主义不仅是个人的基本诚信与美德，更是民族团结统一、和平崛起、勤劳勇敢、自强不息的特性，是个人对于国家的责任与义务，更是社会得以延续和保持的核心概念。"苟日新，日日新，又日新"①，强调的就是不断革新。作为最为古老的文明群体，在完整保持自我文化体系同时历经数千年的风雨，屹立于世界民族之林，其内在动力也是创新。这种家国一体的爱国精神及强烈的时代创新精神同构，表现为：感恩、忠诚、爱国、勤劳、厚德、诚信、

① 参见《大学》。

谦虚、协商、尊重、爱心、开放、进取、创新、包容、奋进、务实、兼容、好学、平和、平等，等等。这些精神是中华民族实现伟大复兴的共同理想和目标的精神支柱和动力，是中华民族坚挺的脊梁，是坚强不屈的中国魂，富有强大的社会凝聚力和整合功能。"中国梦"的实现，从今天向未来，不屈不挠、生生不息，靠的是这种自强、自信的国民精神和民族精神。

（三）中国力量是"中国梦"伦理核心建构的动力

2013 年 3 月 17 日习近平总书记在十二届全国人大一次会议闭幕式上的讲话指出，"实现中国梦必须凝聚中国力量。这就是中国各族人民大团结的力量。中国梦是民族的梦，也是每个中国人的梦。只要我们紧密团结，万众一心，为实现共同梦想而奋斗，实现梦想的力量就无比强大，我们每个人为实现自己梦想的努力就拥有广阔的空间"。这里的"中国力量"涵盖了多层含义，包括道路的力量（中国特色社会主义道路的力量）、精神的力量（爱国主义为核心的民族精神、改革创新为核心的时代精神力量）、人民的力量（广大工人、农民、知识分子等，全体社会主义劳动者、社会主义事业的建设者、拥护社会主义的爱国者和拥护祖国统一的爱国者的力量）和团结的力量（中国各族人民大团结的力量）。如前所述，道路的力量是根本，精神的力量是核心，而人民的力量是"中国梦"伦理核心建构的动力。"中国梦"是中华民族的梦，但首先是中国人民的梦，是每个中国人的梦，实现"中国梦"必须凝聚中国力量，即中国各族人民大团结的力量。中国特色社会主义的全新中国制度，为中国人民实现梦想开辟了到达奋斗目标的一条道路，而奋斗目标的实现必然要依靠全国各族人民的力量凝聚，积极发挥在经济社会发展中的主力军和生力军作用，用每个人的智慧和力量才能实现。

在"中国梦"的架构内，思考与实践中国力量的积聚，需要紧紧地围绕执政党的政治伦理体系中的重要价值目标，需要社会成员的信任和认同，需要广大社会成员的参与。马克思说："人们奋斗所争取的一切，都同他们的利益有关。"在政治伦理的视角，"中国梦"思想体现的是一个良序社会"共同善"的意蕴，至少包含公正原则、民利原则、民生与生态环境和谐发展原则，还有对民众幸福感追求的发展与保障，将公正、平等贯穿于政治、行政及公共服务活动的始终。

首先，需要注意公平不是强调政府和执政党具有包办公民幸福的义务和能力。公平是指机会平等的政治伦理，保障人民"共同享有人生出彩"的机会平等，而不是去迷信"结果的平等"。美国经济学家、诺贝尔经济学奖获得者米尔顿·弗里德曼（Milton Friedman）指出，"只有把机会均等放在首位的国家，才能得到更大的平等，才能阻止特权地位制度化，才能使国家得到更快发展"。乔·萨托利（Giovarlni Sartori）也认为，"追求平等结果可以损害平等对待，以致无法保证所追求的仍然是它所宣布的目标。如果不顾平等利用这一要旨，平等化政策在很大程度上就成了剥夺性政策"①。李克强在谈到"公正"时，也非常强调机会平等。他指出，"推动促进社会公正的改革，不断地理清有碍社会公正的规则，而且要使明规则战胜潜规则"。当前中国共产党领导下的"四个全面"战略，特别是"全面深化改革"正在为"中国梦"的推进和实现完善社会土壤和制度环境。

其次，在经济社会建设过程中，应充分遵循与尊重民利原则。在政策的制定、民生资源的分配以及民生利益的协调等方面，体现普遍受益、共享发展的伦理精神。当然，也应创造条件与保持活力，使社会成员各尽所能，各得其所，抑制民生建设中的平均主义倾向。当前及很长一段时期经济高速发展了，贫富悬殊仍然存在，民主协商扩大了，政治参与仍有其局限性，这些问题都需要在前行中去解决。

第三，保障幸福感的真实获得。中国力量的汇聚，需要全面调动社会成员最深层次的信念和最大的积极性。幸福是每个个体作为"人"所追求的一种重要目标和情感价值。"中国梦"的实现，应始终围绕社会成员的幸福感，如何使大家过上更加幸福的生活而展开。幸福感是一个较为复杂的问题，涉及很多因素，且带有较强的主观性，但至少应关注解决基本民生问题，感受到平等、尊严与关爱，有奋斗的愿景和目标，有改善与发展自身的机会，保持有序的生活与生态环境，等等。

三、"中国梦"与社会主义核心价值观

价值，简言之是指客体对于主体的意义。一般而言，当客体能够满足主体需要时，客体对于主体就有价值，满足主体需要的程度越高价值就越大。价值观，意指人们对一定的人、事、物的价值评价标准、评价原则和评价方法的观点的体系。对个体而言，价值观起着评价标准、行为导向、情感激发和塑造个人人格的功能；对整个社会而言，价值观则起着社会规范、导向以及社会整合的功能。价值学理论的代表人物 W·M·乌尔班认为："建立一种规范也是建

① ［美］萨托利：《民主新论》，冯克利译，东方出版社 1998 年版，第 386 页。

立一种真理或一种知识形式。"社会主义核心价值体系就是这样一种知识形式，不仅是一种标准、原则、方法和导向，而且向社会提供着合法性来源。无论社会主义核心价值体系，还是"中国梦"政治思想，在实现途径上，本身都是作为一种公共话语方式，使具有自由意志的个人能够以价值体系为自律和导向，自发地组成或被自觉地整合。

社会主义核心价值体系充分表达了中国在新的历史时期的价值原则、价值目标与价值取向。"中国梦"旗帜鲜明提出了实现中华民族的伟大复兴、实现全国人民的共同富裕的奋斗目标与价值目标。在这个意义上，"中国梦"政治思想与社会主义核心价值观是紧密相连的概念，都是一种导向社会群体共同价值的规则体系，直接作用于人们的日常生活实践，对整个国家、社会、个体都起着特定的规范、导向和整合作用，使得社会他律日益成为一种自我认知的基本条件。

（一）"中国梦"与社会主义核心价值体系紧密相连

十六届六中全会首次提出了建设社会主义核心价值体系的重大任务，十八大把社会主义核心价值体系的内容进一步表述为"三个倡导"，即倡导富强、民主、文明、和谐，倡导自由、平等、公正、法治，倡导爱国、敬业、诚信、友善，并强调以此"积极培育和践行社会主义核心价值观"。社会主义核心价值体系的内涵包括四个方面基本内容：马克思主义指导思想是社会主义核心价值体系的灵魂，中国特色社会主义共同理想是社会主义核心价值体系的主题，以爱国主义为核心的伟大民族精神和以改革创新为核心的时代精神是社会主义核心价值体系的精髓，社会主义荣辱体系是社会主义核心价值体系的基础。由此，核心价值观从三个层面凝练和概括了国家、社会和公民个人的价值目标、价值取向和价值准则，为社会公民提供的是政治伦理价值和社会伦理规范的知识形式、公共话语和认知引导。核心价值体系中各个范畴组成的系统不是简单的概念组合，而是既相互联系又相互融会的系统化体系，这些核心价值元素和"中国梦"理念共同构成了时代精神的精华和引领社会进步的方向。

"中国梦"理念和社会主义核心价值观是内在统一的。作为中国特色社会主义理论体系的精华，以及中国特色社会主义道路、理论和制度的新内容，"中国梦"的价值体系内蕴着坚守中国特色社会主义的道路自信、理论自信和制度自信，强调和引领的是以中国语言讲述中国故事，用中国智慧解决中国问题，用中国精神凝聚中国力量。"中国梦"深刻回答了新的历史时期关乎党和国家命运的根本问题，"树立什么样的理想""怎样实现理想""实现什么样的目标""怎么实现目标",反映了当代中国改革发展的客观需要。这一重大战略思想把全国人民更好地凝结成"利益共同体"和"命运共同体"。"中国梦"是引领中国未来的总方针,社会主义核心价值观作为国家精神、民族精神、社会风俗和个人取向的公共话语体系,又是"中国梦"政治思想的具体显现和基本元素。两者总括和指明了中国特色社会主义事业在一个较长历史时期的基本理念、根本目标、价值导向、价值准则和实践要求,共同贯穿和体现于中国特色社会主义总体布局的方方面面。

(二) 社会主义核心价值观是实现"中国梦"的价值支撑

价值体系是由一定社会形成、崇尚与倡导的思想理论、理想信念、道德准则、精神风尚等构成的社会价值认同体系。核心价值观则是价值体系中最根本的、居核心地位、起主导和统领作用的部分,决定支配着价值体系的运动作用方向。对于社会成员个体,价值是一种内心尺度和道德规范,融于人性又凌驾于人性,驱动着人认识外界、理解外界对自己的意义和进行自我了解、自我定向、自我设计等,支配着人的态度、信念、行为、认识等,也为人自认为正当的行为提供充足安心的理由。假定社会没有核心价值观的导向,社会道德生态就会陷入一盘散沙。核心价值观如果被边缘化,社会将会陷入道德焦虑和道德失范,难以凝聚民众的力量。作为个体,如果没有核心价值观的导向,就会失去对社会生活意义与秩序行为的取向,人们面对生活、工作等方面的心态和旨意难以达成共识与形成共同努力的方向。上述对价值体系和核心价值体系的分析,充分表明了树立和践行社会主义核心价值观是中国社会主义制度的内在需求,是向世界展现社会主义中国思想的精神旗帜,是巩固全民族团结奋斗的共同思想基础的需要,是实现"中国梦"的价值支撑与动力来源。

当前,从国际上看,日趋激烈的科技、经济、军事等有形竞争的背后,进行着的是更加激烈的思想、文化等软实力的无形竞争,即意识形态领域的竞争、价值观念领域的竞争,这些越来越成为社会主义国家可持续发展中的不可忽视的因素。没有先进、强大的价值理念的指引,再先进的技术、再强大的物质资源也难以发挥应有作用。从国内看,由于快速的经济发展,贫富差距问题不断凸现,人们的物质利益冲突更加明显,功利主义的观念渗透到精神生产与文化中,一些人失去对生活意义的坚定信念。人们从来没像今天这样,强烈地需要相对稳定的价值观念的支撑,需要在变动不定的世界中寻求到一个安定的精神家园和稳定的价值评判系统。柏拉图说,如果驴可以自由地穿梭在马路之中,人就不可能正常行走了。社会成员参与公共生活必须尊重、遵循马克思主义政党的政治道德原则和伦理规范。具体到"中国梦"的实现，要以促进社会主义核心价值体系的建设与实践为前提。任何与马克思主义指导思想相悖、与爱国主义和时代精神不符、阻碍中华民族复兴梦实现、荣辱不分或荣辱颠倒的政治参与方式都没有合法性基础。社会主义核心价值体系为国家与社会公共生活提供了可遵循的准则和信念，"中国梦"引领着国家、社会与个人，在社会主义核心价值观的支撑与发展中，提升民族自豪感，提高国家软实力，以中国精神为核心完成社会主义的历史使命。

第三节　全面从严治党的政治伦理思想

坚持和发展中国特色社会主义是执政党治国理政的纲领，目标是实现中华民族伟大复兴中国梦，核心是"四个全面"战略布局。"四个全面"战略布局即全面建成小康社会、全面深化改革、全面依法治国和全面从严治党。这一战略思想是习近平总书记于2014年12月在江苏调研时首次提出，在2015年2月举办的省部级主要领导干部学习贯彻十八届四中全会精神全面推进依法治国专题研讨班上，又首次将"四个全面"思想上升到战略布局高度。"四个全面"战略布局是马克思主义中国化新的理论成果，这一战略布局体现了辩证唯物主义和历史唯物主义的有机统一。

"四个全面"战略布局中的"全面从严治党"思想，与中华五千年来的优秀政治伦理思想相融合，统一于中国特色社会主义理论体系，服务于中国社会主义现代化建设，是实现中华民族伟大复兴的重大战略。全面从严治党既是"四个全面"战略体系的重要组成部分，又是实现全面建成小康社会、全面深化改革和全面依法治国的根本保障。从政治伦理的视角诠释，全面从严治党不仅是提高党建科学化水平、加强党的执政能力建设、保持党的先进性和纯洁性建设的需要，而且是中国共产党执政伦理精神的集中体现，包含思想上建党、制度上治党、法治上规范党、组织上强党、作风上纯洁党等多维度的伦理要求和伦理价值。

一、从严治党的政治伦理内涵

"伦理"是外在社会对人的情感引导和行为规范的要求，通常以社会的秩序、制度、法制等为表现。社会的秩序，涵盖社会道德原则、社会道德现象等，结合社会道德规范，形成一个要求自律的伦理体系。当伦理对人的行为的规范和要求指向社会制度和法律制度时，这一伦理的规范与偏重自律的伦理相比，就有了同本质而不同现象的差异性。在道德的约束上，指向社会制度与法制的伦理思想，在逐步明了规范的强制性过程中，被赋予刚性的约束力，就开始了伦理的制度化。伦理的制度化在一定程度上可以提升道德的约束力。除了社会道德在伦理的制度化上能提升约束力之外，其他方面的伦理范畴在制度化过程中，也能提升伦理规范的约束力。

（一）从严治党的基本政治伦理表现

政治伦理，是伦理范畴中的一个重要领域，其主要内涵、基本原则和重要规范在执政党建设中具有重要的价值和意义。如何增强政治伦理对执政党主体的约束力，很重要的一个步骤是，执政党将趋于理性、共识的政治伦理理念和基于普遍的道德原则，诸如党的思想建设、组织建设、作风建设、制度建设和反腐倡廉建设等方面的原则与要求，上升为制度、条令或规范。由此，执政党的伦理思想从政治道德核心与精神逐步走向制度化、规范化、系统化的体系，形成严正的、周延的规则条例，是谓从严治党的政治伦理途径与具体化。这对于加强伦理制度化的党的建设来说，在执政党主体的政治品格和公众认同度等诸多方面都有着重要意义。

执政党作为国家政治活动的领导核心，其政治价值追求决定着执政的正义与否，其自身的道德品格指引着执政的方向与能力。政治伦理学就是一门关于政治道德的科学。政治伦理范畴中，执政党除了遵循基本的政治道德原则与践行党的宗旨与目标之外，还需要遵守由党的宗旨及目标而确定的政治道德规范，当道德规范以制度形式确立具有强制力和约束性时，政治伦理的制度化便蕴含其中。中国共产党的《廉洁自律准则》《纪律处分条例》与《中国共产党问责条例》等是从严治党的较强约束性的成文的规范性制度文件，这些党内条例与制度的产生和形成，是政治伦理自律与他律的结合，是道德高线的追求，也是道德底线的规定，是从严治党的重要途径与基本形式。

从严治党是执政党主体的自觉建设，尤其是自觉的政治道德建设，不仅体现在党的思想建设、组织建设、作风建设、制度建设和反腐倡廉建设各个方面，还深刻地反映在党执政的历史责任、历史任务和伟大使命以及共同理想方面。作为执政党，其宗旨、性质决定着其坚持的政治伦理思想。反之，政治伦理思想也影响着政党在政治活动中践行宗旨与性质的方向和水平。全面从严治党战略，内含全面、严格、严谨的管党治党思想、理论和制度约束，具体而言，以内容的全面性、约束的严肃性、对象的全体性、时间的长期性和方式的综合性，持续保持着党的先进性和纯洁性，增强着执政党的领导力和公信力，最终保证与推动着中国特色社会主义现代化建设。

执政党的建设与治理既是一个政党政治理念、政治旨趣和政治活动的问题，也是一个政党的政治道德建设问题。总体上讲，从严治党是自组织的自我建设、自我监督、自我优化与自觉提升，但也有着社会与他组织对执政党的外在监督与外在要求。政治道德原则的自我优化与政治道德规范的义务约束相融合，赋予了从严治党战略深刻的政治伦理意蕴。从政治伦理的意义看，从严治党的内涵是指执政党在自觉开展主体建设和领导社会治理过程中，根据政党属性形成的且应当遵循的基本政治道德原则、政治道德范畴与政治道德规范的总和。

（二）从严治党反映善恶的基本伦理判断

"善"与"恶"是伦理学的基本范畴和价值标准。执政党在执政实践与自身建设过程中，是追求"善"还是趋向"恶"，从根本上反映着其主张与坚守的伦理思想与价值立场。中国共产党"全面从严治党"战略鲜明地回答与区分了"善"与"恶"的基本判断，从坚守党的宗旨，保障人民在国家与社会中的权益，到从严治党，建设一个具有先进性和纯洁性的政党，都充分体现了马克思主义政党的基本政治道德原则。

党的思想建设，体现着执政党政治伦理自律性的要求，符合"善"的执政伦理思想的建设，特别是先进性与纯洁性的实践活动等，使政党的执政理念始终辉映着"善"的价值目标。党的制度建设，直接将政治道德的内省性约束上升为制度性强制约束。当蕴含着伦理思想的制度发挥效力，政治伦理规范在制度保障下的约束力便得以提升。与政治伦理相关的态度情感也非常重要，密切联系群众是党的生命线，群众的利益是否得以合理满足，不仅受政治和行政行为人的服务能力和服务水平影响，还取决于行为人的服务态度与政治情感。从严治党蕴含的政治伦理精神，是保证"执政为民"生动实践的重要途径，体现着"民利"政治伦理规范对"善"的呼应。

如果说，思想建设主要是从"善"的方面赋予从严治党主体建设的伦理内涵。那么，党的作风建设与反腐倡廉建设，则是采用制度强制约束的方式在治党过程中防治和抵制贪婪、利己、滥权等"恶"的失职、失德问题。在全面从严治党的过程中，反腐败、驱除不正之风、严肃党纪党风等举措，可以防止与根治"恶"在执政过程中的消极影响与问题蔓延。"恶"的蔓延必然带来"劣政"，这有悖于政治生活中的公平正义、民利民权，也会影响整个社会的道德状态及其社会信任情况。将"善"与"恶"的伦理价值取向及判断与人本、正义、诚信等基本政治道德原则结合，融入全面从严治党战略，无论是在内在精神的建构及自觉态度上，还是在外在的刚性架构及规范约束上，从严治党既内蕴着"立党为公、执政为民"的政治伦理精神和深厚的为民情怀，同时还将推动执政党将成熟的政治道德规范和道德要求带入伦理制度化的进程。在敏察善恶这一基本政治道德评价与政治道德界限的基础之上，才能始终不忘"为民"初心，建构适合中国国情的良治模式。

总体上讲，以人本为核心的基本政治道德原则，是政治"善"的基点与目标，是马克思主义政党应然秉持和遵循的基本的政治道德原则。自由、平等、民主为核心的政治道德范畴，是政治"善"的维度与架构，是一切先进政党及政党制度的价值追求，保障公民的合法权益，实现"人的全面发展"。以正义、民利、博爱、和谐为核心的政治道德规范，是政治"善"的体现与要求。社会政治实践中，执政党以正义为应当，坚持民利为宗旨，尊重人民的主体地位，内化政治伦理情感，构建和平的国内外环境。从严治党战略正是上述政治道德原则、范畴和规范的具体要求与根本保证，也是执政党在新时期政治伦理建设过程中的自觉行动与生动实践。

（三）从严治党是政治伦理范畴中的道德义务

从字面理解，道德义务是可以拆分的两个词。道德是对事物与他人的责任，并以此来规范自己的行为准则。义务是个体对他人、社会、国家、民族等应尽的责任。古希腊哲学家德谟克利特（Demokritos）最早从伦理学角度提出义务范畴，并把义务和行为的内在动机联系起来。近代德国哲学家康德（Immanuel Kant）建立的伦理学，被称为义务论伦理学，他把义务看作是伦理学的中心范畴，认为义务是从先天的"善良意志"发出的"绝对命令"。权利与义务是紧密联系的，政党在执政中有其特定的政治权利，而政党的政治权利又是由政党所服务的对象给予的。因此，政党在行使政治权利的同时必须应当履行相应的政治义务、道德义务。

马克思主义政治伦理学认为，道德义务是一个具体的历史的范畴。从人们所处的社会关系中产生，个体不管是否能够主动意识，客观上必然会对他人、社会、祖国、民族负有特定的使命和职责。马克思主义政党的政治道德义务，是根据共产主义道德原则和道德规范提出的，反映着社会发展规律的客观要求，要求政党和政治行为者把履行对人民、阶级、民族、国家的义务放在首位。对于共产主义者而言，道德义务不只是外在的要求和职责，更重要的是为共产主义事业而斗争的内心需要和高度自觉。

政治道德义务是以政治的善恶为评价标准，依靠优良传统、工作作风、政治纪律、组织纪律、工作纪律和政治意识、政党的政治自觉、内心信念等方面的力量，来调整政治行为人与社会成员、社会、祖国、民族之间关系的行为规范的总和。政治道德义务贯串于社会政治生活的各个方面，并从根本上导引着其他社会伦理，如社会公德、婚姻家庭道德、职业道德等的形成和发展，并与"法"一起对社会生活的正常秩序起保障作用。

从严治党战略，正是执政党恪守与履行政治道德义务的强烈体现，表明执政党对其成员行为严格的道德要求，也要求个体在政治实践道德原则和政治道德规范履行中必须树立强烈的责任心。从严治党战略通过确立条例、条令、规定等特定的善恶标准和规范党内行为准则（伦理的制度化），严格、严厉地约束政治行为人的政治行为和个人行为，以规范和制度有序调节社会政治关系，推动行为人在内心信念的强烈引导下自觉履行政治道德责任和政治道德义务。

从严治党战略既内含着马克思主义政党的政治伦理精神，也为提高党的建设的科学化水平相关的中国特色社会主义伟大实践提供了理论基础。从党的建设与发展的各个时期来看，治党都是一个重大而严肃的课题。1941 年 5 月，毛泽东同志在延安高级干部会议上作《改造我们的学习》的报告，标志着党在新民主主义革命与抗日战争时期的整风运动开始。通过整风运动，全党确立了实事求是的辩证唯物主义思想路线。中华人民共和国成立初期的"三反""五反"运动的胜利，不仅教育了一批党政机关中的领导干部，还巩固了工人阶级的领导地位和社会主义国营经济在国民经济中的领导地位，邓小平同志曾多次提到党要管党、从严治党问题。"三个代表"重要思想的提出从全党的建设高度回答了"建设什么样的党""怎样建设党"的问题。2015 年全面从严治党被正式纳入了党和国家"四个全面"的重大战略布局。

二、伦理的制度化是从严治党的道德实现路径

伦理制度化是指把一定社会人们自愿遵守、自我约束的伦理要求和伦理原则提升，规定为制度，并依靠制度的强制手段，转换成社会主体必须遵守的明确的硬约束规则。这主要是针对普遍的社会公众主体的定义。对于政党主体，伦理的制度化要纳入特定的社会政治活动领域，需将反映政党政治伦理精神的政治道德原则、政治道德范畴提升并将其规定为制度，以自律为内在动力，他

律为外在要求，自律与他律相结合促进的方式，形成政党主体及其行为人必须遵守的明确的硬性制度约束。

与自愿遵守和自我约束的伦理原则不同，政治伦理原则与政治伦理范畴从根本上是由政党主体的宗旨与性质决定，并不仅仅取决于党员个体的自我约束，还来自各级组织和党外组织的各种监督与约束，尤其以党内自我管理、自我监督、自我纯洁为重要内容与独特优势，这是政党伦理的制度化的特色所在。政党伦理的制度化以政党的章程、规矩、作风等为依据，形成围绕特定政治道德原则与范畴的、指向明确的政治道德制度，逐渐形成系统的体系。

伦理制度化是客观化、权威化、制度化的社会意识，是传播社会道德意识的重要工具。制度性约束具备一定的法学效力，伦理的制度化能在法学效力的强制约束下，进一步在社会政治活动中体现诚信、公平、正义等政治道德原则，有利于政党主体保持先进性与纯洁性，为"执政为民"的服务宗旨提供制度支持。《中国共产党章程》作为政党的总规矩，是伦理制度化后具有指导性和约束性的整个政党的制度性规范。从严治党，是中国共产党在《中国共产党章程》总规的总原则下，通过客观化、权威化、制度化，将《中国共产党章程》细化与配套为具体的规范和条令，赋予强制力和执行性。当前，全面从严治党战略的推进，已将管党治党的政治道德原则细化为《中国共产党廉洁自律准则》《中国共产党纪律处分条例》《中国共产党问责条例》等明确的政治纪律规定和规范条令，体现着自律评价与他律制约的结合。

（一）《中国共产党廉洁自律准则》是管党治党的最高道德标准

2015 年 10 月，中共中央印发《中国共产党廉洁自律准则》（以下简称《准则》），是针对执政党政治道德提出的高标准要求。《准则》比党纪的标准更高，是对 2010 年 1 月发布的《中国共产党党员领导干部廉洁从政若干准则》的调整、精炼与提升。《准则》自 2016 年 1 月 1 日起实施，是中国共产党执政以来第一部面向全体党员、践行政治伦理精神、规范全党廉洁自律工作的重要基础性法规，是管党治党的最高道德标准，体现着全面从严治党的实践要求。《准则》前四条要求党员公私分明、崇廉拒腐、尚俭戒奢、吃苦在前享受在后；后四条要求党员领导干部廉洁从政、廉洁用权、廉洁修身、廉洁齐家。整个规范体系不仅高标准要求与规范党员领导干部的思想自觉和行为自律，更正面倡导与严格全体共产党员的党员意识和党员规矩。《准则》是看得见、够得着的高标准，如马怀德指出，"《准则》高于纪律严于纪律。个别党员干部的行为即使没有违反党纪国法，达不到党纪处分的标准，但是有可能违背了廉洁自律准则，就不符合党员干部的思想境界要求"。

《准则》展示的是执政党从严治党的高尚道德追求，是执政党自觉培养高尚政治道德情感，是弘扬修身齐家治国平天下传统政治道德文化，廉洁自律，永葆党的先进性和纯洁性的伦理制度化成果。《准则》规定了党员和党员干部自身正直诚信的要求、公私关系问题的处理、勤俭节约美德的作为、吃苦享受关系的认识与廉洁为政的政治思想觉悟等，是执政党政治伦理理念的制度性表达。

诚信是社会道德中的基本元素，也是政治道德中的基本原则。清白做人，干净做事体现党员的诚信意识，以诚信安身立命，以诚信执政奉公，这是基本美德，也是政治伦理原则。清白而干净，蕴含着坚持公平正义。没有公平正义之心，不能做到清白干净之身。将先公后私，克己奉公，为集体利益而奉献，纳入人民利益的范围中，这是坚持民利道德规范，体现人民的利益高于一切，同时也体现以人为本的政治道德原则。以奉献、担当、服务的精神才能践行人本的价值，才能使得民众受益。克己奉公也是党员在社会道德直至政治伦理规范上"应然""实然"行为。勤俭节约、吃苦在前、享受在后，这是党的优良传统作风，也是中华美德。廉洁用权，首先必须做到坚持公平正义，为公不平，必失正义，进失民心，而失公信。维护人民的根本利益就需要尊重人民的政治主体地位，把人民的利益放在突出的位置。廉洁齐家，带头树立良好家风，为公要清明正义，为私要风清气正，为公为私才能和谐一致，进而促进社会的和谐氛围。《准则》是每一个党员及党员干部从根本的政治理想宗旨与政治道德情感出发，自觉遵守和接受伦理制度化的纪律规则约束。

（二）《中国共产党纪律处分条例》是从严治党的道德底线设定

从《中国共产党纪律处分条例》中"处分"二字可知，这是一个他律性的伦理制度化规定。如果说《准则》是管党治党的最高道德标准，那么新修订的《中国共产党纪律处分条例》（以下简称《条例》）则是从严治党的最低道德限制，是从严治党实践成果的固定与固化。《条例》自 2016 年 1 月 1 日起施行，分为总则、分则、附则 3 编，共计 11 章、133 条。修订部分主要将执政党在十八大以来的政治纪律、政治规矩、组织纪律、落实八项规定、反对"四风"等从严治党的政治道德要求与实践成果予以规范化、制度化。

条例中明确地规定了党员和党组织有所为有所不为，那些不该为而为之的必然受到相应的处罚。这是崇善惩恶的伦理条例，也是带有强力的制度性约束条例，更是具备政治法学效力的条例，体现着为善而扬、为恶而惩的基本政治道德判断价值。比如，落实"立党为公、执政为民"的执政党政治伦理核心精神，从"人民满不满意"的基本政治道德价值判断，以负面清单的角度，对侵害群众利益、漠视群众诉求、侵害群众民主权益等现象与问题，将其纳入"违反群众纪律"的条款进行责任追究。

《条例》蕴含伦理制度化的强制力和约束力，针对违反党纪应当受到党的纪律追究的责任主体（党组织和党员），明确增设了违纪条款。比如，在"政治纪律"方面，明确增加了对拉帮结派、对抗组织审查、搞无原则一团和气等阳奉阴违问题的追究；在"组织纪律"方面，增加了对非组织活动、不如实向组织说明问题、不执行请示报告制度、不如实报告个人事项等不诚信问题的追究；在"廉洁纪律"方面，增加了对权权交易、利用权职或职务影响为亲属和身边人员谋利等有悖政治道德的言行的追究；在"工作纪律"方面，增加了对党组织履行从严治党主体责任不力、工作失职等管党治党不严问题的追究；在违反"生活纪律"方面，增加了对生活奢靡、违背社会公序良俗等不良社会政治道德风尚的追究，等等。

通过伦理的制度化，《条例》以法学效力的强制性，赋予党规、党纪执行的强制力与约束力，明确了纪委监督执纪问责的要点、标准、尺度、力度，使政治道德建设更加刚性与稳定，指明了从严治党与反腐败不是一阵风的活动或运动，党规和法治都是国家法律体系和政治伦理建设的重要组成部分，将在日常工作与生活中长期发挥作用，更严约束党员的党内生活和言行举止。比如，大吃大喝的问题，在以前的纪律处分条例中没有具体明确的表述。新修订的《条例》明确对超标准、超范围接待或借机大吃大喝等相关问题与责任进行处分，一旦违反将按照条例严格查处，这对党员的约束力和纪律的强制性有明显增强。

（三）《中国共产党问责条例》是从严治党伦理实现的刚性保证

《中国共产党问责条例》（2016年7月实施）（以下简称《问责条例》）剑指为官不为、为官乱为的政治道德失序，是进一步深化全面从严治党的伦理制度化体现。从执政党政治伦理建设的视角，为共产党员和党的领导干部的政治伦理要求刻画出底线。《问责条例》是保障全面从严治党，针对管党治党过程中宽、松、软的问题，以问责倒逼责任落实，通过依法依规严格追究的条令保证，是更具有权威性、系统性的党内法规，是政治伦理制度化和政治体系法规化的重要举措。《问责条例》主要解决事关损害党的事业与党的公信力的问题，比如执行党的路线方针政策不力的问题，管党治党的主体责任缺失问题，管党治党监督责任缺位问题等，"四风"和腐败问题在一定范围多发频发，选人用人失察、任用干部连续出现问题，巡视整改不落实等问题。

在《问责条例》修订以前，中国共产党有 100 多部党内法规涉及问责内容，但党内缺乏一部具有权威性、系统性的问责法规。《问责条例》以问题为导向并直指问题，将主要分散在《中国共产党纪律处分条例》《关于实行党政领导干部问责的暂行规定》《行政监察法》《中华人民共和国公务员法》等法律法规中那些原则性规定、弹性空间较大的条款，进行了界定与廓清，是伦理制度化和党内法规化的重要实践成果。无论问责的内容、范围和处置条款规定，还是问责机制、民众监督问责的流程，《问责条例》都更加翔实、系统和刚性地将党内问责纳入现实监督与运行机制。回望 2009 年中共中央公布的《党政领导干部问责暂行规定》，更多属于行政问责范畴。作为党内问责条例，必须体现与落实"党要管党，从严治党"的诉求，制定党内问责条例充分体现了执政党的伦理精神与伦理规范，从内省、自律到内化、强制，切实强化了党内问责的广度、力度和锐度，在党内树立与建立起了对权力的敬畏之心。

《问责条例》体现执政党政治伦理的要求与责任担当。中国共产党作为马克思主义政党，在《中国共产党章程》中明确了全心全意为人民服务是党的宗旨，执政为民，立党为公，权为民所授。任何有悖于人民利益的言行、不正当用权的行为，在党内都被视作不道德，不仅应受到政治伦理的谴责与批评，还要依据党内法规予以追责。党的各级组织、党的领导干部及广大党员，言行举动，代表着党的形象，反映的是心中是否有民、是否为民的政治道德情感，体现的是政治责任与政治担当。如果行使权力与履职履责中，不知为民谋利、对党忠诚、对党负责，亵渎职责、不作为、滥作为，那相关责任人就必须受到党纪的严厉问责。《问责条例》作为完善健全的党内问责制度，其内容、条款与蕴含的伦理精神，都唤醒和坚定着党员干部对政治信仰和信念的敬畏之心，及其不负民众托付与信任的责任及义务。

《问责条例》作为全面从严治党的伦理制度化利器，贯彻《中国共产党党章》总体要求，彰显执政伦理理念，紧紧围绕坚持党的领导、加强党的建设、全面从严治党、维护党的纪律、推进党风廉政建设和反腐败工作 5 个方面开展问责，具有根本性、稳定性和长期性。对于失德、失责造成了严重后果，人民群众反映强烈，损害党执政的政治基础的均要严肃追究责任。特别明确规定的是，一旦失职、失责行为有严重后果，且达到了群众反映强烈、损害政治基础等程度，那么将对三个方面，即"三责"（主体责任、监督责任、领导责任），进行全面责任追究。全面追责体现的是各级党组织、各级领导干部都负有管党治党的责任，失责必问将成为常态，层层承担责任，倒逼着责任履行的协作与落实。"三责"并追，释放着全面从严治党的强烈政治信号，推动党组织和党的领导干部切实把责任扛起来，保证党的领导坚强有力。

《问责条例》蕴含着督促各级党组织与党的领导干部践行忠诚、干净、担当之意义。忠诚、干净是品德，也是为政的品质，更是政治道德中诚信与正义原则的反映。在问责条例的原则中，讲依据、求事实、严问责、治病救人、层层落实，体现了在理论上讲究原则，实际中尊重事实，更在责任中严格落实。作为党的各级组织和党的领导干部，权力与责任是统一的，有权必有责、有责要担当、失责必追究。在全面从严治党推进的过程中，一些人错误认为"多干多错，少干少错，不干不错"，于是在工作中消极作为，应付日常，积极怠工。《条例》的实施与执行，要求党的各级组织和党的领导干部清晰责任，强化担当，激发自律，对失职失责行为，严格追究，铁面问责，真正形成了以强有力的震慑和警示指向"为民"，实现"为民"。

第四节　服务型党组织的政治伦理意蕴

党的十八大提出，"加强服务型党组织建设，是新时期稳基层、强基础、促发展、构和谐的必然要求"。服务型党组织的建设意味着基层党组织的职能将逐渐由单纯的管理向以服务为核心的多元化职能转变，基层党组织以服务作为自身的工作理念，以人民群众的利益、社会的发展为价值追求，最大可能地解决实际问题，提供优质、高效的服务，从而保持和提高党与政府在人民群众中的公信力与领导力。服务型党组织的核心体现在服务精神与服务实践上，是秉承党的宗旨，以服务为工作载体，通过服务来提高党在基层的领导力、管理力和凝聚力的党组织[①]。相对于指令型、管理型组织而言，服务型党组织是马克思主义政党政治伦理精神在组织形式上的体现与落实，是中国共产党政治伦理内核"全心全意为人民服务"的具体形式与实现途径。

---

① 周多刚、徐中：《服务型基层党组织建设的内涵、现状与对策》，《党政论坛》，2013 年第 3 期，第 28~30 页。

一、服务型党组织的政治伦理内涵

党的基层组织是党在社会基层组织中的战斗堡垒，企业、农村、机关、学校、科研院所、街道社区、社会组织、人民解放军连队和其他基层单位，凡是有正式党员三人以上的，都应当成立党的基层组织。党的基层组织是党的执政思想、全部工作及战斗力的基础。在职责与功能上，首要是政治功能的发挥，基层党组织是党的路线、方针、政策的领导者、执行者与宣传者。更为重要的，应承担联系与服务群众的紧密性，履行党的根基在人民、血脉在人民、力量在人民的马克思主义政党伦理精髓。新的历史时期，基层党组织工作怎么开展，开展得怎样，直接影响到执政党政治理念和政治行为的实施与评价。

服务型党组织是秉持"为人民服务"的执政理念，通过对"服务"的正确认知，形成意志信念并外化为行动，以服务为工作载体来提高党的号召力、领导力和凝聚力的各级党组织，又特别是指党的各级基层组织。政治伦理学视角下，服务型党组织指的是特定政治组织在开展领导与服务工作及活动中，围绕"民利"的政治道德行为选择，在管理和服务中所显现的道德完整性，是服务型党组织在政治道德意义上的完整表现状态。当服务型党组织展开管理和服务的时候，能够充分认识自身与人民群众之间的关系并准确定位自身的角色，然后在这种角色意识状态下去做出正确的行为选择，随着在管理和服务工作中这种道德行为不断重复，从而形成了其独特的道德特征。

伦理道德是政党理想信念和思想境界建设的哲学根源，政党伦理的基本范畴是政治道德关系的一般概括和基本反映，为政党伦理的基本原则和规范服务，主要有公平、正义、民主、廉洁、务实、勤政、高效、任贤等，其核心为正义与廉洁[1]，其宗旨是勤政与高效。《中国共产党章程》中提到，党的建设必须坚持党的基本路线，必须坚持解放思想、实事求是、与时俱进、求真务实，必须坚持全心全意为人民服务，坚持民主集中制。可见，一心为民、民主集中、平等协商、廉政勤政、与时俱进等，是执政党理论建设和执政主张的伦理内涵。

（一）"服务型"政治伦理内涵的形成

"为人民服务"，最早是毛泽东同志在中央警备团追悼张思德会上的演讲题

① 李建华：《政党伦理之思》，《人民日报》，2016 年 1 月 15 日。

第五章 政治伦理与执政党建设

目与主题。毛泽东同志在演讲中说："我们的共产党和共产党所领导的八路军、新四军，是革命的队伍。我们这个队伍是完全为着解放人民的，是彻底地为人民的利益而工作的。"在《论联合政府》一文中，毛泽东同志再一次强调："紧紧地和中国人民站在一起，全心全意为中国人民服务，就是这个军队的唯一宗旨。"

随着时代的发展，为人民服务已经成为中国共产党的根本宗旨与政党伦理精髓。"为人民服务"或"全心全意为人民服务"，作为中国共产党的政治话语体系，体现了马克思主义政党的政治道德的根本要求，是履行职业职责的精神动力和衡量职业行为是非善恶的最高标准。从历史的脉络去思考与理解，"为人民服务"具有丰富的政治伦理思想。

"为人民服务"意味着把作为"受难者"的人民从"有形"或"无形"的压迫中解救出来，这包括中国共产党在革命时期领导的抗日战争、解放战争、反帝反封建推倒"三座大山"的革命运动，也包括社会主义改造之后，借助马克思主义的理论判断和分析工具，防止资本主义作为一种机制及其带来的"异化劳动"问题，把人民从无形的压迫中解放出来的活动。

"为人民服务"是要解决好与人民的切身利益直接相关的事务，保障好人民的日常生活。以抗战期间为例，大批非生产性人员集聚在延安和陕甘宁边区，大大加重了当地百姓负担，党采取了"精兵简政"决定，同时开展大生产运动，就是"对人民有好处"的决策。毛泽东在《为人民服务》一文中引用司马迁在《史记》中的一句话，"人固有一死，或重于泰山，或轻于鸿毛"，赋予了"为人民服务"的牺牲"比泰山还重"的重大意义，将中国传统的人生哲学凝练与提升为执政党强烈的政治伦理情感与政治责任担当。

（二）"服务型"政治伦理内涵的时代特征

一般而言，人的德性的形成，是基于社会实践基础的认知、认同、内化、固化的认识过程，这一过程虽然更多地存在于主观层面，但整个过程时时受到客观环境的影响和制约，特定的历史积淀必然培育特定的道德理念。政治伦理，以政治道德内涵为核心，是执政党基本政治理念的体现和政治行为的规范与评价。

公平正义是服务型党组织生动诠释与直接体现执政党伦理精神的内在属性。公平正义要求基层党组织在履行政治职能与服务职能中，能够围绕人民群众得到更公平、更有利、更完善的服务，安排与健全相关制度机制、流程设计。无论在社会经济政治活动参与，还是公共服务话语体系中，让人民群众在现实生活中与执政党政治理念、社会共同理想及社会核心价值体系等方面，有着更多的内在的统一性，促进认识上的"公共善"，并致力于全社会"公共善"的达成。

"民利""服务人民"是服务型基层党组织建设的价值核心与政治伦理精髓。秉承人民群众主体地位，把群众利益作为工作目标，以"民利"为核心，实践目的善和手段善辩证统一，使人民群众获得最大程度的满意。

责任担当是服务型基层党组织成员履行服务职能的道德情感和价值取向。作为服务型的党组织，不仅应培育党员具有责任担当精神，更需要推动党员把"服务"内化于心，成为道德义务的一部分，在具体实践中将"为人民服务""责任担当"结合于工作、生活，形成道德内化和行动自觉。

清正廉洁是社会与民众评价公权力组织善、恶的前置性条件和基本因素。服务型基层党组织在领导、管理和服务中首先应恪守的道德规范就是清正廉洁。齐景公曾问过晏子："廉政而长久，其行何也？"晏子对曰："其行水也。美哉水乎清清，其浊无不雩途，其清无不洒除，是以长久也。"[①] 基层组织就在老百姓身边，离老百姓最近，其是否腐败、懒政、怠政等，直接影响到人民的切身利益，极易对执政党的形象及公信力造成损害。

二、服务型党组织建设问题的政治伦理分析

服务型基层党组织的建设，核心理念是"服务"。"服务"的效力，体现于主体自觉的服务意识，源于共产党员先进性与服务性的政治道德情感的感召和内化。服务体现为普遍性服务，全体党员都应在管理中体现普遍性服务，且不因民族、性别等其他因素影响，公正公平地惠及每一个人。服务应该是全面性服务，服务到经济、社会、文化、生态等发展的方方面面。服务应该是实效性服务，即以优质的服务在最短的时间内帮助群众解决问题，达到让群众满意的实际效果。服务还应是发展性服务，为人民群众发展能力的培育与保障服务。服务同时必须是廉洁性服务，在服务中恪守严谨的法纪和自律意识。

以政治伦理视角分析服务型基层党组织建设的问题，能够发现，与现实之间，还存在一些问题除了需要以法治来惩戒，还应从精神层面与道德内动力去分析与解决。比如，基层党组织依然存在领导多、管理多、服务意识淡漠的现

---

① 《晏子春秋·内篇问下第四》，《晏子春秋译注》，石磊译注，黑龙江人民出版社 2003 年版，第142 页。

象；部分党员人格依附，唯上不唯下，缺乏对群众的道德义务感。在工作中庸、懒、散、浮、拖时有发生，"低标准、老习惯、得过且过"现象，以及慢作为、滥作为与不作为阻碍了人民群众对党组织的信任，利益驱动和物欲诱惑，党员的道德修养严重滑坡问题等，影响了党和政府在群众中的公信力。

（一）个体道德自律的内动力不足

以政治伦理精神加强服务型基层党组织建设，急切需要提高党员的政治道德精神与内心道德自律。一些人受制于计划、任务，听任于命令、权力，在实际工作中缺乏相应的政治道德主体意识，不能主动地去辨别自身行为是否符合政治伦理的规范与导向，不会基于道德情感去思考怎样做。随着利益差距的增大，一些人对于利益的欲求也随之增加，基层党组织中政治伦理失范问题时有发生。

马克思认为人类的自律是道德的基础，可见政治道德意识及道德自律不够是导致服务型基层党组织中服务意识缺乏、服务信念缺失等问题的内在因素。人是有独立思想的个体，依靠这种思想来控制自己的行为并能在行为过程中不断地调节约束自身的行为，从而达到道德自律的目的。在这里，基层党组织及党员是政治道德行为的主体，党员需要将党员意识、政治道德内化为自己内心所信仰、所遵从的律令与法则，才能有效地预防失德现象的发生。

道德自律，可以使基层党组织的行为人更好地定位自身的主体地位，既是"立法者"，又是自己道德行为的"监督者"，通过这样的方式达到遵守政治道德、真诚服务群众的价值追求。道德自律是基层党组织及其行为人在面对利益或矛盾纠纷、问题时，一方面，会主动积极考虑怎样做能更好地为人民群众服务，怎样才能最大限度地维护群众利益，怎样才能预防损害群众利益的事情发生；另一方面，对自身的利益与行为进行自觉约束。这种约束是完全自发的、主动的，不是被迫地、被动地去行动，是主体自身在工作与行动中表现出的一种价值追求和道德修养，散发着一种迷人的理性光芒。

（二）权利、权力与义务的关系不明晰

一些基层党组织在履行领导、管理和服务职能的过程中，仍存在权力、权利的不当实现，其中包括权利实现不足、权力过分膨胀、权力（利）滥用等问题。原因是多重的，除了囿于传统"官本位"政治文化的负面影响，以及服务人民群众的制度、机制、法治的不够健全，从精神、法与伦理的层面思考，在服务的主客体活动中，基层组织及其成员对权利、权力和义务关系的学习与认

识还需进一步深入与内化。权力可以看作是权利实现的方式和手段，权利依赖于权力，权力要转化为权利。保障权利、用好权力、尽好义务对建好服务型基层党组织具有重要意义。

人天生就享有许多的自然权利，但由于权利没有强制性，必须依靠权力的保护形成法定权利，权利才能真正实现，没有权力保障的权利只能是一抹泡影。然而，要使权力获得人民群众长期稳定的认可和服从，必须获得其合法性。权利依赖于权力才能得以实现，权力必须转化成合法的权利才能获得人们的肯定和认同，权利和权力两者的关系是辩证统一，相互影响的。然而，在服务型党组织建设过程中，党组织中的少数行为人对于权利和权力的关系认识不清，导致权利和权力的应用不当，出现了权利、权力的乱用、滥用等问题。

权利和义务是相对应的一组概念，权利代表利益，而义务代表服务、付出。权利和义务是紧密联系、相互依存的，行使权力的过程中总是伴随着相应的保障权利顺利实现的一个或几个义务。在服务型党组织的建设中，要注重引导与培育党员自觉履行政治道德义务的意识与习惯，转变只愿享受权利，不积极履行义务，不愿全身心付诸服务的不良作风。这种欠缺服务精神的权利享受思想阻碍着人民群众利益的正常实现。在服务型基层党组织的实践中，行为人需要认清权利与义务两者之间的关系，理性自觉地遵守政党组织的政治道德义务，以保障与实现群众权利为目的，正确行使公共权力，以群众满意为评价与归宿，做好服务群众的工作。

（三）围绕服务型的基层伦理机制尚需完善

政治伦理制度作为政治生活中约束政治主体的基本规范，是对基层党组织行为人活动进行善恶判断和实施评价的重要准则。服务型基层党组织的制度建设，旨在引导与规范党组织在服务群众过程中的情感与行为。制度要充分发挥其作用，首先必须要符合执政党的伦理精神，符合人民群众的需求。当前，针对基层党组织的规定条例中关于伦理自律方面的规范，原则性规定和刚性制度比较多，而紧紧围绕"服务精神"，主动适应时代特征，形成有效的舆论引导、善恶评价及动态调整机制尚不够。

制度的设计应然蕴含"为人民服务"的伦理内涵，要尽可能的系统与全面，特别是对于组织行为各个环节、各个流程的最细微之处、环节之间的衔接之处要更加重视，这是最容易被忽视的地方。这些漏洞与疏忽处可能恰好影响到社会群众需求的满足与情感的联系。同时，还应遵循政治伦理的精神和服务效益的评价，在制度的周延性方面，考量现行规程是否仍存在重叠交叉或矛盾冲突。否则，可能导致具体行为中无准则可依，或者各依各规的无序或交织状态，制度的执行力和约束力将会受到削弱，最终影响到执政党及政府的公信力。

从政治伦理与思想意识范畴去理解"服务型"的内涵，更多地具有主观和抽象的特点，但因其所规范和引导的内容是具体实在的行为，因此"服务型"组织及成员的状态与水平，也是可度、可量、可评价的。具体包括：政治品德（考评点：政治立场、政治态度、政治纪律、组织纪律等）、为政官德（考评点：心中是否装着群众，能否秉公用权、权为民所用、情为民所系、利为民所谋等），以及社会公德、家庭美德等，贯穿其中的都是实实在在的内容，都有着客观具体的规定性。政治道德评价是使"服务型"道德规范内化到组织成员心里，并形成德性的重要方式。当前，进一步研究基层组织政治道德评价机制的构成，完善"服务型"政治道德评价机制，推进基层党组织的知德、修德、评德、践德，对于促进政治公信力建设，有非常重要的意义。

三、坚持政治伦理导向，加强服务型党组织建设

亚里士多德（Aristotélēs）在《尼各马可伦理学》中提到，伦理德性与理智德性的重要区别就在于，伦理德性的获得是要后天的实践并通过习惯而逐步养成的，而不能像人的理智品质那样，仅靠知识的传播和认知就能有效。在服务型基层党组织政治伦理建设中，通过政治道德准则的指引，基层组织政治伦理的制度化，利用社会舆论的影响监督，政治伦理规范的导向，公共服务平台的建设等，增强基层组织行为人的服务意识，提高内心自觉，形成道德行为习惯，是加强服务型党组织建设的有效途径。

（一）伦理的制度化建设

伦理道德的制度化是服务型基层党组织建设的重要形式。虽然制度和道德在其内涵和外延上不尽相同，但价值追求却是共同的，算得上是"强制化了"的道德。事实上，制度是道德的底线，或称为对最低道德规范的规定，是必须遵从的基本道德要求。在服务型基层党组织建设的过程中，伦理制度化是伦理道德实现的途径之一。通过伦理的制度化建设，基层党组织就有了行为的榜样和判断是非正误的制度性标准，知道哪些明令该做，哪些明令不该做。如果一旦发生伦理失范的现象，也为事情的解决提供了客观而确定的支撑和依据。在价值观念多元化背景下，基层党组织伦理制度的正向影响还不够，一些基层组

织工作人员的信念淡化，由于信念不坚定不明朗导致价值观模糊与错误，道德失范，行为不端，给执政党组织和政府造成了负面影响。可见，没有伦理制度化的约束和途径，仅仅依靠个人的道德自律，把握政治伦理价值的尺度是不够的。在这个意义上，基层党组织应加强伦理制度的规范化建设，以更好地控制政治行为与管理服务。在道德警醒的同时，发挥制度或规范的功能，提高服务型组织的效力。

具体而言，伦理的制度化，就是把道德行为上升到制度高度，使行为人感受到来自制度的影响力，更好地约束其自身行为。现在越来越多的伦理规范在党内达成了共识，得到社会公众的普遍认同，被纳入制度体系中，如《中国共产党廉洁自律准则》等。通过制度约束力对政治道德和政治行为的守护，伦理制度化已逐渐成为服务型基层党组织制度建设的重要途径。美国是法治程度比较高的国家，比较善于利用制度和法律对人们的行为进行约束，一旦产生新的伦理问题，便会毫不犹豫地对制度、法律进行修订，使之制度化、法律化。建立健全现有的政治伦理制度，修订、完善、形成相应的体系，把相对成熟的规范上升为法律的条文与规定，明确界定一旦违反将要承担并追究的责任和后果，这对服务型基层党组织的政治伦理建设，对提高整个社会的伦理水平具有很好的启示。

（二）服务的规范化建设

在服务型基层党组织建设中，组织行为人通过自己的服务获得群众的满意和支持，服务的规范化建设具有重要的意义。基层党组织中党员管理和服务的规范性与服务能力，体现着党的执政能力，关系到党在基层组织的执政基础，进而对社会的和谐稳定与政治公信力建设产生影响。如果服务规范不完善甚至有缺失，基层党组织的行为可能任意性、标签化与随意化。从另一方面看，缺少比较稳定的规范性道德行为与持续动力支持，其服务的持续性与稳定性难以充分显现，社会公众对组织与政府的满意度可能降低，这对服务型党组织的建设提出了方向与要求。对于服务的规范化建设，可以通过以下四种途径。

第一，进一步提高群众的政治参与和公共服务参与。基层党组织和政府的各项决策必须要以维护绝大多数群众利益为出发点，决策前全面考虑可能给群众带来的负面影响并将其降到最低。要达到这一要求必须恪守和内化"执政为民"的伦理精神，以高度的"为民情怀"为指引，完善决策的程序。凡是涉及群众利益的事项，在决策之前都要让广大人民群众深入参与，征求其意见，并在决策过程中把这些意见最大可能地考虑进去，从而提高决策的效率，避免做出违背群众利益的决策，这样才能有效地提高基层组织的服务满意度。

第二，进一步完善社会化服务水平。树立良好的执政服务形象，服务型基层党组织建设必须要与地方党政机构职能转变紧密结合。重点是结合简政放权和简化审批权限，降低社会化服务成本，提高社会化服务水平，提高社会化公共服务效益。这一目标与过程，实质是通过放权使审批权限和责任与义务在基层得到紧密的结合与执行，使基层政府和职能部门的职责、责任和义务，在日常为群众服务的工作中得以落实，让各种可能的社会问题及矛盾化解在基层。执政党特有的政治伦理精神与宗旨，赋予了基层党组织、基层政府和部门更高的要求、更大的责任与更强烈的义务，这也正是服务型基层党组织建设的方向与动力。

第三，进一步完善信息公开的制度与流程。信息公开的程度越高，流程越清晰，群众对党组织的服务能力也就越认可，对于党组织的信任度就越高。基层党组织主要应针对信息公开的时间、地点、方式、流程以及人民群众如何及时获取有效信息、违规责任追究等做出详细的规定设置，通过严格遵守信息公开的要求，把群众关心、关乎群众利益的问题做到及时公开，让群众提前并广泛知晓。信息时代，信息传播的速度极快，基层党组织要善于利用信息技术平台，及时动态发布信息，让群众清楚地了解重要事件的情况。越是想封闭信息越会得到更坏的结果，舆论力量可能破坏任何坚定的信任。在突发事件中，基层党组织与政府及时通过电视、媒体、网络等进行有效的信息公开，是各种不实传言的谣言粉碎机，同时还能激发人民群众的正义客观态度与团结互助的情怀。

第四，进一步完善责任及责任追究制度。随着从严治党的提出与进行，公权力行为人的乱作为问题得到很大整治，但怠政、懒政、不作为等现象仍时有发生，已然成为影响群众评价基层组织及政府服务好坏的重要问题。对政治行政行为人，不仅要有严格的工作职责和明确任务，合理地划分职责，健全岗位责任制，还应遵循执政党政治伦理规范，健全和强化承诺制。一旦发生失职和失德行为，就能根据工作任务、岗位责任制、政治道德义务及承诺制度，问责于责任人。同时，强化闭环管理，对社会管理和服务中不作为、滥用权力、损害群众利益等不良行为进行责任追究。这是一种要求，也是一种引导和震慑，防治不作为、乱作为的苗头和行为，推动行为人不敢、不愿和不能忽略组织与自身的服务职责和政治道德义务。

第六章　政治伦理规范促进公信力建设

基层组织与地方政府作为执政党和政府执政和行政的基础，其管理水平和公共服务能力不仅反映立党为公、执政为民的生动实践，更直接关系并影响到人民群众的期待与信任。政治公信力建设涉及的信任力、支持率等倾向性意识和行为，是社会成员对执政党及政府行为及形象的一种心理反应和主观价值判断，表现为社会成员对党和政府工作的满意程度、认同程度或者信任程度等，或者反映出社会组织和社会成员对党组织与政府工作存在的质疑程度、抵触程度、漠然程度等。可以说，政治公信力就是执政党组织和政府政治、行政理念及行为产生的社会公共信誉及其在社会成员中形成的心理反应，而这一心理反应常常源于执政党各级组织、各级政府行为主体的道德规范、道德意识、道德内化与行为自觉状况。

第一节　道德内化与公信力建设

"道德是调整人和人之间关系的一种特殊的行为规范的总和。"[1] 政治道德作为特定的一种道德形态，必定与一定的社会制度相联系，是调整各政治活动主体之间的政治关系和政治生活的行为规范或准则，如阎钢在《政治伦理学要论》中对这一概念的界定，政治伦理是"针对政治活动主体即国家、集体，以及与政治活动相关的阶级、集团中的政治成员而言的，并且主要是对这样的政治主体进行道德的约束和制约"[2]。基层组织及地方政府公信力建设就是要将中国共产党特定的道德约束和制约，将以人为本、全心全意为人民服务、科学发展等充满德治精神的理念，通过道德内化的功能与作用，引入行使公共权

---

[1] 罗国杰：《伦理学》，人民出版社 1997 年版，第 7 页。
[2] 阎钢：《政治伦理学要论》，中央文献出版社 2007 年版，第 9 页。

力、治理社会、开展公共服务的全过程，并在这一过程中主动接受政治道德规范的自律，使公共权力在法治的规范中闪耀德治的光芒，从而在执政党、政府与社会成员之间建立持久的信任关系，促进执政党、政府—公众关系的"情感认可""信任合作"与"主动态度"。

德国古典哲学创始人康德曾说过："有两样东西，越是经常而持久地对它们进行反复思考，就越是使心灵充满常新而日益增长的惊赞和敬畏，这两样东西是在我头上的星空和居我心中的道德律。"康德在这里指出的道德律，就是指道德的法则和规律，体现出它是至高无上的、斩钉截铁的、必须执行的规律与要求。由此，道德内化成为一种"应当包含着能够"的思想，"应当表达了某种必然性，以及那种在整个自然中本来并不出现的与诸种根据的联结"。"于是这个应当就表达了一种可能的行动"①。行为者实现从"应当做"到"能够做"，到"自觉做"的过程与路径，可以谓之为道德的内化，即将一定社会的思想、政治、道德要求，转化为自身需要与自觉的过程。政治道德内化，就是要促进党的各级组织和政府及其行为主体，将执政党及其人民群众的要求融会于道德情感和行为活动中。政治道德内化是执政党实现政治理念的基本途径，也是提高公信力建设的重要途径。政治道德内化至少可以包括两个层面，其一，各级组织与政府在制定政策与制度中，应充分体现制度蕴含的伦理取向及伦理精神，其二，各级、各类政治、行政行为人的政治道德内化，应将"为政"的道德规范转化为个人品德，实现入耳、入脑、入心，从而转化成个体的自觉与行动。

政治道德内化与政治公信力建设之间有着内在的一致性，政治道德内化是公信力建设的理性基础，公信力建设又将促进政治道德内化的进程。一方面，政治道德与公信力建设同属政党建设的重要范畴和组成部分，政治道德是政党、国家、社会向政治行为人提出的政治要求、思想规范、道德标准、行为准则等的综合体现，在实际工作中执政及行政主体、个体应当忠诚恪守与融入履职。党组织与各级政府公职人员作为公信力建设的主体，其政治道德不是与生俱来的，也不是有了某种认识之后就能自觉应用，只有将外在的政治道德通过心理活动转变为个体品德之后，才会使政治道德成为与己一体的"同化物"，即成为公信力提高的内在的主体的部分。

另一方面，高水平的公信力建设，是"以人为本、执政为民""情为民所系、权为民所用、利为民所谋"等为人民服务的政治理念和伦理精神的外在形

---

① ［德］康德：《纯粹理性批判》，人民出版社 2004 年版，第 442 页。

式与直接体现。推进政治道德建设与充分养成，才能使各级党组织和政府主体及行为人脚踏实地、诚实守诺、恪尽职守、真正为群众利益考虑，体现"先人民群众之忧而忧，后人民群众之乐而乐"的行为追求。只有这样，执政党与政府在社会民众中的执政形象才会持续保持权威和信任力，进而促进全社会共同理想、共同信念的稳定持久与信任力。

第二节　公信力的要素和道德内涵

公信力是执政党及政府与社会及其社会成员之间关系的反映，是组织和政府在履职及权责运行中形成信任、和谐、有序状态的基础。公信力建设是执政党与政府自身建设的需要，更是其基层组织和地方政府在具体的履职尽责中的基础工作。如果缺少信任这一理性情感基础，无论制度有多完善，政策有多好，效率有多高，政府与民众之间、党群之间、警民之间，乃至于一个社会的个体与个体之间、群体与群体之间都很难有互信和沟通，更不可能形成在此基础上的参与和合作。

缺少公信力，社会将陷入"低度信任"，社会冲突及各类群体事件将会频发，社会运行成本、政府管理成本和公共危机势必大大增加。如古罗马政论家普布里乌斯·克奈里乌斯·塔西佗（Publius Cornelius Tacitus）提出的"塔西佗陷阱"，意即"当政府不受欢迎的时候，好的政策与坏的政策都会同样得罪人民"。道德作为一种柔性规则，更多地侧重于通过善恶、正义与不正义、正当与不正当、高尚与卑鄙等伦理观念对行为主体进行引导、评价和规范，进而有利于"低运行成本"下社会经济、政治活动的正常化和社会治理的有序化。

一、影响政治公信力状态的主要因素

权力的合法性，一是政治权力是否得到社会民众的普遍认可和广泛支持，二是政治权力的来源主要渠道是否是选举制，三是政治权力是否顺应了历史的发展潮流与选择。如果按韦伯（Max Weber）提出的"三种权威"类型——"传统权威""理性合法权威"和"感召性权威"，现代政治应是建立在"理性合法权威"和"感召性权威"之上的。影响政治公信力状态的主要因素包括以下四方面。

第一，政治的诚信力。公共权力产生后，执政者与民众因为"公权民授""民权代行"与"为民负责"的关系，要承担与兑现政治承诺和政治责任，政策要相对稳定。如若在执政过程中失信于民，甚至政治道德失范，欺骗愚弄民众，一定会丧失政治公信力，招致民众与选民的抛弃和反对。在社会政治行政活动中，一些政治行为人的形式主义、官僚作风、数据造假、欺上瞒下、权力寻租等问题，严重影响到社会民众对当地政府的信任，影响到政治公信力的建设。

第二，政治行为的规范性。在现代法治社会，公共权力必须依法行使，任何行为都应当根据宪法、法律、法规以及法律精神来为民服务，在全社会形成对法律和制度的信仰，通过法律和制度来体现诚信与公信。从本质上，公共权力与政治行为应然是有限的，规范的政治行为在实质上是"约束"与接受"监督"，即限制执政者和行政者的个人主观意志，界定与规范其行为的边界。制度安排的重要性在于同时对违规的成本有了强制性规定。实践中，缺乏规范的政治行为，公信力必然也会很低。有悖公意，不依法行政的后果，常是社会违法行为增多。

第三，政治能力的高效性。现代社会需要公正与效率，国家与社会治理需要强者，治理能力不高，就不可能拥有较高的公信力。在公共权力行使的过程中，执政者如何在公正的核心精神与科学的制度建构下，充分发挥强大的社会治理能力、财政能力、调控能力、创新能力、危机处理能力，合理配置人力、财力、物力和时间以及各种有形无形的资源，为社会民众带来福利，推动经济发展和社会进步同时，注重信息公开透明，将满足社会成员需要的措施、过程、方式等向社会成员提供并沟通，都是提升政治公信力的现实路径。

第四，政治品质的为民性。现代民主政治本质上是一种代议制政治，民众首先是要求他们的代理人公平、正义和忠诚，要求政府的职能向法治与服务型转变，是以公民为本位的服务型政府。同时，还要求执政与行政者在个体行为上为社会和公众做出表率。政府应当以公共利益最大化为目标，努力提高服务质量和效率，自觉高效地向公民提供公共物品和公共服务。权应为民所用，但权力具有扩张性，不受约束的权力必然导致腐败。当政治行为人的政治伦理自律失范，又同时行使着各项公共权力时，是难以让社会公众信服的，这就导致了政治公信力的降低。因此，只有对权力进行约束限制，执政党与政府才能赢得民众的信任，获得公信力。

二、政治公信力的道德内涵及要求

理性有序的社会是以公共信任为基石。与公信力密切相关的概念，诸如"正义""公正""平等""情感认可""主动态度"等，总体上归属于社会伦理的范畴。社会公信力投射及反映的是执政党、政府在政治伦理方面的理念、自律与现实状况。执政党组织和政府作为执政党理念、政策的体现者和社会建设的倡导者、示范者和组织者，在社会伦理结构中始终起着引领和示范的作用。只有形成政治道德自律意识，树立政治道德"公正""为民"理念，保证政治道德行为实践的"正义"，才可能实现较高的公信力，才能真正将依法治国与以德治国相结合，促进社会的全面、协调和可持续发展。

公信力形成了维持社会和谐稳定的主观自愿机制的道德动力。政治公信力建设是以非强制力为特性，是执政党、政府与社会成员之间在领导和处理国家与社会事务管理，以至于在应对复杂的社会事件、风险问题时，基于信任和情感，主观自愿地形成相互信任共同应对的一种机制，这种非强制力量经由认识、理解、认同到信任的过程，也是在人们心中逐渐形成的自愿性和主动参与的结合过程，进而会同公共权力共同发挥作用的强制机制，共同有效维持着国家和社会的正常秩序与持续稳定。这一过程中，社会成员对执政党、政府树立起的信心与信念，完成了从持续性情感到相对确定性支持的演进，实际上意味着非强制意义的公信力具备一定的强制性，以一种"善"的力量，引导社会各方力量旨在和谐发展的主观自愿机制的形成，推动着社会成员、社会与政治主体的持续进步。

公信力夯实了以人为核心的新型社会治理结构的价值基础。传统社会治理结构习惯以"权力""资源"等物化要素为核心，从而将政党组织、政府与社会，政党组织、政府与社会成员之间的关系以主、客体两极并单向交互的形式而存在，政治公信力成为政党、政府单方面对社会成员的一种期望和要求。与之截然不同，新型社会治理结构在价值理念上坚持以社会成员为主体，并始终围绕这一主体，代表着这一主体，以主体的需要为目标，运行着社会组织与社会管理的活动。正是以社会成员为核心的公信力建设，并经由社会及其成员的认可、支持及事实上的授权，政治公信力真正成为政党组织、政府与社会主体、社会成员沟通交互的桥梁，政治公信力实现了社会成员的主观选择和价值取向。

公信力维持着"政党政府—公众道德关系"的持续性。"道德是调整人和人之间关系的一种特殊的行为规范的总和。"① 相对于一般意义的道德，政治道德主要是"针对政治活动主体，即国家、集体，以及与政治活动相关的阶级、集团中的政治成员而言的，并且主要是对这样的政治主体进行道德的约束和制约。"② 政治公信力建设就是要将这种特定的道德约束和制约，引入执政党的各级组织和政府行使公共权力、治理社会的过程，在接受制度、规范、法律等他律的基础上，主动接受与内化政治道德规范的引导和自律，使执政党与政府的公共权力在法治的基础上闪耀德治的智慧，从而在执政党组织、政府与社会成员之间建立稳定的情感基础和良性关系，在社会成员的内心滋养与形成对公共权力和服务能力的信任，促进政党、政府—公众道德关系更富有生命力和延续性。

第三节　政治伦理规范促进公信力建设

政治公信力建设是一个系统工程，绝非一蹴而就。这需要执政党和政府在政治道德内化的视域下长期地进行规范建设与持续探索。党的十六届三中全会公报指出，"要增强全社会的信用意识，形成以道德为支撑、产权为基础、法律为保障的社会信用制度。"③ 这是中国共产党对社会各领域、各方面的道德建设与信任力建设提出的指导性意见。可见，政治公信力建设不仅具有政治道德实践意义，更需要探究政治公信力的实现途径。

一、制度伦理建构公信力

体制与制度是行使权力和履行职责的主要内容和关键环节。执政党和政府体制、机制及制度设计、办事流程等方面，应当紧紧围绕"为民"，并充分体现"民本"情怀，保障社会正义公平，主动高效地适应经济、社会、文化、生态建设的发展，持续提供更多优质的公共产品和良好社会服务，满足人民群众日益增长的需要。随着经济社会生态的快速发展，适应现代社会治理的要求，一些领域的制度、机制、流程等方面亟须改革与完善。例如，对新事物及新问

---

① 罗国杰：《伦理学》，人民出版社1997年版，第7页。
② 阎钢：《政治伦理学要论》，中央文献出版社2007年版，第9页。
③ 《中国共产党第十六届中央委员会第三次全体会议公报》，《人民日报》，2003年10月15日，第1版。

题的制度设计不完善，制度的周延性不够，职能边界不够清晰，服务流程不够优化，部分服务职能缺失，公共服务效益不高，等等。公权力内外部监督制度的不完全到位，以及立法的亟须完善等方面，也为如何保障每一位公民的权利不受侵犯提出了更高要求，人力、物力、财力等社会公共资源浪费的现象依然存在。这些都可能影响到社会民众对公权力的信任程度。

政府信任关系的建构最终还是要依靠制度。因为，对于公众来说，所能信任的只能是制度[①]。立足当前中国现实，制度建设的伦理性，以及衍生的行政体制、行政程序"对人的尊重""对公众的尊重"，是建构和保障政府信任关系，实现政治公信力的根本途径。制度伦理的价值实现关键是要使相应的政治价值理念在实践中得到具体落实。政治制度伦理既是一定社会历史条件下政治伦理价值观的具体化和对人们政治行为的规范，也是现实实行的除伦理制度以外的种种社会制度所蕴含的伦理追求、道德原则和价值判断。

在设计、制定或修订制度时，应当体现制度的伦理性。中国共产党从建立以来就以"立党为公、执政为民"为根本理念，这一理念直接体现于经济、社会、政治、法律、生态等方面的制度设计与制定中。邓小平说："这些方面的制度好可以使坏人无法任意横行，制度不好可以使好人无法充分做好事，甚至会走向反面。"[②] 制度之好坏，取决于制度的伦理性，即制度折射出的伦理所反映的价值指向及其道德状况。小平同志这句话讲到的"好"与"坏"就隐含与寓意着制度的"善"与"恶"问题，一切制度的好坏评价标准既取决于制度发挥的有效性，更取决于善恶评价的道德价值意义。只有从制度制定的源头上趋于伦理价值的判断，制度的制定与执行才能够更有效，更有力度地避免和抑制不道德行为，才能做到无论行为者自觉与否，在客观上都决定了行政过程的合法性、有效性、可行性或可接受性。

制度程序的设计，也应充分体现程序的伦理性。曹刚认为，现代程序的价值目标就是限制恣意，保障权利，具体表现为：强调个体利益，强调对强制性权力的限制，强调现代程序的价值基础就是人的尊严和对人的尊重。现代程序的价值指向，旨在从伦理道德方面对决定者与被决定者之间的权利义务关系做出调整和规范。这种权利、义务关系不仅体现在制度的具体安排，也体现于程序的规定上。比如应进一步从程序管理上改革与完善决策机制，规范决策程

① 张康之、李传军：《行政伦理学教程》，中国人民大学出版社 2004 年版，第 414 页。

② 邓小平：《党和国家领导制度的改革》，《邓小平文选》第 2 卷，人民出版社 1997 年版，第 333 页。

序，健全决策制度，优化决策环境，强化决策责任，实施好重大决策事项听证和公示制度，进一步完善重要经济社会决策事项听证与公示办法。

"人的尊严的核心内容是自治与自决。现代程序就是通过保护个人权利来尊重每一个人的道德主体地位，维护人之为人的尊严。"① 无论制度决定程序还是具体到制度安排，都应特别关注制度决定过程的独立意义与道德价值，充分体现"人的尊严"，完善社会成员参与机制，健全社会成员参与的动力机制。比如，健全有效的听证代表回应制度，做到及时公布听证信息，提高听证过程的透明度；进一步改革行政审批、优化工作流程、改革办事机构组织形式，用好互联网＋、完善服务细节、节约办事成本等；在全面深化改革和制度安排完善的进程中，严格落实问责制度，对由于主观过错或失误造成的国家赔偿等，严格追究当事人责任；制定与修订政策和制度，务必依法依规、积极稳慎，保持政策的相对稳定性。这些都直接影响着公权力信任和政治公信力的建设状况。

二、道德内化保障公信力

《论语·颜渊》篇中，孔子说："君子之德风，小人之德草。草上之风，必偃。"② 孔子将"风"比作掌握政权者的道德状况，把"草"比作老百姓的道德状况，认为老百姓的道德状况取决于为官者的道德风尚，所谓"其身正，不令而行；其身不正，虽令不从。"③ 在社会政治实践中，执政党及政府的行为个体及公职人员作为公权力的掌握者和执行者，其道德素质状况也直接决定着社会成员的道德取向。社会政治活动中存在的个体道德失范成为公权力信任危机的一个重要原因。这些道德失范行为主要表现在：假公济私、贪污腐败；习惯于形式主义、官僚主义，好大喜功，对上报喜不报忧，对下忽略民意，不珍惜民力，脱离群众；工作效率低下，缺乏提供有质量的公共服务和公共产品的能力和素质，习惯于低水平地以会议落实会议，以文件落实文件，以讲话落实讲话，等等。

美国著名心理学家托尔曼（Edward Chace Tolman）认为，内化是一个人态度形成的过程，是从同化到内化的过程，经过内化形成的态度属于个体内在

---

① 曹刚：《程序伦理的三重语境》，《中国人民大学学报》，2008年第4期，第71~76页。
② 参见《论语·颜渊》。
③ 参见《论语·子路》。

已经接受的、固化的、难以改变的。这一过程，从内至外提升了政治行为人在面临市场经济"经济人""经济利益至上"各种多元杂价值观的冲击和挑战下，生成不被利益化、表象化的东西同化的自制力，从内化自觉的路径形成政治行为人的道德自律。将"维护正义，依法行政、以人为本，施以善政"为道德价值起源，以维护社会成员的根本利益为最高道德要求，恪守"公正、民利、博爱、和谐"的政治伦理规范，将这一道德信念、道德规范和自己的思想、观点融为一体，构成一个具有责任感和归属感的完整道德价值体系，并在态度与实践中加以内化和自律。如《管子·七法》中言，"渐也，顺也，靡也，久也，服也，习也，谓之化"①，如此，才能真正赢得社会公众的信任。

政治道德规范是社会政治活动中具有普遍约束力的行为规范，是执政党对政治行为人做出的行为准则，也是评价政治与行政行为善恶的基本标准，对于执政及行政个体具有导向性与限制性的意义，保持和规范着执政党各级组织和政府行为人政治道德的稳定性与约束力。常以规章条款的形式，将道德要求纳入约定规范的框架，把应当的道德规定上升为具有强制性的规范性条款，传递与体现道德的约束力和感召力。如1980年，美国第96届国会通过了第303号法案《公务员道德法》，美国国会设有专门的道德委员会和公务犯罪处，其职能是对政府官员和公职人员的道德操守予以有效监督，凡违背道德又不够刑事犯罪者，皆由道德委员会督促其主动辞职，凡违法者由公务犯罪处移交司法机关依法进行惩处。在法律上赋予了公务员道德以法律的意义，使上至总统、国会议员，下至最低一级公务员的行为在道德上有了依据。意大利也出台了一部国家公务员《道德法典》，对公务员几乎所有的行为都做了限制性规定②。

在道德内化的过程中，需要从制度到非制度因素，权力到非权力影响方面，重视与推动政治道德理念与政治道德规范建设。首先要牢固树立执政为民、立党为公是权力合法性的基础，从逻辑的起点建立民主政治的政治伦理基本取向，保护公权力的向"善"，防止公权力生"恶"，这是政治公信力建设的关键。倾听民意，防止刚愎主观，对功利主义、拍脑袋决策、用民众血汗"交学费"的问题，以制度和伦理从理性和根源上去治理。在全面深化改革的推进中，深化行政管理体制改革，提高各级政府反腐兴廉能力，引入道德规范的力量，比如加快行政道德领域的立法等，从制度与非制度的结合、道德与法律的结合、自律与他律的结合，强化道德对公权力的普遍制约，强化对政治行为人

第六章　政治伦理规范促进公信力建设

---

① 参见《管子·七法》。

② 张康之：《论公共权力的道德制约》，《云南行政学院学报》，1999年第5期，第68~71页。

的严格自律与约束，使道德力量在与法律约束的相互支持中实现对行政权力的有效制约，无论公共管理涉及的公共领域与私人领域都应体现伦理精神，实现社会成员对执政党和政府的普遍信任。

三、道德情感融入公信力

道德与法制历来是一个国家最为重要的两个方面，两者各有特性，缺一不可。如孔子在《论语·为政》中说，"道之以政，齐之以刑，民免而无耻；道之以德，齐之以礼，有耻且格"①。行政行为的合法性、守法性是政治公信力的基本问题，是社会成员对行政行为主体是否严格执法、依法办事并值得信任的基本评判。法学家伯尔曼（Harold J. Berman）指出，"法律必须被信仰，否则它将形同虚设"②。从知晓、认同、信仰的逻辑递进，强调了信仰与信任的力量、法律与道德之间的重要关系。

近年来，国家法制建设得到了大力推进，《行政法》《行政诉讼法》《国家赔偿法》等法律、法规已比较健全，但依然有一些公职人员知法犯法、执法犯法。追溯其原因，根本上还是这些公职人员缺乏在思想认识和道德情感上对法律的认同和内化。这部分人在内心深处从未真正地认同与"信仰"法律，尽管他们对之非常熟悉，但因为缺乏将其内化的道德选择，不能实现将守法内化为一种道德义务，从而相应的法律、法规成为一种"虚设"。可见，法律效力的不足在于，法律的强制性不能在人们的内心发挥效力，不能强制人们在内心世界认同法律规范。

黑格尔（Georg Wilhelm Friedrich Hegel）论及伦理与法制的关系时，认为，"由于伦理（即风俗礼教）是活生生的法则，同样也就没有独立自存的抽象的法制，而法制必然要与伦理相联系，并且必然洋溢着一个民族的活生生的精神"③。可见，行政法制建设总是与政治道德建设相互联系并相互补充，这为当前的政治公信力建设提供理论依据与现实路径。

将政治道德诚信与法律制度诚信结合，按照现代社会治理结构，健全行政立法，把政府公权力所涉及的领域，特别是运行程序纳入法制的轨道中。弗里德曼（Milton Friedman）指出，"感到程序上的合法性最终导致实质上的赞同

---

① 参见《论语·为政》。
② ［美］哈罗德 J. 伯尔曼（Harold J. Berman）：《法律与宗教》，梁治平译，中国政法大学出版社 2003 年版，第 3 页。
③ ［德］黑格尔：《哲学史讲演录》第 2 卷，商务印书馆 1960 年版，第 249 页。

规则和我们所谓的信任"①。因为，一般而言，社会成员更多的是从显性的法制安排及程序规定上，理解与认同政府的行为规则，并在此基础上，形成一种信任力。

但是，法制的安排不等于法制的遵守与有序，有了法制不等于就有了信任。在政治行政事务或公共事务的处理中，往往可能出现有法不依、执法不严，或因缺乏持续的法律约束而可快可慢，或无法以法律来约束行政行为人的态度选择等问题。行为人的行政效率高低与社会成员对公共服务的满意度，常常取决于行为人的工作投入、关注程度、能力水平、自律状况，以及在为群众解决切身问题的过程中，是否怀有"衙斋卧听萧萧竹，疑是民间疾苦声"的政治道德情感。情感决定态度，态度决定效果，态度与效果决定着信任，将政治道德情感融入法制规范的遵守与执行成为公信力建设的重要内容。

法律的有效性往往是建立在道德的人文价值支撑之上，只有内心的认同，法律才能真正成为政治行政主体的自觉行动，并得到遵守与维护。只有源于内在力量，内化与自觉的依法行政，才会让社会成员真正感受并做出执政党与政府是值得信任的持续的情感道德评价。因此，高效的依法行政、社会信任的公权力行使与服务应当是法治与道德的结合、自律与他律的结合、理性与情感的融合。

四、培育社会的公信力认识

人类对于普遍"善"的价值有着共同的追求，这些善有着共性的内涵，比如正义、公平的价值追求等。但在不同的民族、不同的历史时期，这些"善"的表达形式又大相径庭。具体的"善"的概念与内涵常常是植根于民族文化、相应的语言、特定历史的土壤。任何民族和国家公民对于"善"的概念从认知到共识，大多也是经历着一个比较漫长的过程。培养、提高社会成员对社会政治生活的共识与认同，坚定社会成员对于一定政治领域的合法性信念，既是社会总体稳定有序的需要，也是政治公信力的内在诉求。社会成员的认同感建设对于政治合法性的确立和巩固具有重要的意义。

文化的多元化和网络的全球化，特别是西方政治话语体系，企图对全球政治文化形成主导的潮流一直都在，其政治输出必然会影响到其他地区的政治文化，对这些地区的文化保持和社会稳定形成压力与冲击，中东地区一些国家的

---

① ［美］弗里德曼：《法律制度》，中国政法大学出版社1994年版，第134页。

动荡和灾难就是实例。政治文化霸权以多种方式输出，甚而将商业模式下的商品也变成政治文化的载体，借物质输送的同时，传递西方话语与意识同化。全球化、信息化让多元政治文化间的交流、碰撞和冲击更为普遍与直接，这其中有优秀的外来文化，但也有一些观念、某些政治概念被刻意地模糊与扭曲，迷惑了一些政治信念不够坚定的人，有人开始疑惑，有人开始怀疑，有人跳出来否定自己的历史选择和政治文化，这对社会政治生活和国家民族文化的传承形成严峻挑战。

如果没有深厚坚定的政治文化底气与社会成员的广泛支持，政治文化的优秀传统和连续性会受到损害，结果可能导致社会公共生活混乱失序的灾难性后果。在现代国际社会的政治环境中，政治公信力建设还必须进一步完善与维护国家政治文化及其传统中的优秀内涵，这一作用的体现过程就如恩格斯指出的，"外部世界对人的影响表现在人的头脑中，反映在人的头脑中，成为感觉、思想、动机、意志，总之，成为'理想的意图'，并且以这种形态变成'理想的力量'"。

政治道德观也是一种"理想的力量"。作为一种主流的政治价值观，本身即意味着价值取向和规范作用，在执政行政活动中引导着行为人的道德选择和行为规范，在全社会起着团结社会成员，以向"善"的"理想意图"和价值目标，即马克思主义指导思想下的政治理想、意识形态、政治传统、历史任务的综合表达和全面概括，导向与引领社会公共生活等方面的基本性问题，从伦理内核到历史任务，从中华文化到伟大实践，形成社会成员坚持政治信念、政治归属明确的强大精神支撑。

第七章　政治伦理和公信力建设的基层实践

乡（镇）党委、政府是中国社会政治活动的最基层机构，也是政治伦理建设和整个社会稳定的基石和支柱。这一层级机构及其再下一级的村及社区的政治伦理状态，即组织行为人及行政个体的政治伦理自律状态，是执政党政治道德建设的重点，也是政治道德建设的难点，始终是牵一发而动全身的伦理基础。具体而言，如处于"无限权力""有限责任"会削弱和损害执政党及政府的公信力，而处于"有限权力""无限责任"又可能影响到基层组织、地方政府的积极性。避免最基层组织、乡（镇）政府的权力家族化、私有化或利益同盟，扩大基层自治权力，扩大民主权利从管理职能向服务职能转变，真实地维护基层组织和地方政府的健康运行，是当前政治伦理建设与公信力建设的重要问题。

开展基层民主协商议事，完善基层民主制度，在城乡社区治理、基层公共事务和公益事业中实行群众自我管理、自我服务、自我教育、自我监督，既是人民群众依法直接行使民主权利的重要方式，也是基层组织与地方政府体现伦理服务精神，进而提升政治公信力的重要途径。通过基层协商民主以扩大有序参与、推进信息公开、加强议事协商、强化权力监督，拓宽群众利益表达的渠道和途径，丰富协商议事的内容和形式。在基层民主治理过程中针对当前经济社会发展重要问题和涉及群众切身利益的实际问题开展基层民主协商，广纳群言，广积民智，以增进相互理解和包容，加强多元利益主体间的沟通，增加和解与合作的机会，降低对抗与冲突的可能，推动社会的信任，使尊重多数和保护少数相统一，体现出民主管理与政治伦理相统一、民主协商与科学决策相统一的关系。

第一节　基于提高政治公信力的基层协商议事

一、基层协商议事实践探索的必要性

基层协商议事是属于基层政权施行的一种治理形式，协商的主体是指乡（镇、街道）下的村及社区村民或居民，协商主题是涉及村（居）民切身利益的公共事务。以村为例，协商方式是通过村民议事会议、村民监督委员会，以及专职纪检委员、考评奖惩制度，让群众公开直接进行意见表达、讨论协商达成利益妥协方案，形成共同遵行的决议。基层协商议事作为一种民主治理方式，能够促进决策的合法性，体现公平、正义，有效监督制衡权力运行，是体现和确立基层群众当家做主权利地位的有效民主形式。基层协商议事的过程倡导开放式交流和探讨性协商，能促使参与者理性思考，增进共识，增强合力，是实现基层社会和谐和保持公信力的重要促进因素。

在基层民主治理组织结构中，基层党组织是村各类经济社会组织和各项工作的领导核心，工作重点是贯彻落实上级要求，保证改革正确方向；充分依靠党员群众，精心组织产权制度改革；及时排解矛盾纠纷，协调各方利益关系；统筹协调行政资源，改进公共管理和服务。村民会议是村级事务的最高决策机构，讨论决定涉及本村重大事务，监督村委会工作。村民委员会是村级事务的执行机构，负责执行村民会议和村民议事会决定，承担上级政府交办的公共服务和社会管理工作。村民委员会由村民直接选举产生，对村民会议负责，具备条件的地方，村民委员会应设集体资产管理机构，负责集体公共资产的管理和受托经营，实现其保值增值。集体经济组织是按照群众自愿、依法登记、自主经营、利益共享、风险共担原则，鼓励和支持农民发展专业合作社、股份合作社等多种形式的新型集体经济组织，集体经济组织按照现代企业制度要求，依法选举董事会、监事会，实行自主经营、自负盈亏。

以现代社会治理理念与政治伦理的要旨去改革与完善基层民主治理，对于社会主义民主政治建设及公信力建设有重要意义。一些村基层权力构架和群众自治体系对村党组织和村民委员会的监督乏力，村党组织内部缺乏专职的监督力量，以及上级组织对村党组织和党员干部的监督和管理较为松散，再加上人口流动的频繁化、群众利益诉求的多元化，村民会议和村民代表难以召集，群众监督在很大程度上流于形式，村民自治有演化为村委会自治甚至村委会主任自治的趋向。基层民主治理制度化程度不够，群众利益表达渠道不畅，基层组织内部监督以及群众监督机制有待加强等问题都不同程度地存在。

对基层协商议事制度的探索，主要是从协商议事在社会领域的拓展展开，涵盖如居民议事会、民主恳谈会等。乡村协商议事治理自身存在一些难以避免的局限，基层协商议事存在的问题体现为政府主导的基层协商民主有逐渐异化的趋势，可能演变为少数村"强人"得利的工具；普通民众参与基层民主协商的能力低下，利益驱动的参与难于转化为责任驱动的参与；组织化、制度化及伦理性程度不足导致基层协商议事的监督作用弱化，使得基层协商议事流于形式。因此，基层协商议事还需不断改进和完善，在全面深化改革的推进中，加强基层协商议事的研究、探索和实践，解决基层协商议事的程序化、制度化及"执政为民"伦理精神的充分体现等问题，有利于政治公信力的建设。

随着统筹城乡一体化发展的深入推进，特别是农村产权制度改革的大力实施，传统的乡村社会加速分化为政治社会、经济社会、公民社会三大系统，对村民主治理提出了新要求。广大党员群众政治参与热情不断高涨，民主意识不断增强，急需探索决策权、执行权、监督权相互制约、相互协调的基层民主治理机制，以切实保障人民群众对基层事务的知情权、参与权、表达权、监督权，有效落实基层群众民主协商、民主决策、民主管理、民主监督的权利。农村产权制度改革使得农村利益格局发生重大调整，村干部经手的集体资金资产和征地补偿款、各类政策补助逐渐增多，党员群众追求政治参与和经济社会事务管理主体地位的愿望日益强烈，应培植自律性强的基层治理主体、专职化的党内监督主体及常设化的群众自我监督主体，健全蕴含"为民"伦理精神的制度流程，保证村级组织权力运行的服务性与规范化。

二、基层协商议事制度的特征

基层协商议事制度作为基层机构体现制度伦理精神与探索提升政治公信力的创新形式，着力于构建党组织领导下，以村民自治为核心，在保障群众民主权利、加强权力制约监督、社会组织广泛参与的基层协商议事机制，取得了明显成效。在政治伦理规范下民主治理的组织体系逐步健全，民主协商的制度结构逐渐完善，民主权利的实现形式愈发丰富，群众参与民主协商和民主监督的渠道得以拓宽，实现了党组织领导、依法办事、人民当家做主的有机结合，探索形成村级党组织领导下群众依法自治、社会广泛参与、基层民主协商监督有效的机制，有利于城乡统筹发展，促进社会和谐与信任，巩固了党执政的阶级基础和群众基础。

村民议事会的建立和运行，充分体现了执政党"公正、民利、博爱、和谐"伦理规范在基层的实现。村民议事会民主协商、讨论决定村重大事务和涉及群众切身利益的重大事项，监督村民委员会工作。村民议事会是受村民会议委托行使村级事务决策权、监督权的常设机构，由各村民小组推选有一定参政议事能力的代表参加村委会召集的会议，在村党组织领导下讨论决定村级日常事务，监督村民委员会工作；村民小组设村民议事小组，由村民直接选举产生，负责讨论决定本组事务，调解处理村民矛盾。

成立村民监督委员会，完善协商议事的决策监督机制，切实保障群众民主协商与民主监督权。采取一户一票方式选举产生监督委员会，作为村的常设监督机构，对重大事项建议方案进行议定后提交村民会议或代表会议表决，对村干部和重大事项进行日常监督。监督委员会有效解决了村民会议和村民代表会议按法定要求召开存在诸多困难和"独立监督缺失"等问题，充分发挥保障群众民主参与积极性，提高了基层民主管理水平。

设立村民监督委员会，形成村级事务的决策、执行、监督"三权"相互制约、相互协调的运行机制。村监督委员会对村居委会的财务收支情况进行了逐一严格审核，并对监督检查情况进行全面公开。村民一致反映这样的监督公开透明，也减少了对干部的猜疑，明显增强了基层公信力。设立的专职纪检委员负责对党组织议事决策行为和党员干部廉洁自律和勤政为民情况进行全程党内监督。组织开展党组织和党员干部民主评议，监督党务公开，收集党员群众意见建议，并直接向党员大会和镇街纪委报告有关情况。通过群众满意度测评，掌握基层组织和政府的公信力状况，进一步了解村群众的所思、所想、所盼，进一步查找村民关心关注的突出问题，进一步理清解决问题的思路，提出整改提高的措施直至群众满意通过，推动基层公权力行为人内化敬民、爱民、亲民的政治伦理精神，形成互信融洽的关系和良好公信力。

设计和推动"双述双评"活动以体现群众民主监督的主体地位。建立上级考评、群众测评、干部互评结合的考评机制，制定民主评议、诫勉、罢免等管理制度，并以岗位补贴、绩效奖励、社会保障、等级评定、党内奖励等相结合的激励机制激发村干部发展内动力。群众监督制度在一定程度上对基层组织权力的行使构成约束和监管，提高了干部政治道德自律意识，保障了基层政治公信力的提升。在党员干部工作的考评上，村让党员、党代表、干部分别述职述廉，评议组和群众对党员干部进行民主测评；干部党员主动向群众"晒成绩"，接受群众民意测评。在开展"双述双评"的基础上，村还开展了"民意大恳谈，民情大走访"活动，通过走访农户，与老百姓进行面对面的交流，传递"执政为民"的政治责任和道德情感，真切了解并解决好老百姓的需求。

恪守"执政为民""为民服务"政治伦理精神和"民利、和谐"政治道德规范，建立服务质量民主测评、全程监控、定期分析、考核奖惩等制度，健全为民服务体系。依托村活动中心整合行政资源和村资源，成立村工作服务站，内设政务服务中心和事务服务中心，由村委会统一管理。政务服务中心主要承接上级政府部门延伸的行政性服务工作，设劳动社保、计划生育、公共卫生等政务窗口，其运转经费由相关行政部门承担，工作人员属政府雇员。事务服务中心主要承担村级公共服务、自我管理和党员教育管理工作。以村活动中心为载体，推动区级部门、镇（街道）更多的公共管理和服务职能向村延伸，打造基层为民服务体系，体现"公平""博爱"政治道德规范，提升公共服务的城乡共享度。村工作服务站搭建了政府行政管理和基层群众自治有机衔接和良性互动平台，满足了群众日益强烈的公共服务需求，解决了农村税费改革后基层公共服务和社会管理薄弱等现实问题，有效提升了基层组织的政治公信力。

三、基层协商议事制度的建设

基层协商议事应尊重程序，并按照程序规范做出决策。通过设置详细的基层协商议事操作规范，保证每个个体都有平等的参与讨论机会，而不是被少数"能人团体"掌控话语权，民主协商过程信息及时公开并为群众所了解熟悉，协商议题提出的准备阶段、会议协商阶段和后续意见反馈阶段都有详细明确规定，如议题准备阶段向群众发放《意见征求表》，召开村民代表座谈协商，村民全体会议讨论，又如村委会、部分村民代表、村党组织联名提出议题，然后公告议题，村民小组（居民小组）推选参加讨论人员进行协商讨论，形成协商意见，在专人记录下整理在册并进行公告。

加强基层协商议事制度化建设，使基层协商议事走上常态化轨道；真正实现"还权于民、让民做主"。基层协商议事制度化主要包括建立村民议事会制度、村民监督委员会和设置专职纪检委员制度，以及全面推行村务公开制度和村组财务开支监督制度、村委员会成员述职评议制度和罢免制度等。建立村民议事会制度，推选有一定参政议事能力的代表参加村委会召集的会议，讨论决定村重大事务和涉及群众切身利益的重大事项。建立村民监督委员会制度，各村民小组推选一名代表组成监督委员会，对村民会议负责，实行事前、事中和事后的全方位监督。设置专职纪检委员负责对党员干部议事决策、勤政为民、政治道德情况进行事前、事中和事后的全方位监督，对基层公权力的行使构成约束和监管，强化了党员干部政治责任意识和道德自律意识。全面实行村务公开和监督制度，建立重大事项向村党组织报告等制度，对村的大额经费开支、重大集体资产处置和集体经济组织年度利润分配等重大事项，村民委员会或村级集体经济组织应在提交本组织决策机构表决前，向村党组织报告。全面推行村民委员会成员述职评议和罢免制度，使基层公权力行为人既对上负责又对下负责，而不是仅为上级、部门及个人利益服务，权力的合法性来源于民，权力的基层基础与群众基础牢固，社会基层公信力增强，达到了合法性、合道德性、合公益性的统一。

第二节　协商议事制度与基层民主治理

随着城乡一体化发展的深入推进，特别是农村产权制度改革的大力实施，传统的乡村社会加速分化，对基层民主治理提出了新要求。在坚持党组织领导、依法办事、人民当家做主有机结合的框架下，深化执政党基层组织及地方政府的政治伦理建设，探索构建党组织领导下群众依法自治、社会广泛参与的协商议事工作机制，内化基层组织和地方政府行为者的服务职能、道德自律及为民情怀，对广泛调动基层群众参与管理公共事务的积极性，助推城乡一体化发展，促进基层和谐、社会稳定和政治公信力有重要意义。

社会主义协商民主是我国人民民主的重要形式，是党的群众路线在政治领域的重要体现，应完善协商民主制度和机制，推进协商民主广泛、多层与制度化发展。在党的领导下，以经济社会发展重大问题和涉及群众切身利益的实际问题为内容，在全社会开展广泛协商，坚持协商于决策之前和决策实施之中。人民群众是社会主义协商民主的重点。涉及人民群众利益的大量决策和工作，主要发生在基层。要按照协商于民、协商为民的要求，大力发展基层协商，重点在基层群众中开展协商。凡是涉及群众切身利益的决策都要充分听取群众意见，通过各种方式，在各个层级、各个方面同群众进行协商。要完善基层组织联系群众制度，加强议事协商，做好上情下达、下情上传工作，充分体现"民本"原则，保证人民依法管理好自己的事务。

一、协商议事是基层民主治理的要求

随着基层民主政治建设的深入推进，社会政治参与热情不断高涨，民主意识不断增强，迫切需要不断完善村社一级基层协商议事工作机制，丰富民主权利的实现形式，拓宽民主管理的参与渠道，健全乡村（社区）民主治理体系。以村为例，通过搭建村民议事会和监督委员会的民主监督平台，对村范围内重大事务进行决策（但不参与经济组织具体的经济行为决策）监督，村民议事会议形成的决议，村委会要负责实施，有利于在基层加快形成决策权、执行权、监督权既相互制约又相互协调的权力结构和运行机制，保证基层组织权力运行的规范化。

基层协商议事是顺应农村改革发展的客观需要。随着农村产权制度、社会保障制度、户籍制度等系列改革的深入推进，党员群众的构成复杂化、思想观念多元化、个体素质差异化、从业分布多样化，迫切需要创新基层民主治理方式。群众自治范围的扩大和各类经济社会组织的兴起，要求基层党组织领导核心的实现形式有更好的完善，与农民的利益连接由直接变为间接、由显性变为隐性，对党员、干部的能力素质和基层党组织及其政府的领导方式提出了新要求。

在基层民主治理组织结构中，基层党组织是各类经济社会组织和各项工作的领导核心，传统依靠权力、权威推进工作的方式是由上而下单向性的，群众被动接受，缺乏基层群众积极主动参与，最终出现外在推动力和内在能动性下降的趋势。基层群众工作千头万绪，由于信息来源纷杂、信息传递失真或信息歪曲导致群众认识发生偏差，干部群众之间沟通不畅从而群众不理解，信任力下降的情况时有发生。迫切需要本着"执政为民"的政治伦理精神，搭建基层党支部与群众、群众相互之间沟通的民主协商议事平台，通过广泛的理性协商、平等讨论，加强政策引导、说服教育，通过典型示范、照顾利益，赢得群众的自发自愿参加，增进公共决策与治理的合理性、合法性与合道德性。

基层协商议事也是创新农村统战工作的内在要求。新形势下新的工作对象使创新统一战线成为在农村开展工作的重要抓手，拓展统战工作范围，将统战工作触角延伸到基层乡村。当前农村统战工作对象主要集中为村民议事会成员、新型职业农民、农村乡土人才以及分布在农村的传统统战对象。按照政府引导、群众自愿的原则建立村民议事会和监督委员会为主的协商议事平台，破解农村统战工作推动力欠缺的问题，创新基层统战工作新模式，以充分调动群众参与解决涉及自身利益事务的主动性，切实保障基层群众民主协商、民主决策、民主管理、民主监督的权利，推动统一战线工作为农村发展服好务。

基层协商议事作为落实"执政为民"政治伦理精神的重要途径，在基层党组织与群众之间搭建起平等沟通的平台，也成为目前加强和创新基层统战工作的重要途径，形成决策权、执行权、监督权相互制约、相互协调的基层民主治理体系，必将进一步巩固基层民主政治建设的成果，切实保障人民群众对基层事务的知情权、参与权、表达权、监督权。完善基层协商议事工作机制，有利于深化基层民主政治建设，充分发挥基层党组织的作用，充分调动基层统战成员推进城乡统筹发展的积极性。

基层民主治理之困是催生基层协商议事的根本动力。当前农村基层面临着三种管理组织的存在，包括村党组织、村委会和集体经济组织（合作社）。村党组织、村委会、集体经济组织职能相互分离而又存在密切联系，三种组织因职能不同，需要建立一种联系机制促进三种管理组织协调运转，改进原有的基层权力构架和群众自治体系的内在缺陷对基层权力的监督缺位问题。比如，以上问题会导致村党组织"领导核心"的膨胀异化，基层民主监督缺乏途径，群众监督在一定程度上流于形式，村民自治异化为村委会自治甚至村（居）委会主任自治等。

在经济社会快速发展过程中，经济市场化、社会开放化和利益多元化的程度越来越高，原有的社会治理方式常出现应对失措困境。比如，群众对基层组织及政府工作知晓度不高，满意度有下降的趋势；群众利益诉求和政府主要工作时有发生错位，群众有怨言，干部有苦衷，改革发展动力难以激发和凝聚。随着群众公民意识和民主能力不断提高，利益诉求和利益实现方式多样化，社区组织、民间组织等经济社会主体兴起，客观上要求创新基层协商议事工作机制和健全基层民主治理体系，确保公权力意志在基层的贯彻执行，尊重党员、群众主体地位，依法保证基层群众直接行使民主权利、管理公共事务的权利，推动基层民主治理的善政良治。

二、协商议事对基层民主治理的促进

面对新时期"权力下沉"的趋势，过去遵循的自上而下行政管理体制使基层社会管理机构沦为基层政府的"附属物"，群众自主参与意识不强，急需探索建立群众广泛参与的基层协商议事工作机制，推动乡村民主化治理取向，充分发挥群众的能动作用，以民本为旨趣，以民需为导向，健全常态化的民意征集反馈平台，由村民民主协商决定本村的社会管理事务，不断优化公共服务质量，促进基层组织及政府公信力的提升。协商议事对基层民主治理的促进可以通过以下三方面开展。

第一，内化基层干部的"为民"责任。通过基层干部的工作和村民议事会成员的参与，耐心讲解、主动引导、外围劝解，让群众有机会公开、平等、直接地进行意见表达，群众建议有地方提，群众委屈有地方诉，面对面听取群众意见，回答群众疑问，对话协商达成利益妥协方案，社会各方面的意见、愿望和要求在进行系统分析后，形成共同遵行的决议。议事会作为基层协商议事的一种实现方式，能够促进决策的科学化、民主化，变政府意志决策为群众民主决策，变政府声音为群众声音，党委政府决策更加符合实际，体现民意，从而增进政府和其他利益群体的信任力，密切党同人民群众的血肉联系。

第二，保障基层群众当家做主权利。村民议事会成员涵盖各方面人士，既反映多数人的普遍愿望，又吸纳少数人的合理主张，是体现和确立基层群众当家做主权利地位的有效民主形式。议事会制度能够使基层群众有机会直接参与公共管理，群众对公共事务的态度变得热心积极，政府强制变为群众自治，群众自主进行管理和监督。基层协商对话过程倡导开放式交流和探讨，能促使参与者理性思考，增进共识，增强合力，学会理性表达诉求，平等对待不同利益群体，在陈述自身利益诉求的同时学会尊重他人，让群众体会到当家做主的自豪感和承担责任的荣誉感，体现协商议事的真实性、广泛性、包容性。基层组织和政府在决策的过程中同利益相关者进行广泛协商，在协商的过程中所有的参与者都是平等的理性主体，避免了只有一方唱主角而群众被动回应的现象。整个决策的形成是靠相互沟通、说服而非强制，能够获得广大政策对象的认同和支持，得到参与者的普遍遵守，从而有利于推动工作，变政府意愿为群众自愿，变政府行为为群众自觉行为。

第三，提升基层政权的公信力。作为基层协商议事表现形式的村民议事会制度可以有效调动基层群众参与公共事务的积极性，共同协商涉及基层群众切身利益的具体事项，解决基层在经济发展、基层治理、社区管理、群众利益、矛盾纠纷等方面的问题。通过议事会平台，宣传执政党和政府的决策部署和方针政策，并把政策宣传化为群众共识，通过讲政策、摆道理、讲事实，由议事会成员收集涉及群众自身利益的议题，了解群众诉求愿望，专访调解，交换意见，共同协商，有效排查化解矛盾，增进群众与基层政权相互之间的理解和包容，增加和解与合作机会，降低对抗与冲突的可能，使尊重多数和保护少数相统一。村民议事会平台对于下层情绪及能量来说是一种必要的泄洪装置，可以让提意见、建议的人把想法提出，让有怨气的人把气发泄出，通过及时给予答复、解决，使群众了解事实真相，达到心气平和舒畅，这是实现社会和谐稳定并提升政治公信力的重要途径。

三、完善协商议事提升基层民主治理

在基层协商议事实践过程中要注意避免与消除少数群众的冷漠、抱怨和抗拒态度，引导群众重视和积极参与民主协商，使基层协商议事工作机制走上规范化轨道。协商机制的不完善、协商程序的不严谨等问题将影响群众参与的力度。普通群众会因此而对协商议事形式产生怀疑，尽管与公共事务有利益关系，也可能不愿意进入体制化的协商渠道中，即便是参与其中的群众，也会因为协商议事运行中的缺陷，而无法开展真实有效的协商活动，无法形成具有广泛代表性和高度认可性的理性共识。协商机制与程序的匮乏会严重制约协商议事实践的发展和协商议事功能的发挥。

村（社）一级基层协商议事实践尚处于探索和破题阶段，需要不断改进和完善协商议事工作机制和流程优化，避免协商议事流于形式，参与人群如被内定会导致合作议事的公正性、合法性受到质疑，特别要防止其演变成少数"能人"掌控和谋利的工具。按照鼓励探索、支持攻坚、宽容失败的要求，加强实践探索和问题研究，加大试点工作力度，注意总结提炼，寻求新突破，注重各方力量合作共建。在抓好试点的基础上，选择不同类型的村逐步扩大试点，跟踪研究不同村出现的不同问题，力求摸索出一套具有规律性和普遍性并行之有效的合作机制。

新型基层民主治理体系的核心是直接民主、自我管理，与基层协商议事协调不同利益关系，促成共同认识，维护群众自治权利是一致的。新的基层民主治理方式不是自上而下的强制性行为，而应是一个上下互动的管理与服务过程，通过建立基层协商议事机制来管理公共事务，使基层社会各方面力量在协同合作基础上实现共治良治。把基层政治伦理规范建设与发展基层协商议事有机结合，内化基层干部的政治道德责任，充分调动人民群众的力量，激活基层群众的主动性和创造性，提高群众自我服务、自我管理的能力，促进乡村自治水平，不断夯实执政党和政府的政治公信力。

第三节　政治伦理意蕴下的基层协商民主

在政治伦理意蕴下思考和探索基层协商民主，需要探索基层组织及基层政府政治伦理建设，改变过去时常流于形式、简单照搬上级指示，缺乏结合当地情况和群众需求的基层制度。改革传统的权力行使模式，实现组织的扁平及基层协商民主，追求政治善治和机会平等在基层的生动实践是基层协商民主的关键。无论在政治理念方面，还是在制度建设、行政行为、规范监督、政治情感等方面，都具有内在、持久与稳定的效力。

新形势下基层社会利益的多元分化，群众参与社会公共事务管理的诉求越来越强烈，基层协商民主建设状况，直接影响到基层政权的凝聚力和公信力。在执政党政治伦理精神的指导和规范约束下，探索协商议事制度在基层的具体实现形式，搭建三级联动的基层协商民主工作平台，即村（居）民议事协商会、乡镇（街道）社会协商会以及市（县）社会协商会制度联席会议，健全基层协商民主运行机制，具有重要意义。

一、体现"执政为民、让民做主"

基层组织是民主治理的基本单元，基层善治是社会和谐的基础。基层协商民主是基层民主治理的重要组成部分，有利于建立畅通的利益表达和民主监督渠道，拓展基层民主治理方式，体现协商议事广泛、多层、制度化发展的要求，满足了基层群众和各利益群体与基层政权机关就各项社会决策、社会管理事项对话协商的期盼，客观上也达成了与政治协商制度设计到县为止的协商议事制度的衔接，使统战工作触角延伸到基层乡镇和村社区。通过协商议事，达到收集民意、汇集民智、化解民怨的目的，为中国最基础、最广泛的农村经济发展凝聚强大动力，为农村社会的和谐稳定输入强大正能量，进一步巩固基层政权与提升政治公信力。

基层民主治理改革要充分体现"民本"原则，发挥群众的主体作用，实现"执政为民、让民做主"。基层政治实践中，存在的由政府出面单向性自上而下代民做主解决问题，导致群众担心有失偏颇，出现为民办实事反而不被认可，甚至存在部分群众由于对一些干部的负面观感，继而对整个村（社）组织的信任度降低现象。在基层开展广泛的社会协商议事，让群众自觉、自发、自愿参与公共事务管理，真正落实对最基层群众"还权赋能"，推动各利益相关者回归到理性的对话平台，形成稳定的问题解决机制，使基层民主治理焕发伦理精神的生机。

基层协商民主内蕴着深厚的政治伦理价值。通过常设化的乡镇社会协商会和村（居）民议事协商会，以群众为根本，为群众所想而想、所急而急，在基层党委政府与群众之间、不同利益群体之间构建平等的直接沟通渠道，形成相对完整的多层次基层协商对话制度，有利于达成广泛的社会共识，引导群众有序参与公共事务管理，增加执政的公开透明度，搭建起基层群众行使民主权利、协商议事的平台。

建立基层协商会议制度，有效解决了当前国家政治协商制度设计到县为止、县以下基层群众缺乏协商对话平台的制度短板的问题，推动村（社）基层治理和公共服务工作的有效开展。与政协制度精英政治协商的政治议题不同，基层协商会主要协商讨论当地事关群众切身利益的实际问题，是基于社会层面的协商对话，参与主体是当地群众，还兼顾统一战线各方面人士，目的是拓宽基层群众利益表达渠道，广纳群言、广集民智、增进共识、增强合力，推进基层政权信息公开，加强基层群众议事协商能力，丰富协商议事的内容和形式，拓展社会主义民主的深度和广度。

二、拓展基层民主治理方式

探索协商议事制度在基层的具体实现形式，需要建立基层协商民主工作平台，不断拓宽协商议事的范围，丰富协商议事的形式和内容，健全基层选举、协商议事、政务公开、述职评议、问责追究等机制。对涉及基层群众的地方经济社会发展重大事项进行广泛协商，在城乡社区治理、基层公共事务和公益事业中，实行人民群众依法直接行使民主权利。

（一）建立三级联动的基层协商民主工作平台

基层协商民主是属于基层政权施行的协商议事形式，协商的主体是指乡镇（街道）及村（社区）村（居）民，协商主题是涉及乡镇（街道）及村（社区）村（居）民切身利益的公共事务，协商方式是搭建三级工作平台，即村（居）民议事协商会、乡镇（街道）社会协商会以及市（县）社会协商会制度联席会议。市（县）社会协商会制度联席会议指导乡镇（街道）、村（社区）及市级部门做好社会协商对话工作，定期对工作开展情况进行督促检查，推动工作落实，协调解决工作推进中存在的问题。

乡镇（街道）社会协商会成员产生采取群众推荐、个人自荐和组织推荐三种方式，从乡镇干部、村（居）民议事协商会成员、民主党派、无党派、民族宗教、新社会阶层、新型职业农民和农村乡土人士中协商产生乡镇社会协商会成员。乡镇社会协商会由分管统战工作的乡镇党委副书记牵头负责，乡镇党政办负责日常工作，乡镇社会协商会成员总数以40～60人为宜。

根据扩大基层群众有序政治参与及社会协商对话性质、职能和任务要求，兼顾党内外比例，兼顾各党派、团体、界别和民族的比例，兼顾企事业单位和社会各界代表人士，兼顾性别、年龄的比例等，按照统筹兼顾、全面安排的原则确定乡镇（街道）社会协商会成员。乡镇（街道）社会协商会成员构成比例中，主要由村（社区）议事协商会成员以民主表决的方式按照每村（社区）产生2～4名乡镇社会协商会成员，乡镇机关、村（社区）干部人数不超过乡镇社会协商会成员总数的30％，村（社区）支部书记、乡镇党委书记、乡镇长作为特邀人员参加。

村（居）民议事协商会成员以村（居）民小组为单位，每5～15户产生1名村（居）民代表；按每个村（居）民小组2～4名的名额，在村（居）民代表中产生村（社区）议事协商会成员，成员总数20～50人，其中村（社区）、组干部不超过50％。村（居）民议事协商会受村（居）民会议委托，接受村（居）民会议监督，在其授权范围内行使村（社区）自治事务议事权、决策权、监督权，协商讨论决定村（社区）日常事务。

乡镇（街道）社会协商会议和村（居）民议事协商会实行定期召开制度，乡镇每半年至少召开一次社会协商会议，村（社区）每月至少召开一次议事协商会。通过广泛收集信息，对涉及村（社区）和乡镇（街道）范围内群众切身利益的事项，经由乡镇（街道）党委政府、村（社区）党组织、村（居）委会、协商会成员提出议题，议题审查小组审查后并于会议召开前6天公布需要协商的会议议题。议题范围包括群众普遍关心的经济发展、社会民生、基础设施建设、生态文明、医疗卫生、拆迁安置、居住环境改善等关系群众切身利益的事务。

召开协商会的议事程序是先由议题提出人陈述议题，参会人员充分讨论发表意见，记录人员做好发言记录，并由主持人总结梳理发言，然后采取无记名投票方式进行表决，最后宣布表决结果（议题获得应到会成员三分之二以上赞成票即可通过）。协商会议议题除了确定的议题之外，还固定呈列三个方面的议题，包括传达上级党委政府的决策部署和工作安排、通报乡镇近期工作重点、通报上次协商议事事项的办理情况。

（二）协商会议事成果的运用

协商议题经协商会讨论协商，形成的共识要在会议结束后立即以书面形式在乡镇（街道）和村（社区）公开栏中同时张贴发布。乡镇（街道）社会协商会只有协商职能，其成员具有建议权，可自由发表意见建议。乡镇社会协商会议的意见建议经归纳、梳理、总结后作为镇党委、政府决策参考。其中涉及面较广、反响较大的重点意见建议可报市委、市政府；对未被采纳的意见建议，可在下一次会议上陈述理由，做好解释工作；对意见分歧较大的议题，会议召集人提示搁置议题，经到会半数以上人员同意，交由下次会议协商，避免因为分歧较大，协商会变成"吵架会"。

比如，涉及场镇治理的问题被提到了社会协商会议上，群众反映街道间距窄、商铺密集、赶集日群众聚集等，导致车辆乱停乱放、占道摆摊设点、红绿灯形同虚设、交通拥堵等。经过群众与政府、政府与交管城管部门、群众与群众的充分协商，达成共识、形成建议，由交管城管抽调警力、政府配备协管、群众支持工作，最终可使场镇面貌得到极大改善。

村（居）民议事协商会具有决策职能，其成员具有表决权，会议表决事项获得应到会成员三分之二以上同意即可通过，村（社区）议事协商会形成的决议，由村（居）民委员会负责执行。如崇州市崇阳街道办老旧社区拆迁、安置房建设等问题，在议事协商会议召开之前，工作开展艰难。通过群众协商议事，群众知晓政府工作计划，了解政府工作目标，理解政府工作的难处，最终群众不但对拆迁工作大力支持，而且还有许多群众自发帮助宣传。最后拆迁工作达到了三个百分之百：申请拆迁百分之百、签订征地协议百分之百、签订拆迁安置补偿百分之百（中共崇州市委统战部，基层协商民主制度设计及实践探索，四川基层协商实践报告 2015 年 3 月）。总之，基层民主协商议事坚持了党的群众路线，化解了大量的群众矛盾，找到了做好群众工作、协同共谋发展的新方法。

三、基层协商民主的主要内容

基层群众"当家做主"很大程度上体现在对资金安排使用的议决、审查、监督权等方面。对于村集体经济收益和上级财政每年安排专门用于当地基层村（社区）公共服务和社会管理的专项资金，每笔钱怎么花必须由村（居）民议事协商会民主议决，经过村（居）民议事协商会讨论，村委会申请，乡镇负责对项目审查和监督，资金安排及使用完全由村（居）民自主决定，乡镇不再像过去那样完全包办，让村（居）民在参与发展和管理中发挥作用，维护和保障群众的各项民主权利，使村（社区）不但"有钱办事"，而且要"民主议事"。

协商会对涉及村（居）民重大事项和建议方案进行议定后由村（居）委会执行，对村干部和重大事项进行日常监督，有效解决了村（居）民会议按法定要求召开存在诸多困难和"独立监督缺失"等问题。议事协商会有权对村（居）居委会的财务收支情况进行定期审查、质询或向有关部门反映，对监督检查情况进行全面公开。对不按村（居）务管理制度做出的决定或决策提出废止建议，对固定资产出租、出售等涉及群众重大利益的事项进行审核并提出监督意见。

协商会成员对村（社区）党组织和党员干部开展民主评议，负责对基层党组织议事决策行为和党员干部政治道德、廉洁自律和勤政为民情况进行公开测评，收集党员群众意见建议，并直接向村（居）民大会和乡镇（街道）纪委报告有关情况。在对村（社区）党员干部工作进行测评时，党员干部同时主动向群众述职"晒成绩"，通过开展"双述双评"活动，体现群众民主监督的主体地位。在开展"双述双评"的基础上，开展"民意大恳谈，民情大走访"活动，通过走访农户，村（社区）党员干部与群众进行面对面的交流，把群众满意度测评工作作为基层政权政治道德建设和提高政治公信力的重要举措。

明确基层协商民主的操作性与务实性。协商会制定协商调解工作的五条原则包括：一是"要公道，打颠倒"（相对公平）；二是"多比少好，有总比没有好"（先来后到）；三是"吃笋子要一层一层地剥"（循序渐进）；四是"说话要算数"（诚信）；五是"大家同坐一条船，要同舟共济"（友爱互助）。协商会关注地方经济社会发展，协助解决政府部门延伸的行政性工作，如协商调解劳动社保、计划生育、公共卫生、环境保护、产业发展和征地拆迁等事务。以协商会为载体，推动区级部门和乡镇（街道）更多的公共管理事务都邀请协商会成员参与讨论达成共识，合力打造基层组织为民服务工作体系，提升公共服务城乡共享度，搭建起政府行政管理和基层群众自治有机衔接和良性互动的平台，解决农村税费改革后基层公共服务和社会管理薄弱等现实问题。

对协商会议事协商成果建立考评机制，包括上级考评、群众自评与互评，以及评议后对社会协商会成员的诫勉、罢免等管理制度，辅之以误餐补贴、绩效奖励、社会保障相结合的激励机制激发协商会成员热心公益事业的内动力。通过考评机制促使协商会成员进一步了解基层群众的所思、所想、所盼，查找基层民众关注的突出问题，理清解决问题的思路，整改解决问题。协商会制度在一定程度上对基层组织权力的行使形成约束和压力，提高党员干部政治道德自律和为民勤政的意识，拉近党员干部和群众之间的距离，推动基层干部"敬民、爱民、亲民、为民"伦理责任与道德情感的形成。

四、政治伦理促进基层协商民主运行

基层协商民主在运行中仍存在一些不足，如协商程序的不严谨、协商制度的不完善等问题直接影响到基层协商民主参与的程度，普通群众会因此而对协商议事形式产生疑惑，协商制度与程序的不完善制约了协商议事实践的发展和协商议事功能的发挥。运用与发挥基层政治伦理建设的规范引导和内化作用，特别是注意体现基层协商民主制度与运行程序的伦理性要求，即围绕"执政为民、让民做主"的根本理念，去完善基层协商民主运行机制，才能逐步消除基层群众的淡漠、抱怨和抗拒态度，真实地引导基层群众重视和积极参与社会协商。

（一）健全程序化议事机制

基层协商民主运行按照详细的协商议事操作规范和预订的协商议事程序做出决策，保证每个个体都有平等的参与讨论机会而不是被少数"能人"群体掌控话语权，协商议事过程信息须及时公开并为群众所了解熟悉，对协商议题提出的准备阶段、会议协商阶段和后续意见反馈阶段进行详细规定，协商议事决定的事项必须得到利益相关主体的认可和施行。

协商会工作流程严格遵循三个步骤，即会前准备、召开会议协商议事、协商议事成果运用，整个议程在一定期限前提前发给每个协商会成员。提前对协商会成员进行相应培训使每个人都能熟悉和了解协商议事的程序，整个过程由专人记录，整理在册并进行公告。经过议题收集和议题初审，参加协商会成员会议签到，清点人数，讨论协商，总结梳理，会议表决，最后宣布结果。议题准备阶段向群众发放《议题征求表》，召开村（居）民代表座谈协商，村（居）民全体会议讨论，或由村（居）委会、部分村（居）民代表、村党组织联名提出议题，然后公告议题，推选参加讨论的协商会成员进行协商讨论，形成协商结果。

（二）构建高效化合作机制

基层协商民主运行的工作机制是一个通过探索逐渐完善的过程，在加强实践探索和问题研究时，建立党组织领导下，以村民自治为核心，在基层政府与农村自治组织以及村（居）民之间进行协商合作的平台。乡镇（街道）社会协商会和村（居）民议事协商会做到了基层协商民主的全覆盖，解决了基层协商民主的断层问题，整合了各类社会资源，其成员不仅有党政干部、统一战线各方面人士，还有普通群众，促进了群策群力、共建共治、依法治理局面的形成，营造了合作共事的良好氛围。

通过协商对话，进一步促进基层政权在制定实施各项政策措施的过程中更加贴近民意，更加贴近基层群众生产生活实际状况，从而使工作更具有实效性、针对性。通过协商对话，也使广大基层群众参与到基层政治生活的实践中来，使群众了解国家的大政方针和政府决策的基本信息，群众可就重大事项或公共决策表达自己的意见看法，使社会的不同利益在这个平台上进行表达和积聚，并在讨论中实现各方的利益均衡。在群众与基层政权的互动过程中，形成上情下达、下情上报的信息交流机制，加强群众对党委政府施政的认同、理解与合作，从而夯实基层政权的执政基础，提高基层政权的公信力。

（三）建立常态化监督机制

发挥伦理的制度化效力，协商会制度应进一步完善干部行为规范及群众监督制度，促使基层组织及地方政府行为人依规自律，促进基层权力的规范运行，进一步完善新型基层民主治理形式。强化协商会对干部党员政治道德、议事决策、勤政为民情况进行事前、事中和事后的全方位监督，对权力行使构成相应的约束和监管机制，提高基层政权行为人廉洁自律的意识，形成决策、执行、监督"三权"相互制约、相互协调的运行机制，切实保障群众的民主权利，推动基层民主治理的善治良治。运行中涉及村（居）民切身利益的重大事项、公益事业建设的重大开支，由村（居）民议事协商会讨论决定，提交村（居）民会议表决，向村（居）民公示，由村（居）民委员会负责执行。对村（社区）的大额经费开支、重大集体资产处置和集体经济组织年度利润分配等，村（居）民委员会或村级集体经济组织应在提交村（居）民大会表决前，接受村（居）民议事协商会的监督。

建立乡镇（街道）社会协商会及村（社区）议事协商会议制度是探索协商议事在基层的具体实现形式，是融会执政党"立党为公、执政为民"政治伦理精神和"公正、民利、博爱、和谐"政治伦理规范的基层探索，是加强群众沟通联系、促进社会信任的重要制度。推动基层协商民主运行机制的程序化、规范化，使基层民主治理的组织体系逐步健全，民主协商的流程逐渐完善，民主权利的实现形式愈发丰富，群众参与民主协商和民主监督的渠道愈加宽广。上下衔接、科学规范、有效运行、富有伦理性的基层协商民主制度正在形成，协商议事制度由县向乡镇及村社一级的衔接直通和内蕴政治伦理精神的支持，推动着社会善治良序和政治公信力的建设。

第八章 蕴含政治伦理精神的 基层政权公信力建设实践

　　执政党基层组织和基层政府是民主治理的基本单元，其政治伦理规范建设状态和政治伦理情感，始终是牵一发而动全身的伦理基石和信任基础。中国特色的社会主义政治伦理规范，有其独特的政治伦理基础和伦理架构以及伦理机制为优势与支撑。中国共产党作为马克思主义政党，以"公正""民利""博爱""和谐"伦理规范为核心，以"立党为公、执政为民"为要求，推动基层组织和基层政府的制度伦理建设，推进政治善治和机会平等，扩大基层自治权力，实现基层组织社会化、自治化、公共化，构建与当前经济社会发展相适应的政治伦理规范和政治生态文明，成为基层党建和社会治理的重要目标和工作内容。

　　政治伦理在本质上是政治的"实践—理性"与道德精神的指引和约束。成都市作为国家中心城市，在被国务院确定为城乡统筹综合配套改革试验区后，先行先试，把城乡基层治理机制建设作为推进改革的基础工程和有力保障，在部分市辖区县先后开展了以基层组织架构重组、社会治理主体地位和权利归位、基层社会治理能力和治理水平提升为主要内容的基层组织伦理构建和创新实践，建立了以农村产权制度改革和城乡一体化发展为核心的系列制度措施，在有效破解城乡二元结构、解决"三农"问题、实践"执政为民"伦理精神和基层政权公信力建设等方面取得了良好成效。

　　在近年的试点过程中，成都市通过完善实施基层治理机制探究构建以党建为核心的"一核多元"治理架构，明确基层组织的职责和运行机制，让基层社会政治主体在政治理念层面体现政治伦理要求，把坚持党的领导、引导基层自治、壮大集体经济组织，培育社会组织、动员社会参与等作为基层政权公信力建设的一种实践活动，指导基层党建和基层民主政治建设有机融合，规范政治主体行为，从而达到德序人伦、群众信任、构建和谐社会的目的。通过全力推进基层公共服务改革、统筹城乡社会事业发展增强了基层政权的信用度，提升了社会公众和社会组织的参与能力、信任能力，从而促进政治公信力的功能发挥，突出群众主体地位，在全社会广泛开展公共服务效能和基层治理机制效果评价。公共服务的均等化、基层治理机制的科学化以及政务服务的精准化为老百姓的正向感受奠定了信任基础，增强了党委政府的公信力。2007 年以来，成都连续六次进入中国幸福指数排行榜，成都市民幸福感指数连续 5 年增长，2016 年获得 82.91 分。

实践表明，成都探索实施城乡统筹的"一核多元、合作共治"城乡治理机制，是全面深化改革的要求和社会治理主体意愿相统一的结果，是马克思主义政治伦理在现代中国社会政治生活领域中的具体体现。近 10 年来，各级党组织发挥核心引领作用，社会民众各界积极参与支持，基层群众满意率逐年提升，已然是基层党建和社会治理以及统筹城乡改革形成的约定俗成和道德规范，既符合中国特色的社会主义政治文明建设的需要，又从执政党政治道德规范的范畴引导与正面约束了行为人的政治和行政行为。

成都市试点探索和改革实施，得到了中组部、国家发改委、民政部等国家部委的关注，多个课题组到成都调研。特别是成都市温江区作为试点区域的做法和经验，得到了广泛关注。以成都市温江区等为对象进行分析研究，在系统内部发布推广，为国家有关政策的制定提供了生动的案例与参考。人民网、中国共产党新闻网、新华社等多家媒体刊载了成都市，特别是成都市温江区的实践探索。2015 年，四川省委出台了《进一步加强农村基层党建加快完善农村依法治理体系的意见》，全面总结和推行成都的基层治理经验，反映了加快构建基层政治伦理和基层政权公信力建设的生动实践。

在围绕政治伦理和政治公信力建设展开理论研究与学术研究的同时，课题组收集整理了以成都市温江区为代表的地方基层组织、地方政府在基层组织伦理架构和伦理机制研究探索中的实践案例予以思考与论证。同时，也将中组部、国家发改委等课题组的相关调查研究报告刊载共享，以期为中国特色社会主义的政治伦理与公信力建设研究提供样本和借鉴。

第一节　改革文件选编

中共成都市委　成都市人民政府
关于深化完善城市社区治理机制的意见

（成委发〔2016〕6 号）

为深入贯彻落实中央、省、市关于社会治理系列部署要求，全面推进我市社会治理机制创新，促进基层社会治理体系和治理能力现代化，结合我市实际，现就进一步深化完善城市社区治理机制提出如下意见。

一、总体要求

深入学习贯彻习近平总书记系列重要讲话精神，紧紧围绕"四个全面"战略布局，牢固树立并践行"五大发展理念"，牢牢把握社会治理核心是人、重心在城乡社区、关键是体制创新的要求，坚持党委领导、政府主导、社会协同、公众参与、法治保障的社会治理体制，着力深化完善"一核多元、合作共治"新型基层治理机制，加快推进传统社会管理向现代社会治理转变，为打造西部经济核心增长极、加快建设国际化大都市提供有力保障。

二、强化党的领导，深化完善区域化党建工作机制

（一）完善组织体系，健全区域化党建领导体制。建立健全社区党委（党总支）、网格（院落、小区、楼宇）党支部，共同生活空间按地缘、业缘、趣缘、网缘建功能党小组的组织体系。深化街道社区"大党工委制""大党委制"，建立健全区域党委或"兼职副书记""兼职委员"制度，统筹服务管理辖区非公有制经济组织和社会组织党组织。建立区域化议事决策机制、情况沟通机制，探索区域化党建工作项目机制。深化党建带群建、党群共建工作机制，引导群团组织积极参与社区治理。

（二）发挥党员作用，推动区域化党员志愿服务。深化"双联""五进"

"走基层"活动，开展"美丽成都·城市党员示范行动"。探索"互联网＋双报到"方式，健全党员服务群众、奉献社会长效机制构建党员志愿服务中心，青年、巾帼、科普志愿队，专业服务队等志愿服务工作体系，形成志愿服务全覆盖网络。鼓励退（离）休党员积极参加社区党组织和公益活动，引领带动居民积极参与社区治理。

（三）深化结对共建，健全区域化凝聚群众机制。深化机关、企事业单位基层党组织与社区党组织结对共建，实行活动共办、服务共做、资源共享。探索推广"党建＋社工"创意型、体验式党组织生活模式，推动党组织生活向区域开放。构建集约、开放的区域党员教育管理服务平台、基层群团组织社会服务平台，探索社区公共设施资源的社会化运营，鼓励驻区单位向社区群众开放文化、教育、科技、体育等设施资源。

三、厘清治理关系，深化完善多元共治工作机制

（一）明确职能边界，构建共治体系。进一步明确社区党组织、自治组织、社会组织、业主大会和物业服务组织、群团组织、驻区单位等参与社区治理的职能关系，建立健全"一核多元、合作共治"的新型基层治理机制，构建领导权、决策权、执行权、监督权相互分离、运转协调的社区共治体系。

（二）健全协商机制，丰富共治内容。建立社区（院落）事务民主协商机制，凡涉及居民切身利益的项目，按照"事由民议、策由民定、效果民评"的原则，自主制定议事规则，积极开展民主协商。不断拓展基层协商平台，探索建立论证、听证制度。对涉及全体居民切身利益的重大公共服务项目，要召开社区论证会；对涉及部分居民或特定群体的公共服务项目，要召开社区听证会。不断深化民情恳谈制度，及时掌握社区居民的实际困难，听取居民对社区发展的建议。

（三）推进"三社联动"，激发共治活力。按照规范准入原则，明确居委会依法协助行政事项清单，健全服务事项准入制度，逐步实现社区减负增能。进一步改革完善社会组织登记制度和扶持机制，建立多层次社会组织孵化平台，重点培育发展行业协会商会类、公益慈善类和城乡社区服务类等社会组织，为社区居民提供法律援助、文化建设、社会工作等多元化、专业化服务。深入实施社工员考试认证制度，建立完善社会工作专业人才培养体系，积极推动社会工作专业岗位开发和专业人才使用，建立健全社会工作专业人才引领志愿者服务机制，不断发展壮大社会工作者队伍。通过"三社联动"方式将城市社区营

造为守望相助、邻里相亲的自治、共治生活共同体。

（四）强化监督评议，完善共治规范。统筹推进社区党务、政务和居务公开，坚持收集、审查、决议、公示、执行（监督）、测评、归档"七步议事法"，探索实施"居务民心通"工程。加强政府向社会力量购买服务的绩效管理，建立健全综合性评价机制。健全居民民主评议社区工作制度和社区评议基层党委、政府及相关部门工作制度，建立社区"两委"成员和居民代表对政府职能部门派出机构评议监督机制。健全社区干部述职述廉制度，探索推行履职目标承诺和完不成目标辞职承诺"双诺"制度，建立不合格社区干部调整制度。

四、实施依法治理，深化完善法治化建设工作机制

（一）深化"大联动、微治理"，提升"大城市、细管理"能力。以事件为中心，线上线下统筹推进，健全指挥大统一、资源大整合、维稳大巡防、矛盾大调解、民生大服务、执法大协同工作机制，完善"大联动、微治理"体系。突出信息化支撑，以治安防控、公共服务、民生服务为重点，加快建设市、区（市）县、街道（乡镇）、社区（村）四级大联动信息化平台。深化网格化服务管理，健全三级网格员协同工作体系，完善实名制、平战结合、分级分类管理使用机制，实现网格员"一职多能、一人多用"。深化无物业管理、无门卫、无自治组织"三无院落"提档升级，健全完善院落自治组织交流平台。健全社会治安突出问题联动发现机制，落实举报奖励制度。加强社区警务室建设，推动派出所警务前移。推动院落视频监控系统、社会公共安全视频监控系统与天网、城管网等联结融合、共享共用。

（二）强化矛盾源头化解，健全群众利益表达受理机制。畅通拓宽群众反映诉求渠道，完善民生热线、绿色邮政、视频接访、信访代理等做法，引导群众依法逐级表达诉求。强化首接首办责任制，及时代理群众信访诉求，定期排查矛盾隐患，推动问题及时就地处理。完善大调解工作体系，强化人民调解、行政调解、司法调解的协调联动，以"诉非衔接"为重点，健全多元化矛盾纠纷解决机制，定期排查梳理和有效预防化解社区现实和潜在的重大社会矛盾。探索建立党代表、人大代表、政协委员基层联系点制度，深入社区了解社情民意，帮助群众解决实际问题。

（三）深入实施"法律进社区"，提升居民法治意识。广泛开展"以案说法、随案说法"活动，增强法治宣传教育的针对性和实效性。深入做好居民政

策宣讲、解疑释惑工作，积极组织社区居民参与制定自治章程、居民公约，强化规则意识、倡导契约精神，弘扬公序良俗。加快推进公共法律服务体系建设，深入实施"社区法律之家"工程，鼓励律师和法律工作者积极提供社区志愿服务，切实提高社区依法治理水平。

（四）深化基础信息采集，加强流动人口和特殊人群服务管理。全面推进标准地址、实有人口、实有房屋、实有单位等基础信息采集工作，深化基础信息的动态管理和综合应用。加强流动人口和出租房屋规范化管理，开展群租房、"住改商"整治，减少治安和安全隐患。建立集监测、预警、救治、帮扶、服务、管理于一体的特殊人群综合服务管理机制，健全政府、社会、家庭"三位一体"的关怀帮扶体系，强化对社区特殊人群的服务管理，防止发生个人极端案（事）件。做好重点青少年服务管理工作，有效预防青少年违法犯罪。

五、强化要素保障，深化完善标准化建设工作机制

（一）科学分类调整，规范设置社区规模和功能。科学调整、因地制宜设置社区规模，原则上以 2000～4000 户规模设置一个城市社区，规模超过 2000 户以上的物业管理小区，可单独设立社区。社区居民委员会工作人员一般为 5～9 人，对规模超过 3000 户、又难以拆分的社区，原则上超出部分每 300～400 户可增配 1 名社区工作人员。规范城市社区功能设置并统一标识和服务内容，制定《成都市公建配套项目建设管理办法的实施细则》。到 2017 年底，每百户居民拥有的社区服务设施面积不低于 20 平方米，社区办公和服务用房面积不低于 300 平方米。

（二）建立职业化体系，规范社区工作者队伍建设。建立社区工作者职业化体系，制定社区工作者管理办法，明确社区工作者范畴、职能职责、工资报酬、"五险一金"相关政策，完善社区工作者的考评、奖惩和激励机制。全面落实社区工作者职业水平补贴制度。畅通优秀社区工作者进入党政机关、事业单位的通道，同等条件下优先录用。

（三）加大公共财政投入，增强社区公共服务保障能力。合理划分市、区（市）县、街道（乡镇）财政支出责任，加快构建事权与支出责任相适应、财力与事权相匹配的财政管理体制。完善市对区（市）县转移支付制度，保障区（市）县政府在承担社区管理责任事权中有自主支配的基本财力。进一步完善城市社区公共服务和社会管理专项资金制度，到 2017 年实现专项资金不低于 5000 元/百户。吸引社会资金参与社区治理和公共服务，探索设立社区发展

基金。

（四）搭建综合信息管理平台，有序推进智慧社区建设。积极推进社区公共服务综合信息平台建设，逐步实现社区公共服务事项的一站式受理、全人群覆盖、全口径集成和全区域通办。精简整合建设部署在社区的各部门业务应用系统和服务终端，加快实现各部门业务信息在社区的互联共通，努力构建设施智能、服务便捷、管理精细的智慧社区。

六、强化职能职责，切实推动工作落实

（一）加强组织领导，形成推进社区治理工作合力。市委成立相关议事协调机构，加强对社区治理的统一领导。市级有关部门要充分发挥牵头抓总作用，统筹协调抓好城市社区治理工作。各区（市）县要认真履行主体责任，各街道（乡镇）要承担直接责任，具体抓好城市社区治理工作。各级群团组织要充分利用现有工作载体，以项目化运作方式，在城市社区治理中发挥积极作用。党委、政府督查部门要抓好目标管理和督促检查，合力推动工作落实。

（二）细化工作举措，鼓励开展社区治理探索创新。各区（市）县、市级有关部门要结合本意见和工作实际，研究制定推动城市社区治理的配套政策措施。要选取一定数量不同类型的城市社区，稳步推进示范点建设。在实践中，注意尊重基层首创精神，积极鼓励改革创新，坚决破除体制机制弊端，及时将成熟经验和做法上升为政策制度，全面推进城市社区治理工作，努力探索一条符合国情、成都实际和现代社会治理规律的城市社区治理新道路。

（三）加强宣传推动，营造社区治理良好环境。加强舆论引导，及时发现和宣传报道社区治理工作中涌现的先进人物、典型事迹、创新经验，调动社会各方和广大群众参与社区治理的主动性、积极性，努力形成全社会重视、关心、支持城市社区建设的良好氛围。

中共成都市委　成都市人民政府
关于深化完善村级治理机制的意见

（成委发〔2016〕7号）

为深入贯彻落实中央、省、市关于创新和完善乡村治理机制的部署要求，进一步巩固农村基层基础，促进农村基层治理现代化，结合我市实际，现就深化完善我市村级治理机制提出如下意见。

一、总体要求

深入学习贯彻习近平总书记系列重要讲话精神，围绕中央"四个全面"战略布局、省委治蜀兴川总体部署和市委"改革创新、转型升级"总体战略，坚持党的领导、坚持依法治理、坚持服务群众、坚持改革创新，以解决农村经济社会发展新形势面临的新问题为着力点，全面深化完善"一核多元、合作共治"新型村级治理机制，为建设国际化大都市提供有力基层保障。

二、深化完善以党组织为核心的多元共治村级治理体系

（一）进一步明晰治理主体职能职责。村党组织要充分发挥领导核心作用，领导并支持、保障各类组织依法依规开展活动。村民会议、村民代表会议、村民议事会作为村级自治事务决策组织，负责协商、议决自治事务，督促执行落实，评议完成效果。村民委员会作为村级自治事务的执行组织，负责执行决策组织的决定，可协助基层政府工作。村务监督委员会作为村级自治事务的监督组织，负责对自治事务、村级资产和财务等方面进行监督。集体经济组织作为农民集体所有的土地和其他集体资产的管理经营主体，要依法依规管理经营集体土地和其他资产，实行独立经营、独立核算。农村其他经济组织要以产权为纽带，以农民自愿联合为基础，按照现代企业制度进行经营管理。农村社会组织要充分发挥其在反映利益诉求、开展文明引导、化解社会矛盾、扩大公众参与、提供公共服务、增强社会活力等方面的积极作用。

（二）创新完善农村基层党组织设置。积极适应推进新型城镇化和农业现代化实际，在以建制村为主设置党组织的基础上，创新党组织设置方式。按区

域联建党组织，采取村村联建、村居联建、村企联建等方式，探索在农业园区、中心村建立党组织。按集聚点建党组织，探索在农村社区、集中居住区差别化设置党组织或党小组。按产业链建立党组织，加大在农民合作社、家庭农场、农业企业、农业社会化服务组织等建立党组织力度。按党员流向建立党组织，在农民工输出地依托驻外办事处、同乡会、商会等组建驻外党组织，输入地依托国有企业、非公有制企业、产业园区、街道社区等建立服务农民工党员的机构和组织。

（三）建立村级事项准入制度。按照政社分开、规范准入原则，科学界定划分基层政府、村级组织和社会组织的治理边界，依法制定《村级自治组织依法自治事项清单》《村级自治组织依法协助政府工作主要事项清单》和《村（社区）工作负面事项清单》。凡未列入依法自治事项和依法协助事项清单的事项，应通过委托协议购买服务。原由村级自治组织承担的招商引资、协税护税、经济创收等任务和村级自治组织作为责任主体的各类创建达标、检查评比项目，原则上一律取消。

（四）建立村级事务协商机制。建立乡镇、村党组织、村民委员会、农村社会组织、物业服务组织、业主委员会、农村集体经济组织、农民合作组织、非户籍村民代表等村级利益相关各方联席协商会议制度，开展灵活多样的协商活动。涉及村级公共事务和村民切身利益的事项，由村党组织、村民委员会牵头，组织利益相关方进行协商；跨村事务由乡镇牵头组织开展协商。探索专家理事制、咨询顾问制、第三方机构论证评估制等方式，广泛吸纳驻村企事业单位、土地流转经营业主、专业技术人才、群团组织代表等非户籍人员参与本村公共事务和公益事业的议事。

三、完善村级自治机制

（一）完善村民议事会制度。规范村级民主决策组织的授权方式，通过在选举大会上授权、在村民自治章程（村规民约）中授权、召开村民（代表）会议专题授权等方式，授权村民议事会开展议事决策。明确和规范授权事项，将拟授权给村民议事会的事项、时限、职责权限等在授权时一并确认通过。完善议事会成员联系村民制度，村议事会成员应与村民建立固定联系关系，在议定授权事项前征求和如实反映所联系村民意见及其他诉求，并及时向村民反馈相关情况。

（二）强化村务监督。建立健全村务监督委员会在村党组织领导下依法依规开展监督评议、定期向村党组织和村民（代表）会议报告工作制度。村务监督委员会成员应参加村民（代表）会议，出席或列席村民议事会会议，村务监督委员会主任应列席村党组织会议和村民委员会会议。进一步规范村务监督委员会组织村民开展民主监督和民主评议的内容、权限和程序，建立村务监督委员会质询制度和对村"两委"成员、议事会成员和其他村务管理人员的评议制度，加强对决策决议执行、村级重大事项民主决策、党务村务公开、村级财务和资产管理、村"两委"效能作风和履职廉政情况等方面的监督。依法推进村务（组务）公开，健全公开程序，规范公开内容。

（三）强化农村社区自治管理。科学界定村民自治组织与业主组织、其他社区管理组织的职责边界，以农民集中居住区为重点分类探索各类农村社区自治管理模式。科学调整村（社区）设置，在有条件的农民集中居住区建立新的社区，构建以党组织为核心，以议事组织、执行组织和监督组织为自治主体，业主组织和物业服务机构为物业管理主体，其他经济社会组织为补充的自治管理服务机制。暂不具备单独设置社区条件的农民集中居住区应探索建立业主组织，推动物业管理从政府托管、镇村共管向村民自管、市场服务过渡，过渡期基层政府可给予适当支持。业主组织应积极配合村民委员会依法履行自治管理职责，支持村民委员会开展工作，并接受其指导和监督。探索引导"小组微生"聚居区和散居院落群众建立"院落管理委员会（理事会）"等组织，协助村民委员会落实和执行自治事务。

四、完善集体经济管理运营机制

（一）建立健全集体经济组织。推进农村集体经济组织与自治组织分离，明确农村集体经济组织主体地位，建立农村集体经济组织备案管理制度，原由自治组织代行的集体土地所有权、集体资产经营管理权等权利由集体经济组织行使。完善农村集体经济组织内部治理结构，建立健全自治组织与集体经济组织资产分账管理制度，探索建立在集体经济收益中提取公益金用于本村公共服务和社会管理开支的机制。

（二）规范集体资产股权管理。在全面完成清产核资和股份量化的基础上，健全农村集体资产股权管理制度，明确集体经济组织成员身份，探索农村集体资产股权固化机制。建立农村集体资产股权登记、变更、交易监管服务机制，完善农村集体资产年报制度，健全农村集体经济组织成员收益分配机制。

（三）发展壮大农村集体经济。鼓励以农村产权入股的形式，组建集体资产管理公司、股份经济合作社等新型集体经济经营主体。推广"农业共营制"、农业托管等方式，加快形成以农户家庭经营为基础、合作与联合为纽带、社会化服务为支撑的立体式复合型现代农业经营主体。鼓励集体经济组织发展乡村旅游、农产品加工、物业管理、现代农业园区、健康养老等新型业态，探索多种途径发展壮大农村集体经济，促进农村集体资产增值保值。

五、完善社会组织协同共治机制

（一）强化农村社会组织孵化工作。放宽登记准入条件，积极培育发展院落自治、邻里互助、扶贫济困、慈善公益、文体活动、居家养老、幼儿托管等以本村村民为主体的互助类、服务类、志愿类等社区社会组织。鼓励组建农村专业经济协会、农村民办非企业单位和农村公益性社会组织。充分发挥社会组织发展基金的作用，引导城市社会组织向村级基层延伸，帮助农村社会组织加快发展壮大。

（二）推进政府购买社会组织服务。理顺政府与社会组织的关系，坚持政府直接提供服务与政府购买服务相结合，将适合社会组织提供的服务和承接的公共事项交由社会组织承担。建立向社会组织购买服务的机制，规范购买服务的领域和范围，建立承接政府职能转移和购买服务资质的社会组织目录，将适合采用市场化方式提供的公益性、专业性、技术性服务交由社会组织等社会力量承担。统筹政府、社会、市场等多方资源，以项目化方式为农村"三留守"人员、残疾人等特殊人群提供针对性服务。委托第三方对政府购买公共服务的质量进行评估验收。

（三）深化"三社联动"机制。以村民多元需求为导向、社会组织为载体、专业社工人才为支撑，开展农村社区总体营造，增强农村社区自治性、互助性、公益性，激发农村社区整体活力，增强农村群众的获得感和幸福感。建立健全群团组织与社会组织协同机制，充分发挥群团组织对社会组织的政治引领、示范带动和联系服务作用。培育以党员为骨干的志愿者队伍，广泛动员党政机关、企事业单位、各类社会组织和村民参加农村社区志愿服务。

六、构建农村基层依法治理体系

（一）提升基层依法行政能力。推进依法行政，完善行政执法责任制，严格实行行政执法人员持证上岗和资格管理制度。按照权责一致原则，落实乡镇、村（社区）管理责任，强化农村基层法治机构建设，推动区（市）县执法力量下沉。统筹城乡法律服务资源，发展基层法律服务工作者、人民调解员队伍，促进法律服务工作网络、机制和人员向村（社区）延伸。

（二）深入推进依法治村。创新法治宣传教育形式，加强村（社区）干部、议事会成员法制培训，教育和引导村民掌握维护自身合法权益、解决矛盾纠纷的法律常识和法律途径。按照"依法立约、以约治村"原则，完善村规民约、小组公约和小区（院落）公约。树立新风正气，倡导诚实守信，在有条件的村（社区）探索建立农民征信制度，为融资贷款、就业创业等提供重要的参考依据。

（三）完善农村矛盾调处机制。建立完善专职调解和有偿调解相结合的农村矛盾调处机制，健全人民调解员队伍，完善乡村组三级调解网络，畅通民生诉求收集渠道，健全回应办理机制，积极引导群众依法反映诉求，努力把矛盾纠纷解决在基层、化解在萌芽。

（四）构建网格化服务管理体系。坚持网格化管理、社会化服务、信息化支撑，把网格化管理列入城乡建设和发展总体规划。建立完善"乡镇—村（农民集中居住区）—村民小组（楼栋）—院落（单元）"联动的网格化管理格局，规范管理体系和闭合运行流程。推动矛盾化解、实有人口服务管理、法制宣传、社情民意收集等工作落实到网格。推动乡镇（街道）、部门、村（社区）的社会治安防控资源下沉到网格，把网格建设成农村基层综治维稳第一防线。依托网格化服务管理，发挥市场、社会等多方主体的协同作用，加强村（社区）治安防控网建设。加强群防群治队伍建设，推广"十户联防"等防范措施，实现预警预防、维稳处突、矛盾化解、打击犯罪等方面协调联动。

七、加大对村级治理的支持保障力度

（一）提升基层基础保障水平。健全以财政投入为主的经费保障制度，保持村级组织办公经费、村级公共服务和社会管理专项资金逐步增长。进一步完善农村公共服务和社会管理标准化配置体系。

（二）推进农村基层信息化建设。整合综治、信访、民生服务等信息系统，搭建纵向贯通、横向集成的"大整合、大联动"信息化综合平台。大力发展"互联网+"村级治理，探索开展"智慧村庄""智慧社区"示范建设。探索建立"办事不出村、议事不回村"的网络服务平台、公共事务协商表决辅助平台。

（三）形成齐抓共管工作合力。加强对村级治理的统一领导，建立健全党委领导、政府主导、职能部门执行的协调和推进机制。相关部门结合职能积极支持和推动村级治理工作，群团组织要在村级治理工作中发挥好桥梁和纽带作用。以社会主义核心价值观为引领，发展各具特色的乡村文化，增强村民的归属感和幸福感。

成都市温江区民政局　中共成都市温江区委组织部
关于进一步推进城乡社区减负增效工作的意见

（温民发〔2015〕87号）

为贯彻落实民政部、中央组织部《关于进一步开展社区减负工作的通知》（民发〔2015〕136号）和成都市民政局、中共成都市委组织部《印发〈关于减轻城乡社区负担的十条措施〉的通知》（成民发〔2015〕66号）精神，全面清理村（社区）承担的不合理行政负担，有效解决城乡社区行政事务多、检查评比多、会议台账多、不合理证明多等问题，推动形成参与广泛、权责明确、协调有力、资源整合、运行高效的城乡社区治理体系，打通联系服务群众"最后一公里"，现结合我区实际，就进一步推进城乡社区减负增效工作提出如下意见。

一、科学调整村（社区）规模

按照服务的区域和户数适当、界线清楚、区域相对集中、资源配置相对合理、功能相对齐全的原则，可按城市社区（含涉农社区）居民2000至4000户（特殊情况不超过8000户）、场镇社区居民700至2000户、行政村村民300至1500户的标准，科学调整村（社区）设置，以便于管理服务、便于居民自治、便于功能发挥。对部分超大规模城市社区，要注重以地缘关系、居民认同感和归属感为纽带，因地制宜进行社区规模调整。

二、深化新型城乡基层治理机制

深化党组织领导，村（居）民（代表）会议或村（居）民议事会议决策，村（居）委会执行，其他经济社会组织广泛参与的"一核多元、合作共治"的新型城乡基层治理机制，理顺村（社区）治理主体关系，明确职责边界，构建领导权、决策权、执行权、监督权、经营权相互分离、运转协调的运行机制。推行社区党组织、社区居委会、驻区单位、社区社会组织、物业服务组织、业主委员会、农村集体经济组织、农民合作组织等社区利益相关各方联席协商会议制度，开展灵活多样的协商活动。建立驻区单位社区建设责任评价激励机制，推动共驻共建、资源共享。充分发挥村规民约（居民公约）在基层治理中的作用，开展依法立约，以约治理，激发基层群众自治组织活力。

三、建立村（社区）事项准入制度

按照法律、法规、规章有关规定，依法制定《基层群众自治组织依法自治事项清单》《基层群众自治组织依法协助政府工作主要事项清单》《需村（居）民委员会加盖印章事项清单》《向社会力量购买区级部门下沉村（社区）行政事务服务事项清单》和《村（社区）工作负面事项清单》。构建政府治理和社会自我调节、居民自治良性互动的工作格局。增加或调整事项清单内容的，由区级相关部门向区政府向社会力量购买服务领导小组出具相关法律依据进行依法调整备案，区政府向社会力量购买服务领导小组每年发布调整后的清单目录。属《基层群众自治组织依法协助政府工作主要事项清单》涉及的相关工作，按"费随事转，权随责走"的原则，由社区完成。属《向社会力量购买区级部门下沉村（社区）行政事务服务事项清单》涉及的相关工作，采取竞争择优，选择社会力量承接。未列入《基层群众自治组织依法自治事项清单》《基层群众自治组织依法协助政府工作主要事项清单》和《向社会力量购买区级部门下沉村（社区）行政事务服务事项清单》，但需村（社区）完成的事项，由相关业务部门填报《社区工作准入审批表》，明确任务来源、工作内容、工作时间和应拨付工作经费等，由区政府审核后交由社区或社会力量完成。凡《村（社区）工作负面事项清单》原则上不得由村（社区）承担。

四、规范村（社区）活动用房及挂牌

全面落实《成都市社区用房建设规范》（DB510100/T150-2014）和《成都市温江区村（社区）活动中心建设管理办法（试行）》，村（社区）在完成26项必配功能的基础上，可根据本村（社区）实际设置特色功能。大力整合各职能部门在村（社区）设立的工作机构和加挂的各种标牌，取消不符合村（社区）工作实际的机构和标牌。区级部门不得要求村（社区）建立专门对应的活动阵地，可建立综合性的活动场所满足居民的活动需求。严格执行最小的空间用于办公，最大的空间用于服务和居民活动的原则，村（社区）活动中心用房用于办公的面积不超过用房总面积的20%，鼓励村（社区）"两委"成员集中合署办公。村（社区）活动中心用房对外只悬挂村（社区）党组织、村

（居）民委员会标牌以及"中国社区"标识，可在内部设置议事会、监督委员会、服务站、志愿者工作站等标识（牌）。

五、提升村（社区）信息化水平

以村（社区）公共服务综合信息平台建设为手段，逐步实现村（社区）公共服务事项的一站式受理、全人群覆盖、全口径集成和全区域通办，全面提升村（社区）依托信息化手段服务群众的水平。精简区级各部门建设和部署在村（社区）的业务应用系统和服务终端，部门新建业务应用系统不再单设服务终端或向社区延伸。通过应用《社区综合管理与服务信息化技术规范》（DB510100/T 138—2014），已建成延伸到社区的各类业务应用系统逐步向社区公共服务综合信息平台迁移或集成。规范各类业务应用系统与社区公共服务综合信息平台的共享范围、共享方式和共享标准，实现数据一次采集、资源多方共享。

六、清理和精简村（社区）创建达标评比考核以及会议台账

全面清理面向村（社区）的各类创建达标、检查评比项目，除中央和国家有关部门明确提出要求开展的和省委省政府、市委市政府、区委区政府批准保留的项目外，其他一律取消。任何部门、镇（街道）不得与村（社区）签订工作目标责任书。禁止把台账、奖牌、挂牌以及建立组织机构、活动阵地等事项列为村（社区）的考核评价指标。区级部门（单位）不得自行开展对村（社区）考核。取消对村（社区）的"一票否决"事项。大力压缩区级部门、镇（街道）要求村（社区）参加的各类会议和活动。大幅减少区级部门针对村（社区）的各类台账和材料报表，整合内容重复、形式雷同的材料报表。

七、严格规范村（社区）印章使用管理

依法依规梳理区级部门各项工作中需村（居）民委员会加盖印章事项清单。对法律法规有明确规定、属于村（社区）职责范围、村（社区）有能力承担并确需村（社区）提供证明的，方可使用印章。村（居）委会公章主要用于村（居）民自治活动，为村（居）民提供社会保险参保人员相关基本信息、社会化管理服务、生育管理与服务、计划生育奖励扶助、流动人口计划生育管理

与服务、申请人道救助、青少年社区志愿服务活动、见证法律文书送达等方面的证明。

八、完善评价制度

建立镇（街道）评议村（社区）工作与村（居）民群众评议部门、镇（街道）、村（社区）工作相结合的村（社区）管理服务评价体系。区级部门、镇（街道）服务村（社区）的事项，由村（社区）组织村（居）民（代表）会议，每年年中、年底进行两次集中评议，评议结果作为对区级部门、镇（街道）绩效考核的重要依据。政府向社会力量购买下沉村（社区）行政事务服务事项，由区级部门（镇街道）、村（社区）、服务对象等进行综合考评，考评结果与经费拨付和后续政府购买服务挂钩。委托村（社区）协助政府完成的事项，由区级部门、镇（街道）、服务对象对完成工作情况进行年终评议，评议结果与运行经费、绩效补贴挂钩。

九、增强社区服务能力

建立健全基层政府购买服务机制，拓展购买服务领域和范围，规范购买服务程序和方式，将适合采用市场化方式提供的公益性、专业性、技术性服务交由社会组织、企业等社会力量承担。积极培育发展城乡社区社会组织，以村（居）民多元需求为导向，重点发展社区院落自治、邻里互助、扶贫济困、慈善公益、文体活动、居家养老、幼儿托管等社区社会组织，充分激发社区居民骨干参与社区治理的积极性，不断拓宽社区居民参与的范围和空间。加快社区工作者队伍专业化建设，充分发挥社区的平台作用、社区社会组织的载体作用、社会工作专业人才的骨干作用，不断提升社区服务管理水平。

十、加大财政保障力度

统筹整合区级各部门涉及村（社区）的建设资金，开展城乡社区服务设施标准化建设。将政府购买服务资金纳入区、镇（街道）两级财政预算，逐步扩大购买服务资金来源和数量。建立和完善村（社区）干部基本报酬和办公经费正常增长机制，落实村（社区）在职干部"五险"，探索优秀村（社区）干部退职关怀办法。建立村（居）民议事会成员经费保障机制，激发参与村（社区）治理的热情。

十一、切实加强组织领导

城乡社区减负增效工作涉及面广、政策性强、工作要求高，要在区委、区政府统一领导下，区委组织部、区委政法委、区民政局牵头协调，相关部门参与，共同抓好落实。要把城乡社区减负增效工作纳入镇（街道）党委书记抓基层党建工作述职评议考核的重要内容。要部署开展专项行动，上下联动、集中推进城乡社区减负工作。要加强督促检查，区委组织部、区委政法委、区目督办、区民政局将会同相关部门，适时组织开展联合督查，对变相向村（社区）下达负面清单以内事项的部门和镇（街道），要进行通报，并将督查结果列入目标考核。要加大舆论宣传力度，总结城乡社区减负工作的做法经验，形成长效机制。

第二节　实践案例及报道选编

《人民日报》：成都"一核多元"激活基层治理

2016 年 6 月 28 日

一个乡村文化讲坛，场场爆满，还吸引了海外的听众远道而来；

一个村民议事会，参与者热情高涨，能让村里近 9000 万的工程顺利实施还无一人告状；

打造没有办公室的社区，把有限的场所腾给社会组织，社区服务实现了"不打烊"；

党员身份亮出来，党员承诺晒出来，党员得到群众认可，村（社区）里年轻党员越来越多；

……

这番喜人的景象，来自四川成都。仲夏时节，记者行走在成都的乡村社区，除了满眼郁郁葱葱的田园风光，还能感受到党员干部朝气蓬勃的干劲。

基层这般活力哪里来？成都市委领导介绍，这得益于近年来成都以推进基层治理体系和治理能力现代化为目标，以增强乡村党组织整体功能为核心，构建起了"一核多元、合作共治"的新型村级治理机制。

改进党的领导，治理体系强起来

俗话说，基础不牢，地动山摇。基层党组织如何在基层治理中发挥更大作用？近年来，成都着力探索改进基层党组织领导方式，循序渐进，不断完善，2014 年构建起党组织领导的"一核多元、合作共治"新型村级治理机制。

创设村（居）民议事会，是成都"一核多元、合作共治"新型村级治理机制的一项重要制度。采访中，不管是基层干部，还是普通群众，不约而同地说起了村（居）民议事会的好：村（社区）的事，光凭干部说了不算，还要村（居）民议事会说了算。

谈及设立村（居）民议事会的由来，成都市委组织部介绍了相关背景：以前基层治理存在"四难"：村民大会难召集、村民代表大会难议决、村级事务群众难参与、村两委难监督。同时村级党组织领导核心作用发挥不理想。村民大会召开不起来，村两委既当决策者又当执行者，吃苦受累不说，群众还经常不买账。

村（居）民议事会成员由村民推选，一般不少于 21 人，都是有威望的人。经村民大会授权，议事会行使村（居）务决策权。如此一来，形成了村党组织领导、议事会做决策、村委会负责执行、村务监督委员会进行监督的权力运行机制。

为了提高议事会的决策能力和水平，成都市每年给每个村（社区）下拨 45 万元的村级公共服务和社会管理专项资金。这些钱用在什么地方、怎么用，经过征集群众意见后，都会交由议事会表决。经过多年的投入，不但使基础设施大为改善，也使基层民主氛围更加浓厚。

建立村级事项准入制度，是成都基层治理体系的又一亮点。曾几何时，村（社区）被赋予太多行政任务，基层不堪重负。成都经过一系列调研，形成了市级层面"四项清单"：基层群众自治组织依法自治事项清单、基层群众自治组织依法协助政府工作主要事项清单、可购买服务事项清单、村（社区）工作负面事项清单。实行准入制度后，村（社区）依法协助政府主要事项 56 条，城镇社区自治组织依法自治事项 12 条，村（涉农社区）自治组织依法自治事项 13 条。"条条款款莫嫌烦，有了它们，村（社区）可干什么事，哪些事不可干，一目了然"。

村党组织不再包揽村级事务，不再直接进行村级自治事务的决策、执行和监督，不再直接面对多元化的利益诉求，立足于定方向、定规则，着力于加强自身建设，既保证了村民自治的正确方向，又为村民自治让出了制度空间，探索了村级党组织领导方式新的实现形式。

服务经济发展，群众腰包鼓起来

在蒲江县西来镇两河村，记者见到村党支部书记姚庆英时，她正在为外来学习取经的人介绍村里的情况。两河村是成都西南丘陵地区一个纯农业村，有 2000 多人，曾经是个出了名的"穷村"，人均纯收入不到 1000 元。如今，人均纯收入已超过 3 万元，家家住进了小别墅，户户有了小轿车，呈现出"产业兴、农民富、村庄美"的新气象。说及山村的巨变，这位被评为全国劳动模范的村支书笑声爽朗："农村富不富，关键在支部。"

美丽、富裕，两河村的变化，是成都数千个乡村发展的缩影，也是落实"一核多元、合作共治"的典范。近年来，成都不断强化农村基层党组织的政治功能、服务功能，着力提升基层党组织服务集体经济发展能力、带领群众脱贫致富能力，更好地发挥基层党组织的领导核心作用。

截至目前，成都市共有 2702 个村级集体经济组织、22209 个组级集体经济组织，集体所有的农用地 1039.76 万亩，规模经营率达到 56.1％，资产总额达 88 亿元。这组数据，很好地诠释了"千条理，万条理，领着农民致富才是硬道理"的说法。

农民腰包鼓起来了，打牌赌博混日子的人少了，看书追求精神丰富的人多了。与两河村不远的明月村，有座两百多年历史的龙窑，叫明月窑，他们主打瓷文化牌，培育文化创意产业，艺术家、投资者、创业青年纷纷飞过来，乡村旅游之花静静开放，村里飞出的多位"金凤凰"被吸引回来谋事就业。

党组织发挥领导核心作用，党员发挥先锋模范作用。不管是在乡村还是在社区，都有一面党员身份和承诺的展示墙。"今年要教会 3 名老乡掌握果树嫁接技术""帮助一户困难户脱贫""每个月参加 1 次义工活动"……这些具体实在又能让群众评判的承诺，不但为群众解决了大量实际困难，也进一步融洽了党群关系。

让群众腰包鼓起来，让群众心里暖起来。武侯区玉林街道黉门街社区有个爱心角，在这里有热水，手机可充电，还有热饭用的微波炉等。社区党委书记申民辉介绍，他们着力打造没有办公室的社区，腾出地方来为居民服务，这个爱心角就是专门为在辖区的环卫工人、快递员、出租车司机等群体提供便利的。这样暖心的细节，在成都的乡村社区随处可见。

突出"三社联动"，共建共享实起来

让居民"走得进来，做得下来，留得住"，黉门街社区成立了社区社会组织居民服务中心，引入 50 家社会组织参与社区服务和管理。同时，社会组织的培育和引入，也实现了"引得进来，留得下来，树得起来"。

在两河村，村民不用出村，购买有机化肥、农药，销售水果等事项全部能办妥。姚庆英介绍，这些事务不用村两委干部过多操心，有各种协会打理。

基层党组织做好引领协调工作，成都社会组织蓬勃发展。按照"政府引导、社会协同、多元参与"的原则，成都探索"社区发现需求、社会组织开发项目、社工提供专业服务、政府予以财力保障"的"三社联动"经验。申民辉形象称之为"天天下院落，情况全掌握，出门一把抓，回来再分家，主体多元化，合力处置它"。

为更好引导社会组织参与村级治理，成都坚持培育发展和监督管理并重，深化社会组织服务管理体制改革，引导社会组织主动作为，参与决策咨询，开展社会服务、社会救助等公益活动，在发挥作用中提升社会影响力。同时，他们建立了社会组织发展基金会，对符合条件的社会组织进行资金扶持，同时依托龙头企业、产业资源优势，组建农村专业经济协会、农村民办非企业单位和农村公益性社会组织。

据统计，成都市级财政3年共投入"三社联动"专项资金9100万元，资助项目711个。截至目前，全市共有登记社会组织9351个，增幅连续两年超过10%。全市社工人才总数达5638人，2015年较上年增加37%。

基层党组织放手赋权，社会组织广泛参与，把政府管不过来、也管不好的公共服务事项交给社会组织，有效化解基层矛盾纠纷、促进社会和谐。

■延伸阅读

红色引领绿色，把党的组织建在产业链。成都按照"组织建在产业链，党员聚在产业链，农民富在产业链"的思路，建立"头雁"选育、党员共管、统筹协调和基础保障"四项机制"，全面加强新型农业经营主体党组织建设。

"美丽成都·党员示范行动"全面启动。成都全面启动"美丽成都·党员示范行动"，针对不同群体党员实际情况，确定活动主题和方案，引导建设了一批党员示范品牌。

"六位一体"红色驱动。成都建立以健全管理体系、搭建孵化平台、强化人才培养、选树先进典型、打造党建智库、完善保障机制等为核心的"六位一体"工作模式。目前，全市有登记备案社会组织1.4万家，以单建、联建、党建组团等多种形式建立党组织1807个，覆盖率达81.4%。

《人民网》：温江推行"民意委托授权"制　代表村民双向选择

2014 年 4 月 8 日

3 月底，温江区寿安镇苦竹村每户村民收到了一份民意调查表，内容是关于去年村公共资金使用情况及今年实施项目民意征集。4 月初，村委会把这些意见建议收集齐备后进行归类、统计。"下一步，我们将拟定、确定和实施项目。这些环节全部全程公开。"村党总支书记赵正康介绍说。而走村入户、进入苦竹村 748 户家庭进行民意征集的，正是来自全村的 29 个民意代言人。

早在 2011 年，为防止村民议事会民意"被代表"和代表"不代表"等问题，赵正康在村民议事会中创新推行"民意委托授权"机制。全村 14 个小组 2300 多人共选出 28 个（现增至 29 人）民意"代言人"（即议事会代表）。"每个议事会成员根据小组院落、感情关系等因素提出愿意代言并服务的群众名单，再由名单上的群众确认愿意接受其代言，双方签订授权委托代言协议，并固定下来。"赵正康解释说。

三年多来，通过代表和村民的双向选择，再加上契约约束、星级评定、罢免机制等，议事会成员代表民意步入了制度化轨道。"只有多联系、多代言、代好言，才能赢得更多村民的信任。"

55 岁的苟元龙是苦竹村 11 组群众选出的"代言人"，他代表全组 56 户中的 25 户。"平常除了种好田地，其余时间都是在走村入户、搜集村民意见。"他颇有感触地说，"代言户数的多少、代言质量的高低，实质上是村民对自己认可不认可的问题。"他坦言，通过双向选择和比较，代表们会有压力，自然也就会更积极。

"在今年的民意征集中，基础设施和健身场地的建设呼声最高。"该村统计员小赵说。"修路几乎成为苦竹村村民最热门的话题，也成为村民们最愿意支持的事情。"

"要致富、先修路"的理念成为全村人的共识。2004 年 10 月，贯穿苦竹村的第一条水泥路修好。此后，通过村民提议、村民议事会议决的方式，利用村级公益事业建设一事一议奖补政策、村级公共服务资金等，苦竹村先后修建了太百路、百苦路、太平中心道路等约 10 公里的水泥道路，整修了 19 公里机耕道和 30 多公里的田间道。

基础设施改善的同时，苦竹村村民的收入也逐年提高。2003 年村农民人均纯收入仅为 4000 元左右，2013 年村农民人均纯收入达 15500 元。在温江区新农村建设居民和谐幸福示范村评选活动中，苦竹村居民的"和谐"指数、"幸福"指数均列全区前茅，成为不折不扣的"幸福村"。

《新华网》：温江区柳城街道"红柳·市民聊吧"
搭建干群交流新平台

2014 年 2 月 26 日

近日，温江区柳城街道在深入落实"走基层、解难题、办实事、求实效"活动中，精心酝酿、大胆创新、系统谋划，汇集党代表、人大代表、政协委员、社区一线骨干各方力量，整合"党员工作室""心灵驿站""柳城孝星""柳城文明卫士"、微博微信公众平台等资源，分街道总站、社区分站和网络聊吧三类，在辖区建立一批干部群众常态化沟通畅谈的固定场所——"红柳·市民聊吧"。

聊吧将定期面向全域柳城市民开放，届时市民朋友就可以在"红柳·市民聊吧"街道总站和社区分站喝茶聊天，参与专题聊天，反映社情民意，提出意见建议，调处矛盾纠纷。也可以通过关注柳城街道官方微博、微信，参与网络聊吧的"市民留言板"、在线微访谈等栏目，进一步畅通干部群众常态化交流，共同推动区域政治、经济、文化、社会、生态五位一体建设跨越发展。

项目招标 6个"聊吧"脱颖而出

12 月 9 日，柳城街道举办了 2013 年度第三次党建项目之"红柳·市民聊吧"招投标，设置柳城街道"红柳·市民聊吧"总站、网络聊吧、社区分站三类标的，吸引黄金路、光华等 13 个社区踊跃参与竞标。各投标单位系统阐述竞标理由、规划定位、具备条件、竞争优势，在激烈的竞争角逐中，新华、鱼凫、航天路、黄金路 4 个社区和"红柳·市民聊吧"总站、网络聊吧成功中标。届时，柳城市民便可以在聊吧喝茶聊天，畅谈意见建议、反馈存在困难、沟通邻里感情，在关心柳城、献言发展的良好氛围中，共同推动区域跨越发展。

喝茶聊天 畅聊市民群众心里话

柳城街道各聊吧针对城市更新、物业管理、盘活闲置商铺、增进干群交流等热点难点，策划设置搬迁居民现身说法、盘活闲置商铺小区和院落改造等方案大讨论、健康养身畅聊汇等聊天专题，由聊吧骨干党员召集，在喝茶聊天、轻松愉悦的良好氛围中，邀请市民群众参与，提出意见和建议，大幅提升居民参与街道和社区工作的意愿度、广泛度、深入度，也促使各职能科室和社区在推动公共服务项目、民生工程建设中，充分尊重市民意见，着力完善党群共建共享新格局。

新鲜创意　网络聊吧搭起干群连心桥

针对信息大爆炸时代，很多中青年群体更青睐上网冲浪，柳城街道打破地域时空限制，创新开设"红柳·市民聊吧"网络聊吧，全面开通微信、微博平台，建成"柳城全接触""市民留言板"等专题，邀请市民关注@柳城官方微博、@柳城微信公众平台，分享上传身边的新鲜事，反馈疑难问题，咨询政策流程，并定期收集整理市民群众最关注、反应最突出的计生、交通、民政、社保等政务服务的诉求和疑惑，主持开设"微访谈""微话题"，邀请相关部门在线答疑解惑，覆盖更广更多群体。

三项机制　确保市民聊吧走得更远

建立聊天台账、绩效考核、常态督查三大机制，确保聊吧落地生根，不做花架子。"红柳·市民聊吧"定责定岗将收集整理的社情民意，拓宽渠道建立为民服务台账，定岗定责"分"账、按时保质"收账"、快速及时"销账"，解决困难、化解矛盾。柳城街道党工委将建立专项工作督查提示单制度，综合实地考察、问卷调查、个别访谈、台账查阅等方式，进行标准化验收、评星定级，确保聊吧常态运营的实效，切实搭建起干部群众常态化交流的新平台。

《四川日报网》：片区议事会"议"出了啥

2012 年 11 月 16 日

将要入住 2200 户居民的农民安置小区"锦绣城"，物管问题咋解决，成为眼下温江区公平街道党工委副书记郭友晟的心头大事。

今年年底就要交房的锦绣城项目，安置的是来自公平街道惠民、惠和、龙凤三个社区的群众，涉及人数近 5000 人，由于居民以前分属不同的社区，经济条件差异较大，利益诉求各不相同，这种公共服务问题，放在过去得先由三个社区的议事会分别讨论，再把意见汇总到街道，如果意见"打架"，街道再分别和三个议事会协调做工作，三个议事会再各自开会……

这一次，郭友晟决定换种"打法"——今年 4 月公平街道试水启动的"服务片区议事会"制度，成为他破题的秘密"抓手"。这一制度，意在变村（社区）的"小治理"为区域"大治理"，同时将议事的范围拓展到"片区的发展规划、年度工作计划制订"等地方重大决策。

在新型工业化、新型城镇化互动发展驶入快车道的背景下，公平街道的"试验"令人期待，也引发种种疑问：服务片区议事会制度优势何在？让农民来"议"重大决策，靠谱吗？

产业布局引发"难题"

"新加坡丰隆集团城市综合体项目，规划占地 670 亩，涉及太极、红桥两个社区；再如农科城土地综合整理项目，总规划面积 1024 亩，涉及合江、惠民、龙凤三个社区……"脱口而出，郭友晟一连报出多个跨社区的大项目，"这样的情况还将不断增加。"

这与公平街道所处的地理位置有关。

按照温江区 6+2 的功能片区发展战略，占地 21.5 平方公里的公平街道恰好处于成都国际医学城、光华现代服务业功能片区、现代农业重大项目区的交汇处，近年来，原本平静的小镇涌入多个产业大项目，跨村（社区）的土地综合整理热潮顿起，新问题也很快出现。

"信息不对称、口径不一致、标准难统一、误会难排除"。郭友晟的 20 个字总结，正是各社区"单兵作战"的真实写照。尽管政府层面多方宣传，各个社区的议事会也做了很多工作，但不靠谱的小道消息仍然难以避免。

"群众要的是公平，以征地补偿为例，某人顺口吹个牛，可能就会引发其他社区群众的疑虑。"公平街道拆迁办主任黄林告诉记者，跨社区的拆迁安置，往往都需要街道来牵头进行政策宣传和解释，由于每个社区的发展水平等具体情况不一样，群众的想法差异也很大，一套程序就得重复走几次，行政成本高，效率却偏低。

有什么办法既能提升群众对自治事务的知情权、决策权、参与权，又能减少矛盾、简化流程、提高政府的行政效率呢？片区议事会的设计由此提上日程。

"联合议事" 制度升级

此前，温江区已有"跨村（社区）联合议事"的先例，不过多数是针对某一个具体的问题临时召集。借鉴此前的经验，公平街道结合自身特点，开始着手建立长效的服务片区议事会制度。

从 2010 年起，公平街道按地域相邻、产业特色相近、利益相连的原则，在不变更所辖村（社区）行政建制的基础上，将所辖 10 个村（社区）划分为服务光华片区、服务医学城片区、服务农科城片区 3 个片区，今年 6 月，公平街道党工委还增设了 3 个服务区党委。在此基础上，片区议事会正式成立，片区所辖的几个社区涉及的民生共同关切事项和区域自治民主联动事宜，由片区议事会联合讨论议决。

今年 36 岁的刘刚，是农科城服务片区议事会成员之一。这些天，他和其他几个片区议事会成员一起，针对锦绣城小区的物管问题，查询资料、搜集口碑较好的物管公司并进行实地考察。

"这个月我们已经去成都考察了三家物管公司，下一步打算是组织片区议事会的 21 名成员都去看一看，提建议。"刘刚说，"以前只能议本社区的事，涉及其他社区的我们就没得发言权，只能找街道这一级来协调。"在他看来，现在通过片区议事会的"直接对话"效果显然好得多：社区之间群众意见交流通畅，问题也解决得更快。

议事会试水 "议大事"

围绕片区发展定位，参与片区的发展规划和年度工作计划制订，审议以功能片区名义上报的重要报告；对片区产业发展规划、土地综合开发整理等重大事项，在畅通群众诉求的基础上提出意见建议，提交片区党委讨论；根据片区中心工作任务，讨论提出有关片区经济、社会事业、环境卫生、民政、公益等事项发展的议题……

在农科城服务片区议事会的第一次会议上，3 个社区的议事会代表们热烈讨论起下一步发展的路径："能不能把 3 个社区的集体闲置资产进行打包一起发出去，增加大家的收入？""龙凤社区正在进行旧场镇改造，惠民社区的劳动力比较充足，能不能有新的合作方式？""几个社区都各有特色，能不能联合起来打造一条产业链？"……

在当地党委看来，议事会来"议"重大事项是一种探索，能"议"到什么程度需要在实践中不断修正，而议事会成员是否具有相关的能力与水平，也需要培育和发展。

为了提升片区议事会的议事水平，公平街道已建立起"特邀议事代表"制度，吸纳了来自四川农业大学、公平实验学校等单位的相关负责人参与。

四川农业大学的老师戴盛鸿，便在当地社会组织打造过程中发挥了重要作用。在他的协调牵引下，川农大社工学系专业团队在社区成立了社会组织服务中心，建立了社会组织指导站，孵化了公民教育进社区研究协会、融心调解协会等一批公益性社会组织等，规范改造提升了 22 个原有社会组织。

《成都商报》：深化基层治理　议事会让村民参与自治管理

2012 年 11 月 8 日

　　"看！小区现在多漂亮！"昨日，在温江金马镇蓉西新城社区，居民徐婷英欣喜地说，这里以前是杂乱的花坛和绿地，通过议事会表决，新添栅栏还整修出一片区域摆放健身器材，既美观又整洁。

　　温江区在深化基层治理的探索中，实践出一套以党组织为核心、以居住地为单元，深化城市近郊新型社区的治理机制。在推行城市化社区管理模式的过程中，该区通过基层自治组织，让农民的生活方式开始改变。

　　蓉西新城是金马镇最大的农民集中安置居住小区，占地 127 亩，现有金泉、温泉等 7 个社区 1003 户拆迁户共 2400 余人居住。目前，小区已成立蓉西新城党总支，推选联合议事会 21 名成员。此外，各个楼栋还有楼长，负责收集居民声音，并让他们参与自治管理。

　　去年 5 月，由于房源问题，蓉西新城一期的安置房分配仅剩一套住房，按政策，待安置拆迁户都有权分。其中，有一老人梁志君，常年多病，只剩婆孙俩相依为命，按拆迁先后顺序很可能在二期时才能分到房。当她将想早点分到房的愿望告诉蓉西新城议事会成员余书华后，余书华向蓉西新城党组织提出通过开议事会解决难题。经议事会民主讨论、商议、投票，全体通过老人进入一期分房程序的决议并进行了公示。

　　"议事会成员都是由小区居民一票一票选出来的，并且通过小区党总支的考察。"金马镇党委书记税桂英介绍，议事会也有严格的淘汰退出机制。现在金马镇积极引导议事会成员将议事范围从村级公共服务项目及专项资金的使用，扩展到社区日常性工作及决定发展的重大事项上，反映群众真实声音。

　　在温江的公平街道惠民社区，基层自治还有另一种模式。川农大入驻了惠民社区，校园经济使社区单一对居民的管理模式发生根本变化，社区也在探索构建党组织领导下群众民主自治、集体经济独立经营、社会广泛参与的新型治理机制。他们在社区成立了社会组织服务中心，负责社区社会组织的孵化培育等。

　　针对社区经营商户 400 余家，出摊占道和环境卫生整治难度大及 8000 名常住人口和川农大、农科院、公平实验校等周边 1 万余流动人口叠加所引发的矛盾纠纷、公民教育难题等实际，成立商业联合会等社会组织，制定了公约。

"现在，商户自觉遵守，门口不再乱摆乱放，垃圾及时清扫，对维护校园周边的环境、城乡环境综合治理方面给予了极大的支持。"温江区委组织部相关负责人表示。

《四川日报》：成都温江崇州两镇跨区市县界联合议事

2012 年 4 月 6 日

3 月 30 日，成都市温江区永盛镇连二里市，春意正暖。三张拼拢的方桌，十余杯清淡的素茶，将桌面上的讨论衬得热热闹闹。

这是一场特别的议事会。围桌而坐的，既有温江区永盛镇尚合社区的议事会成员，也有崇州市羊马镇伏虎村的议事会代表。讨论的内容也很特别：作为温江区、崇州市分界的石鱼河入水口，如何按连二里市的景区标准来打造？

这场特别议事会，也开启了成都市"跨区市县界联合议事"的先河。由基层群众推动，永盛镇和羊马镇正尝试打破行政区划带来的产业壁垒，以一种朴素的方式探索"圈层融合"路径。

跨界景区隐含跨界难题

连二里市起源于崇江老场。以石鱼河为界，一边是尚合社区，一边是崇州市羊马镇伏虎村，相连处有 200 年历史的崇江桥，"一脚踏两县，一市连二乡"，形成"两县两乡共一桥场"的独特林盘文化。直至今日，崇江场还在农历二月廿八举行春台会。

这种在四川乡村中罕见的"集市林盘"格局，也成为连二里市得天独厚的产业资源。2010 年，温江区永盛镇在林盘保护的基础上启动对连二里市的环境优化和配套升级，并在 2011 年顺利申请到国家 AA 级风景区资格，开始探索"川西林盘旅游产业发展之路"。

2012 年初，永盛镇已经基本完成石鱼河河道的景观整治，整修了 6 座沿岸古桥，对河畔的原生态香樟林、水杉林等也配套了旅行步道、休憩小亭等基础设施，还启动了沿景区 11 公里的绿道环线建设。

崇州方面，羊马镇也在积极挖掘这一罕见"集市林盘"的产业价值。据悉，崇州已投资 700 万元，对一桥之隔的羊马镇伏虎村进行民居改造和川西林盘保护性整修，使景区聚集了更多的商机和人气。

然而，这个独特的跨界景区也面临跨界难题：同一个景区两个区市管辖，政策、制度、思路、方向，多少有些差异，仅靠政府层面的沟通协调是不够的。

随着景区打造逐步完善，这个难题也开始浮出水面。

突破行政隔阂 "联合议事"

今年1月，永盛镇尚合社区议事会代表黄仁全在走访收集2012年村级公共服务项目需求时，注意到这样一个问题：20多户景区村民提出，石鱼河上端入水口没有整治，水量稍大，泥沙就会冲入景区，影响环境。

但这段河道恰恰是崇州和温江的行政分界线，属于两区市共有，如果全部拿尚合社区的村级公共服务资金去整修，监事会和村民大会肯定通不过；就算尚合社区都出钱，可按尚合社区居民的意愿整修了，伏虎村村民万一不满意，反而引发矛盾。

按照过去的办事流程，这种两村之间的问题需要由社区或乡镇政府两级协商解决，可整修涉及的村级公共服务资金，属于村民议事协商自主使用，社区、乡镇都不好过多干涉。这些都让社区议事会成员们挠头犯难。

这时，永盛镇此前建立的"跨村联合议事"制度给了尚合社区议事会召集人李艳霞灵感。"能否请两个村的议事会成员坐拢来一起议，用各自的村级公共服务资金合作修整入水口？"她把这个思路转达给伏虎村党支部书记刘思德。此时，伏虎村也正为石鱼河入水口严重淤积背后的涨水隐患而苦恼，双方一拍即合。

"圈层融合"从民意开始

"最好用石头浆渠，不要做沟底，只隔一段路砌点底子，保持生态。""上端适当地方建个漫水堰，可以挡一下泥巴和垃圾。"……首次跨区市联合议事，9名伏虎村代表和10名尚合社区代表都讨论得很热烈。

投票表决下来，代表们一致肯定"该修"，但怎么修却有分歧。讨论的重点在资金使用上。两个村分属不同的区市，资金政策、划款渠道都不同，是分段各自修、还是分担费用？如果分担费用，分担比例该多少？

几番唇枪舌剑，代表们达成共识：分段修，采购标准、施工质量都不一样，影响美观，索性合成200米的工程项目，公开招标，由双方议事会和监事会共同监督，完工后，双方各承担50%的工程款。

围绕今后的旅游产业合作，代表们的想法走得更远。"现在石鱼河水太小，还该修一条引水渠，让上游的来水量变大，景观才好看。""景区里最好是统一安装路灯，免得游客看到两边咋个不一样"……

温江区永盛镇党委书记柯震弟认为这一"跨区市融合"的产业图景并不遥远："下一步两个村将联合组建跨区市旅游资源合作社，采取'协会+农户'的形式，由协会收储景区农户的铺面等资源，统一招商、统一管理，彻底打破行政隔膜。"

《四川新闻网》《成都日报》：跨村联合议事
村道上的路灯亮了

2010 年 3 月 21 日

"路灯安起了，我们晚上出门再不用担心黑灯瞎火了。"昨日傍晚，在温江区永盛镇最北端的尚合社区，63 岁的罗德明大爷看着路灯渐渐亮起来，脸上充满了喜悦，"这多亏了几个村'联合议事'，不然光靠我们一个村是修不起这么漂亮的路灯的。"

村道安路灯一村无能为力

随着农村产权制度改革的进行，永盛镇也和其他地方一样建立了村（社区）议事会、监委会，来决策村上的公共事务，讨论村级公共服务和社会管理资金如何使用，实现了"村上的事情自己定、自己的事情自己管"。但随着实践的深入，一些新的矛盾和问题显现出来。就比如，这条长 10 公里的尚石路，是连接永盛镇 5 个村的村道，过去没有路灯，影响群众晚上出行安全。在征集群众意见时，每个村都把这件事列为首要解决的问题。但每个社区的公共服务资金只有 20 万元/年，还有那么多地方需要用钱，光凭一个村或社区，对于安装路灯这件事无能为力。

尚合社区的议事会主任蒋怀树对这件事深有感触："尚石路缺乏路灯照明、安全隐患大，群众盼实施，社区每次开议事会就有代表提，可是安装路灯资金量大，还需要市政、电力等区级相关部门审核规划，单个社区心有余而力不足，很头痛。"

一位社区主任还坦率地告诉记者，因为这件事的难度超出了一个社区的能力范围，所以还有过"等靠要"的思想，总想着哪天区上相关部门突然来把路灯修起，就没有主动想办法自己解决问题。

5 村开大议事会分担资金问题

2009 年 11 月，在永盛镇政府的牵头下，尚合、永盛场、团结、金鸡、石磊 5 个村（社区）的议事会代表、监委会代表坐到了一起。

"一个村力量小，5 个村团结起来力量就大了。"听了镇干部的一番话后，5 个村的议事会代表纷纷表示，就是应该这样，大家各自出钱出力把路灯修起来。于是，大家商议了各个村如何分担经费，后续的管理怎么分工这些问题，作了一个初步的决定，再回到各个村的居民中征求意见。

当得知困扰多年的路灯问题有可能得到解决时，许多村民都十分激动。而且对于由 5 个村议事会代表组成的临时议事机构，大家给了它一个通俗的叫法——大议事会。

在首次跨村联合议事会议召开后，永盛镇政府根据决议结果决定启动尚石路"光亮工程"项目，由镇上分别对各社区路灯需安装情况进行摸底调查，并邀请区市政公用等单位指导。

通过基本测算，安装路灯需要 60 万元左右。但通过永盛镇政府跟区上的市政公用部门争取，区上部门答应承担一半的资金，于是，只剩下一半的钱需要各村分担了。

好消息传来，各村居民更加高兴，干劲也更足了。通过广泛征集意见，随后又举行了第二次跨村联合议事会议，确定了实施方案，并在各村进行公示。

2009 年 11 月底，"光亮工程"公开招投标，由各村监委会选派的联合监督小组全程参与监督，实施建设阳光公开，工程于 2010 年 2 月底全面完工。

资金联用效果联监实现区域大治理

"我们一开始自己叫作'大议事会'，是由各村议事会主任和 2~3 名议事代表组成的临时机构，只就某一件涉及多个社区共同的问题进行决策。区委组织部得知后，把名字规范成为'跨村联合议事'。"永盛镇干部介绍，"治理一条污染沟渠，涉及几个村；修建农贸市场，也涉及几个社区……我们的跨村联合议事接下来还会去解决更多的问题。"

在具体程序上，永盛镇探索了跨村联合议事的八步工作法，即收集共性议题—可行性评估并形成初步方案—讨论议决方案—公开征求意见—确定实施方案并进行公示—实施主体进行建设—联合监督委员会成员进行监督—工程结束进行满意度测评—立卷归档。通过"三上三下"反复征求各方意见，使跨村联合议事有章可循。

温江区委组织部相关人士表示，永盛镇在推进基础治理的过程中，通过跨村联合议事，把单个村（社区）无法独立解决的问题进行决策联议、资金联用、项目联建、效果联监，初步实现了村（社区）从"小治理"到区域"大治理"的转变，促进了群众对村（社区）的信任，对实现"共商共建共管共享"的新型村级治理具有一定的参考价值。

第八章　蕴含政治伦理精神的基层政权公信力建设实践

193

《南风窗》：基层官民关系之变

2010 年 3 月 8 日

不推行新型农村治理机制，农村改革中的矛盾解决不了。基层干部交给群众去管，官民关系就开始发生深刻变化。

杨帮华，1994 年就开始担任邛崃市油榨乡马岩村村主任，2000 年当上了村支书，到如今已经近 10 年。他的"从政"经历就是中国现代农村政治变化的一个缩影。

2004 年农业税取消，杨帮华的压力小了一大半，他的工作也变成了上级的喇叭和纠纷调解员。除此之外，他也确实想给村民们做点事情，例如"把村里的路都搞成水泥的"，但是他做不了，因为手上没有钱。

这个情况在 2009 年得到改变。2008 年 11 月，成都市出台了一份名为《关于深化城乡统筹 进一步提高村级公共服务和社会管理水平的意见》的文件。这个后来一直被简称为"37 号文"的文件是全国第一个针对村级公共服务和社会管理提出政策措施的文件，第一次把村级公共服务和管理经费纳入财政预算，按每个村年均不少于 20 万元拨付。马岩村是当地最早资金到位的村之一。

"过去，财政预算是不到农村的村这一级的。因此，绝大多数农民要想得到和城市居民一样的公共服务和社会管理是不现实的，除非村本身有钱或者农民自身能够也愿意负担这些费用。例如修路，村上如果没有钱，农民也拿不出来钱，村一级的道路就永远修不出来。"成都市统筹委相关负责人解释说。

37 号文的目的就是想要解决这种不公平的财政体制问题。事实上，20 万只是每个村的最低投入标准，根据具体情况，例如人口、面积等因素，各个村最终得到的钱实际上都在 20 万至 30 万元之间。2009 年下半年，成都市几乎所有的村都开始享受到这一政策，所有的村一下子都有了属于自己的钱。

同时，村级自治组织可以一次性以不超过资金 7 倍的额度，向成都市小城镇投资有限公司融资贷款，用于民主决策议定的交通、水利、公共服务用房等群众急需的公共服务设施建设。

成都市有 2800 多个村（涉农社区），由于农村历史欠账太多，许多村需要短期集中投入才能迅速有效地改变村级公共服务和社会管理现状。也是从

2009 年起，成都市县两级财政每年投入"全域成都"的村级改革资金将达 7 亿多元，最大可能在 2~3 年内融资 50 亿元，全部投入农村，提高成都农村的公共服务水平。

看起来像是从天上掉下来的这 20 万现金让杨帮华着实高兴了一阵。20 万巨款到账那天，杨帮华兴奋得不得了，他给乡政府领导拍了胸脯、打了包票说："你们喊咋个干，我们就咋个干，我们保证完成好！"

很快，他就发现自己"整偏"了。成都市组织了专门的村支书培训，杨帮华这才晓得，那 20 万并不是领导和他说了算，得由村民自己决定怎么花。他自身的角色也正经历着一次深刻的变化。

与此同时，成都的改革者也把加强基层民主提升到关系城乡统筹改革成败的高度来宣传。这仅仅是口号，还是改革者的真实感受？

20 万，谁说了算？

如此巨大的一笔资金抵达农村，如何保证这笔钱的安全，同时让这笔钱真正能够用于农民的公共服务和社会管理水平的提高就成了一个棘手的问题。

即使不用调查也能够想象这笔钱到了农村可能会产生的几种最糟糕的状况：可能被截流、可能被挪用、甚至可能被贪污。

按照政府的要求让全村 1000 多号人都知道村上得到了这笔钱——甚至外出打工的村民都通过长途电话，通知到了人——之后，杨帮华设计了一张《村级公共服务和社会管理征求意见表》，到每家每户去发放表格，征求大家的意见。每走一家，他都给大家把话说得很清楚，这 20 万怎么用大家都可以提意见，但钱不能拿来还旧债、不能用来搞产业，也不能拿来买保险发补助……

全村 406 户人，杨帮华总共发出去 385 份意见表，收回了 1168 个意见。这些意见真是五花八门什么都有，大到修路、修水渠，小到家里要换水龙头或者要装个洗衣板。

杨帮华和同事们把 1168 个意见进行了重新梳理，然后把票数达到 10％以上的列为可实施项目，总共 64 个。这些项目中又划去了 24 个不属于公共服务和社会管理的意见。剩下的 40 个，杨帮华提交到了村议事会投票表决。赞成人数达到 50％的，被确定为实施项目。

议事会开得很热闹，"议员"们表示出了极大的热情，想办的事情很多，但钱又如此有限，大家争得热火朝天。最终，修建道路、安装广播和聘用环卫工人清运垃圾等 15 个项目得到半数以上的票通过，而组建文化队等建议票数未能过半而被否决。

票决出来的 15 个项目再次被列为《量分排序表》，议员们挨家挨户再次征求意见，让大家按照各自认为的重要性进行先后排序。最后，"修建蔬菜大棚基地 300 米水泥道路"的意见得分最高，成为当年必须要完成的项目。

然而事情并没有结束。

蔬菜大棚基地的水泥路马上就要修了，绝大多数人都赞成修这条路，毕竟要"致富得先修路"。但是，用不上这条路的村民就有了意见，大家都来找杨帮华问什么时候轮到修他们的路，排到后面修的人都觉得不公平，认为这个事情办得有问题。

"可钱只有 20 万，总得有个先后顺序啊。"杨帮华伤透了脑子。根据政策他可以找成都市小城镇投资有限公司融资贷款，最多可以贷 7 倍。杨帮华赶紧动了起来，顺利贷回来 100 多万元。这次，马岩村决定把全村剩下的 4 公里路全部修成水泥路！

2010 年 2 月底，杨帮华正在为那 4 公里水泥路进行公开招投标的前期准备。而最先得到通过的"300 米水泥路"已经投入了使用，平整的水泥路在村子中间穿过，两旁都是大棚蔬菜，看来年后的收成会很不错。

一天中午吃饭的时候，一位在杭州打工的村民专门来找杨帮华，他想在 4 公里的路上包一段工程来做。杨帮华中午在村委会门口的小摊上请这位老乡吃了饭，最后自己掏钱买了单。杨帮华一直都乐呵呵地笑，他反复想给对方说明白："现在跟往年间不一样了，他这个村支书在这些事情上已经没有了'权'。"

他甚至专门请来了一位年近七旬的老"议员"，代为解释自己这个村支书的"尴尬"。

村上现在有了钱，为了防止有人乱花，32 名议事会成员公推直选出了 5 名"理财监督员"。议事会把财务章锯成了 5 瓣，每一名监督员保管一瓣。村上的每笔账目都必须盖章才能报销或者支出，每一次 5 个人都要到场盖章，否则盖出来的就不会是完整的印。

开始的时候，杨帮华自己也没看出这个事情有多严重。一次他去乡上开会，看到别人都背着正儿八经的公文包，只有自己背的是个帆布包，于是在街上花 85 元钱买了一只"真皮公文包"，然后开了票拿回村上报销。

杨帮华认为这只公文包装的都是公家的东西，属于正常的办公需要，当然应该是公家出钱。但请来 5 名监督员盖章的时候，却碰了钉子。

"发票上明明写有'挎包'两个字，他们几个偏偏装认不到（不认识），都问我那两个字读啥子？"杨帮华气不过，当场就点穿了监督员们的"把戏"，"不报就不报。"他拿回了发票，转身几把撕个稀烂。

85 元的公文包都报销不了，包工程这么大的事情他当然更拍不了板。最后老乡对他的处境也表示了理解，吃过饭后客套了几句，骑着摩托车走了。

在杨帮华看来，现在他这个村支书当得比以前轻松了很多。他是党的支部书记，他也是村议事会的会长。

"我就是监审议事会确定的议题会不会违反党纪国法，只要不是违法反党的议题，当然就得听议事会的。"杨帮华表示，和往年相比，他现在和老百姓的关系亲密了很多，几乎家家有红白喜事都请他去，不像以前收粮收款、牵猪拉羊，大家彼此看到都别扭。

产权带来的基层改变

2008 年 4 月，为了进行产权改革，开展土地确权，马岩村村民选举产生了"新村议事会"。议事会 32 名成员来自 10 个村民小组，每户村民通过无记名投票选出来的各自的"利益代言人"。这些"议员"们大多都是村里德高望重的老人或者实实在在让选民们放心的"能人"。马岩村的做法成为一个向全市推广的经验。

村民议事会的威力也让邛崃市油榨乡党委书记王祥深有感触。2008 年地震后，一些外地灾民被永久安置到了油榨乡，安置以后最大的问题就是分地。

农村分地是极为复杂的一项大工程，因为由于地理位置、土地肥瘦等多种因素，土地分配牵扯到所有人的利益。但因为采取了议事会的办法，按过去经验要 2 年才能分完的地，仅仅 2 个月的时间就办完了，整个过程，实际到场的乡干部包括王祥在内才 3 个人。而且分完地之后至今没有发生一起纠纷和冲突。

如今，像马岩村一样，成都几乎所有村都有了或正在选举各自的村民议事会。在王祥看来，现在村民议事会的普及，将结束"想农民致富，结果让农民倒霉"的行政命令主导乡村重大事务的时代，让政府逐渐转化为服务型政府。而这也将最终改善官民关系。

2010 年春节以后，王祥正在安排布置春季防疫工作。而类似于这样的一些事务越来越成为他这个乡党委书记的主要职责。

"过去，我们的权力是很大的，包括农村山上和田里种什么作物，打个招呼或者出个命令也就办了。现在，村的重大事务我们基本都交给了议事会，我们的主要工作就是做服务。"王祥在基层也工作了多年，他说，过去的行政命令主导农村事务闹过不少笑话，比如修水渠，一纸命令，全面动工，结果修出来的很多派不上用场。在他看来，过去的很多事情，其实出发点都是想为农民做好事，但是由于都是一厢情愿的方式，轻视了农民的意愿和智慧，往往平白闹出了不少矛盾。

"免农业税之前，我们这些干部最重要的事情就是收粮、收款，牵猪、牵羊。"说起当年，杨帮华还有些不好意思。

往事的种种细节可以让人体会到他和村民关系的紧张和矛盾。为了把税和费能够按时保量的收足，他使出了浑身解数，想尽了种种办法，"磨破了嘴皮子、跑断了脚杆子，那感觉太不安逸了"。

"干群矛盾的紧张不仅仅只是侵害农民利益才造成的，还包括双方缺乏沟通。一些事情，我们认为自己是一片好心，干了却得不到理解，农民却认为我们不懂装懂，什么都想管，却什么都管不好。"王祥说。

杨帮华所代表的正是基层干群关系转变的一个微小事例。事实上，随着各个村议事会的普及和正常运转，干部强权在村一级的重大事务中的作用也正逐渐变小，甚至退出。

村民集中居住的样板村之一的新津县普兴镇袁山村的书记李伟三年前开始带领这个曾经的贫困村走上了发展之路，但今年春节，他连村里究竟雇几个人来进行治安巡逻都决定不了：为了省钱，同时也因为自己做过专业警察，李伟本来说雇8个人就行了，但村民议事会认为不够，最后民主投票——雇了12个。

在实践中，基层干部对于成都城乡统筹后的官民关系变化有了深刻体验。在大邑县韩场镇副镇长戴晓兵看来，这一次的农村产权制度改革是新的起点公平，缺承包地的农户分到了土地，它满足了大部分村民的合法利益，"产改促进了官更尊重民，基层干部再一次受'委屈'"。都江堰市柳街镇鹤鸣村村支书刘文祥的看法类似："不搞新型农村治理机制，产改中的矛盾解决不了。可搞了新型农村治理机制，村干部执行政策过程中，稍微处理不当，村民就有意见。"

让百姓能够监督官员

像袁山村和马岩村这样的变革只是成都基层民主建设的一部分。成都基层民主建设的主要内容包括乡镇党委书记的公推直选、"三会"开放（党委常委会全委会、人大常委会、政府常务会）、民主评议以及以议事会为代表的基层治理机制建设。

"我理解成都的基层民主建设的目标并不是一开始就像现在说的那样，要创造良好的政治生态环境。实际上，它最早的目的只是保证城乡一体化的推进，而在其发展过程中逐渐成为现在的样子。"成都市组织系统的一位不愿意透露姓名的官员这样解释成都基层民主建设的一个过程。

不难想象，成都城乡统筹改革中的种种举措都与农民的切身利益紧密相关，如果不能充分尊重农民意愿和保证农民利益，确实可能演化出恶果。

截至目前，成都先后在74个乡镇开展了党委书记公推直选试点，占乡镇党委书记总数的1/3。如今86.4％的社区、93.5％的村党组织书记推行了公推直选。这样的举措或许是对这一思路的一种解读。

2003年12月4日，发生在新都木兰镇的乡土行政改革试验吸引了海内外众多媒体的关注。这一天，243名各界代表"公推"了时任木兰镇镇长的刘刚毅和时任党委副书记的李勇进入镇党委书记"直选"。3天以后，木兰镇全体党员进行直选，在639张选票中，刘刚毅得到了480张而成为全国第一位公推直选出来的镇党委书记。

6年之后，木兰镇的财政税收从363万突破到2200万，总计800多万的乡村债务基本全部还清。2009年进行的全镇公开民主测评党委书记的大会上，刘刚毅的民调结果是"满意率88.9％"。

刘刚毅说，由于新型村级治理机制的完善，村民们自己管起了各村的重大事务，他现在下乡进村的时间比以前少了很多，主要的精力放在招商引资和做好服务之上。

木兰镇的六年变化也是成都基层民主政治建设的一个缩影。业内人士评价认为，成都的基层民主建设的主要举措实际上有两个层面，一个是2006年全面开展的乡镇党委书记公推直选，以及民主评议。另一方面，是以议事会为代表的村级治理机制建设。其整体目标就是"限政"，实现有限政府和有效政府的统一。

这样的思路实际上正悄然改变着当地的政治生态环境和官民关系。成都市委组织部一位处室负责人讲述了一个几年前让他记忆深刻的例子：该市一郊县为一重大项目征地，涉及的4个乡镇都分配了指标和任务，而最终进行了公推直选那个镇的党委书记却因工作进展缓慢和滞后遭到批评。那位书记采取的工作方式是每家每户看情况，做工作，期望自己所辖的相关群众都能积极自愿地配合征地工作。但几年以来，上上下下都开始接受这样的工作方式，更加理解这些公推直选的干部在基层工作中的方式和方法。

"公推直选实际上是想在程序上清楚界定权力来源，权力是来源于群众的。同时也是强化干部的民本意识，让他们实现从对上负责到对下负责的转变。"成都市委组织部的一名官员说。

根据成都市委组织部的统计，2006年到2008年，全市实行了公推直选试点的70多个乡镇，群众来信来访比2005年减少了28.8％，同时财政收入年均增长35.6％，明显高于全市平均增速。

第三节　调研报告选编

构建新型村级治理机制的探索与实践

（成都市温江区委组织部调研报告　2012 年 7 月）

【摘要】村（社区）是社会的细胞、民主治理的基本单元，村（社区）善治是社会和谐的基础。随着统筹城乡综合配套改革试验区建设的深入推进，特别是农村产权制度改革的大力实施，传统的乡村社会加速分化为政治社会、经济社会、公民社会三大系统，对村（社区）治理提出了新要求。温江区坚持党组织领导、依法办事、人民当家做主有机结合，探索构建村级党组织领导下群众依法自治、社会广泛参与的多元化、民主化治理机制，有力助推了统筹城乡发展，促进了社会和谐，巩固了党的执政基础。

构建新型村级治理机制的重要意义

一、构建新型村级治理机制是农村产权制度改革成功的重要保障

从改革本身看，农村产权制度改革的主要对象是作为农民主要生活来源的土地，涉及面广，遗留问题多，利益错综复杂，如果没有基层党组织强有力的组织领导、宣传发动和全程监督，难以确保改革的公平公正和顺利推进。从改革后的形势看，农民可以采取合伙、入股、租赁等多种形式独立参与市场竞争，也可以摆脱土地的束缚进入城镇，其居住地与户籍和集体经济关系所在地可能适度分离，必将引发农村生产关系的新变革、城乡格局的新调整、群众思想观念的新变化，客观上要求创新治理主体的组织形态，合理界定各自职能，并建立一套相互制约又相互协调的治理机构和运行机制，以保障集体资产的增值和维护群众的合法财产权、民主权。

二、构建新型村级治理机制是发展社会主义民主政治的重要内容

新型村级治理机制是基层党组织领导的充满活力的基层群众自治机制的具体实现形式。党的十七大把基层群众自治制度确立为我国民主政治的四项制度之一，并作为"人民当家做主最有效、最广泛的途径"和"发展社会主义民主政治的基础性工程"。这就要求从政治体制改革和民主政治建设的全局来考虑村级治理的地位、功能及实现形式，为实现党内民主和人民民主相融互动，自下而上渐次推进政治体制改革提供范例。另一方面，群众公民意识和民主能力的提高，利益诉求和利益实现方式的多样化，社区组织、民间组织等公民社会主体的兴起，客观上要求创新基层党内民主制度和基层群众自治制度，既确保国家意志在基层的贯彻执行，又尊重党员群众主体地位，依法保证人民群众直接行使民主权利、管理基层公共事务和公益事业。

三、构建新型村级治理机制是巩固党在农村执政基础的内在要求

第一，随着农村产权制度、社会保障制度、户籍制度等系列改革的深入推进，党员的构成复杂化、思想观念多元化、个体素质差异化、从业分布多样化，迫切需要创新党员教育管理方式。第二，城乡统筹的加快推进，特别是农民的土地经营权确立为财产权，将会极大地促进党员跨区域居住和从业，也必然会产生更多的新经济和社会组织，迫切需要创新党组织设置模式。第三，群众自治范围的扩大和各类经济社会组织的兴起，要求基层党组织领导核心的内涵和实现方式相应调适，与农民的利益连接由直接变为间接、显性变为隐性，对党员、干部的能力素质和基层党组织的领导方式提出了新要求。

构建新型村级治理机制的基本构想

一、适应农村治理主体多元化的新形势，推进村（社区）党组织由"全能型"向"核心型"转变

在领导职能上，将村级党组织高度集中的经济社会管理职能逐渐向市场领域、社会自治领域转移，把领导核心集中在把方向、议大事、聚民心上，打造

推动发展、服务群众、凝聚人心、促进和谐能力强的"四强"基层党组织。在领导方式上，将村级党组织的领导嵌入民主法治体制内，由原来的对农村政治、经济、文化等资源甚至个人生活方式的全方位管理控制，转变为通过思想政治引导、服务党员群众和发挥党员干部先锋模范作用，强化群众的内心认同和道义服从，进而获得非权力性权威。

二、适应农村公民社会兴起的新形势，推进村（居）委会由"行政型"向"自治型"回归

在公民社会培育发展和乡镇政权职能延伸总体趋势中，合理划分政府"政务"与自治组织"村（居）务"的责任范围和权力边界，注重培育民间组织等公民社会主体，突出村（居）委会的基层民主和自治功能，弱化其集体资产经营和行政管理功能，依法保证人民群众直接行使民主权利、管理基层公共事务和公益事业，实现政府行政管理与基层群众自治有效衔接和良性互动。

三、适应农村经济市场化的新形势，推进集体经济组织由"单一型"向"复合型"发展

打破依托行政村组建经济合作社的单一模式，积极培育农民专业合作组织等互助性经济组织和以资本为纽带的合伙制企业、股份有限公司，鼓励发展集体独资、合资等多种形式的集体所有制企业，拓展集体经济组织的功能和形态，培育多元化的农村市场主体。

构建新型村级治理机制的主要措施

一、建立大社区组织体系

改革按村（居）民小组设党组织的传统模式，根据党员的从业、居住和年龄等特点，依托产业链在各类经济实体中建产业党组织，在农民集中居住区建居民党组织，深化跨区域安置党员居住地管理和单位党员社区属地管理，构建条块结合、以块为主的党组织体系。根据产业发展、项目建设和群众集中居住实际，适度合并村（社区）和村（居）民小组，按户籍随人走、社区属地管理、保留集体经济关系的原则在农民集中居住区建新型社区，大力发展社工队

伍、志愿服务队伍及行业协会、业主委员会等公民社会主体。按照"产权明晰、管理民主、股份合作、法人治理"要求实施股份制改造，引导村民采取土地使用权入股等方式建立土地股份合作社、股份公司等多形式的集体经济组织，支持集体经济组织采取成立经济实体和承包、租赁等多种方式参与市场竞争。创新群团组织工作模式，将辖区内经济社会组织中的群团组织纳入村（社区）管理，在村（社区）设群团工作委员会。

二、健全民主治理制度体系

建立"两委一社"联席会制度，成员由村（社区）"两委"委员和集体经济组织董事长、监事会主席、总经理组成，作为村（社区）常设议事机构，研究讨论本村（社区）重大事项和群众关注的热点、难点问题。建立村（居）民户代表会制度，每户派一名有一定参政议事能力的代表参加村（居）委会召集的会议，讨论决定村（居）重大事务和涉及群众切身利益的重大事项。建立村（居）务监督委员会制度，各村（居）民小组推选一名代表组成监督委员会，对村（居）民代表会议负责，实行事前、事中和事后的全方位监督。建立重大事项向村（社区）党组织报告等制度，对村（社区）的大额经费开支、重大集体资产处置和集体经济组织年度利润分配等重大事项，村（居）民委员会或村级集体经济组织应在提交本组织决策机构表决前，向村（社区）党组织报告。健全农村集体经济组织产权制度，对原有集体资产中非土地类资产比重较大的村（社区），在尊重群众意愿的前提下保留部分集体股权，村（社区）"两委"作为集体股权出资人进入集体经济组织治理层。在完善农村集体资产监督管理和集体经济组织内部监管制度的同时，通过交叉任职、保留部分集体股权等多种方式强化"两委"的外部监督。

三、建立村级组织综合服务体系

统筹城乡经济、政治、社会、文化建设，农村道路交通、农田水利等基础设施和医院、学校等公益事业，原则上由区和镇街统筹投资建设、统一管理维护。将村（社区）"两委"薪酬及工作经费纳入区、镇（街道）财政预算，目前温江区村（社区）"两委"书记、委员岗位补贴在 2200 元/月～2600 元/月，统一办理"五险一金"，并根据辖区面积、人口每年分别补贴村、社区办公经费，到 2015 年，办公经费每年每个村（涉农社区）达到 5 万元以上、每个城市社区达到 6 万元以上。以村（社区）活动中心为载体，推动区级部门、镇（街道）更多的公共管理和服务职能向村（社区）延伸，积极引入社会力量参与活动中心营运，建立服务质量民主测评、全程监控、定期分析、考核奖惩等制度，打造基层组织为民服务体系，提升公共服务城乡共享度。

四、实施农村党员干部素质工程

深入开展以"把能人培育成党员、把党员培育成致富能人、把能人党员培育成干部"为主要内容的"三培养"活动，加大在致富能手、各类经济社会组织经营管理者、返乡大学生、退伍军人、外出务工青年等优秀人员中发展党员力度，加强村（社区）党员干部创业经营、市场运作、民主治理和应对复杂局面等能力培训。引导村（社区）"两委"委员依法按章进入集体经济组织治理层，鼓励集体经济组织治理层中的党员通过公推直选进入村（社区）"两委"。

新型村级治理机制的几点体会

一、充分发扬民主，尊重党员群众意愿

新型村级治理机制的核心是直接民主、自我管理。无论是调整行政区划、优化党组织设置、成立集体经济组织，还是制定相关制度办法，我们都发动镇街、村社干部和党员骨干挨家逐户宣传有关政策，广泛听取群众意见建议，保障群众的知情权、参与权、决策权和监督权，确保了改革的公开透明、公平高效和顺利推进。

二、坚持因地制宜，突出分类指导

我们既对新型治理机制的总体目标、基本原则做出明确规定，又鼓励基层结合各自的地理区位、资产状况、产业优势、班子队伍等实际探索创新。如万春镇结合云湖天乡项目开发，进行跨行政区划的资产整合和组织设置优化，探索依托重大项目重点发展的模式；寿安镇东岳社区依托生态优势进行整体打包，探索依托产业整体转型的模式；永宁镇依托芙蓉家苑农民集中安置区，天府街道依托天府家园集中安置区，探索农村向城市转变的"大社区"模式。

三、要坚持综合配套，注重统筹推进

我们把探索新型村级治理机制与统筹城乡经济、政治、社会、文化建设有机结合，统筹考虑产业项目建设、群众集中居住和行政区划调整、组织设置优化，配套推进镇街职能转变、公民社会主体培育和基层组织服务体系建设，着力把城乡社区建设成为管理有序、服务完善、文明祥和的社会生活共同体。

关于农村（社区）产权制度改革中加强和改进基层治理的几点思考

（成都市温江区和盛镇党委　2014年3月）

产权改革后农村基层治理组织的设置和职能

农村产权制度改革后，农村基层将面临三种管理组织的存在，包括村（社区）党组织、村（居）委会和集体经济组织（合作社）。

村（社区）党组织的职能：体现了党的执政基础，反映党对整个经济和社会发展的方向掌握，是农村（社区）基层新的治理结构的核心。执行党在农村（社区）的各项方针政策，引领广大党员群众参与到农村（社区）建设，指导和监督村（居）委会和集体经济组织（合作社）工作的开展，兼顾公平、公正，保障基层群众利益，引导社会良好风气。

村（居）委会职能：主要行使公共管理和公共服务职能，包括农村（社区）基础设施建设、农村（社区）公共医疗卫生体系建设、农村（社区）文化服务等公共职能，承担政府各业务部门的具体行政管理业务工作，实现村（居）民的自我管理、自我教育、自我服务职能。

集体经济组织（合作社）职能：主要承担了村（社区）集体经济发展的任务，按照市场经济规律和公司化运作方式对外进行投（融）资，负责实现村（社区）资本效益化，实现集体经济的壮大，保障村（居）民持续增收。集体经济组织经济发展后提留的公益费用，将用于村（社区）公共管理和公共服务。

三种组织的联系机制

村（社区）党组织、村（居）委会、集体经济组织职责明确，其职能相互分离而又存在密切联系。除了要通过村（社区）党组织的引导和监督外，三种组织因职能不同需要建立一种联系机制促进三种管理组织协调运转，这就是"两委一社"联席会议，其构成为支部成员、集体经济组织（合作社）董事会和监事会成员、村（居）委会成员，对全村（社区）重大事务进行决策（但不参与集体经济组织具体的经济行为决策），通过联席会议形成的决议，集体经济组织（合作社）和村（居）委会要负责实施，其决议应报村（社区）党组织审批和备案。村（社区）党组织负责在召开联席会议之前作好事前沟通，保证组织意图的顺利贯彻。

农村产权改革后加强党组织工作方式的改进

一、实行交叉任职

加强基层党组织对村（社区）发展的引导、监督和促进。近年来，村两委中实现交叉任职促进了基层工作，虽然面对集体经济组织（合作社）发展，村（社区）党组织不宜参与经营性管理，但可以提名推荐并按照集体经济组织（合作社）选举办法进入监事会实现组织对经济发展的引导和督促，保证兼顾群众公平、公正利益。

二、通过支部对联席会议的影响

协调村（社区）各项事务的发展，在兼顾集体经济组织（合作社）经济发展和股民的利益的同时，兼顾村（社区）公共建设的需求和群众精神文明建设的需求。设立"两委一社"联席会议，重在通过支部的影响，事前联络和沟通，使组织意图得到实现。联席会议形成的决议，应当报党组织存档。

三、加强党员队伍建设

不断提高党员素质，通过党员先进作用的发挥，进一步加强党员与基层群众的联系，通过党员带动和引导，把普通群众团结在支部周围。

四川省成都市温江区基层社会管理探索与创新

(《中国农村研究网》 2016 年 11 月 15 日)

【摘要】随着城镇化进城的加快，我国基层发生了深刻的变化，传统的基层社会管理方式已经无法适应新形势的要求，因此创新基层社会管理体制显得尤为重要。四川省成都市温江区以城乡统筹为契机，通过"孵化、引进、重组"三步，破题基层社会管理，取得了显著成效。

孵 化

社会管理的终极目标是发挥群众的主体作用，实现社会的自我决策、自我管理、自我服务、自我监督。针对我国基层社会管理中政府"重管制，轻服务"，社会自我管理功能"矮化"的问题，温江永宁通过孵化，培育社会管理主体，激发群众管理潜能，推进社会发展。

一、孵化社会组织，培育社会管理新主体

社会组织作为社会管理的重要主体，在社会管理中发挥着不可替代的作用。长久以来，由于人、财、物的限制，社会组织的面临着发展难、壮大难、持续难的困境。鉴于此，温江区以培育社会组织为目标，创造"社会组织孵化器"模式，建立了从"孵化申请""初步评估"，到协助注册登记（备案）、托管财务，到提供场地设备、共享信息资源、加强自身建设、支持拓展市场，再到政府购买服务一系列的系统孵化机制。第一步备案登记。建立备案登记双轨制，对暂不符合登记条件的社会组织备案，降低社会组织的准入门槛。第二步培育孵化。在备案的基础上引进专业的孵化机构对社会组织进行孵化，将其培育壮大。同时政府通过免费提供场地和设施为社会组织提供物质支持，减轻社会组织的经济负担。第三步购买服务。针对目前社会组织势单力薄、运营困难的难题，温江永宁按照"合理需求、政府推动、市场运作、监督管理"的原则，对社会组织的服务进行购买，通过平等的契约合同约定双方的权利义务，政府依据服务完成的质量予以奖惩。第四步监督评估。为了保证社会组织的服务质量，实践"第三方测评"机制，引入专业的机构对社会组织的服务进行评

估，以"以奖代补"加"精神奖励"的方式激励社会组织。

目前温江区涌泉街道将社会组织按照"文体活动类、维权类、服务类、社会救助类"四类组织列为发展重点，引进华亿、恩派等专业孵化机构，成功培育如千紫艺术团、馨悦工作室、涌泉关爱下一代协会等社会组织29个，丰富了群众的物质文化生活，提高了群众的综合素质。

温江通过"四步渐行"整合了市场、社会的资源，实现了政府与社会的"双赢"。一方面，改变了社会组织虚化、弱化的格局，充分调动了社会组织的积极性和主观能动性，保证了社会组织的可持续发展。另一方面，将社会管理职能逐步转交给社会组织，减轻了政府的管理负担，节约了行政成本，壮大了社会的自治空间，形成了"政府主导，社会协同"的管理新格局。

二、孵化自主意识，激发群众管理新潜能

长期以来，自上而下的行政管理体制使基层社会管理机构沦为行政的"附属"，群众的自主意识不强。面对"权力下沉"的趋势，成都反其道行之，将权力上收，服务下沉。坚持民主化治理取向，充分发挥群众的能动作用，建立群众参与机制，构建常态化的民意征集反馈体系，以民需为导向，不断优化和提升公共服务质量。

创新互动制度。目前，我国基层社会管理中"基层干部不驻村""走读干部"现象严重，群众的利益诉求无法及时表达，这在一定程度上抑制了群众的参与热情。为此，温江推行走访制度常态化，定期开展"三问三访"活动，及时解决群众的难题，调动群众参与监督和社会管理的积极性。"三问三访"要求社区党委、居委会班子每月定期走访5户以上。家访制度以活动为载体，拓宽了群众反馈渠道，有利于基层干部及时了解群众需求，同时有效地调动了群众参与积极性；成立"民情信息调查服务中心"，由专业的组织定期对干部的服务质量进行民意测评；实行"双向述职，双向评价"的考核制度，要求基层干部定期向群众述职，鼓励群众对干部的工作进行监督。成都温江通过"访、测、评"三招将群众融入社会管理中，增加了领导干部与群众的交流与互动，密切了干群关系。

创新沟通平台。在坚持干部下访的同时，温江涌泉的瑞泉馨城还开通了上传民声的渠道——"金点子"信箱。"金点子"信箱是台触屏电脑，群众可以通过键盘将自己的意见、建议输入信箱，触屏电脑下还搭配传统信箱，方便不会使用电脑的群众表达自己的意见和建议。同时"金点子"信箱还可连接域外

网，即使身在他乡的社区居民也可通过网络把自己的需求传达给政府，社区工作人员根据信箱的内容及时予以解决。在调查中我们看到，"金点子"信箱中的内容包罗万象，小到下水道漏水，大到政策方针，群众均可畅所欲言。成都温江将现代网络技术与管理服务对接，通过"金点子"信箱了解民需，汇集民智，有效地拓宽了民众的利益表达渠道，降低了居（村）民的诉求成本，实现了居（村）民"办事不出村"的目标。

创新服务方式。温江涌泉将网络技术与社会管理对接，借用社区"QQ群""腾讯微博""手机报"等现代化的方式展示社区最新的工作进展、介绍新增的服务项目、普及科学常识以及送上节日的问候。至今瑞泉馨城的微博共有广播131条，听众200多人；新设的《瑞泉馨城居民手机报》，将社会管理和公共服务渗透到居民身边，丰富了居（村）民的生活。据了解，《瑞泉馨城居民手机报》设置时政新闻、社区动态、便民服务、文化娱乐四大版块，每个版块又设置了众多的子频道，现在强力推出"社区现象"子频道，让社区居民成为社区不文明现象的曝光者和好人好事的发掘者。丰富而精细化的网络化服务，拓宽了居（村）民的利益表达渠道，尊重了居民的参与权和知情权，提高了公共服务的质量。

温江通过孵化，培育了社会组织，激发了群众的参与意识，将社会组织与群众整合进社会管理中，完成了管理主体由"一元"向"多元"的转变，实现了三个"有利于"，有利于政府职能的明确，有利于社会组织功能的发挥，有利于群众自我管理意识的提高。

引　进

社会服务是社会管理的重要内容，在利益主体多元化的形势下，群众的需求也呈现多元化，完全由政府提供服务的社会管理方式已经陷入僵局，这就要求政府转变思维，将市场、社会力量引进社会管理中。成都温江按照"小政府，大社会"的思路，引进市场和社会力量，形成了"政府提供基础型服务，社会提供发展型服务"的有序格局。

一、引进服务理念，打造服务新平台

工作机构下沉。温江永宁改变传统的社会管制理念，提出与新形势相适的服务理念，并通过搭建服务平台将服务理念贯彻到实际工作中，有效地解决了"干部不驻村"的难题。设立村（社区）服务站，内设政务服务中心和事务服

务中心，把与群众生活服务密切相关的社会事务办公室设在政务服务大厅，把群众工作办公室向各社区延伸建立工作服务站。永宁通过把工作机构设在基层，将基层干部"赶"进村，将服务"送货上门"。

服务机构进村。设立四个服务中心，即"便民服务中心，企业服务中心，生活服务中心，社团服务中心"，为村（社区）内的各个主体提供全方位、立体化的服务。"便民服务中心"主要承接政府的行政服务，将计生、劳保、办证等项目进社村（社区），方便群众办事；"企业服务中心"主要承接引进社区企业的服务，提供水、电、气、讯、职介、培训、法律金融咨询等服务；"社团服务中心"承担社团的有关公共服务和社会管理事务；"生活服务中心"承担与居民生活息息相关的市场服务，比如超市、网吧等。

服务工具入户。在我们的调研中，温江涌泉的"24365生活服务中心"独具特色，它是为了满足村（居）民的需求而设立的集政务咨询、生活服务、投诉建议为一体的公共信息服务平台，村（居）民通过一部热线"24365"可以得到365天24小时的全天候服务。"24365"有效地整合了政府、市场、社会的三方资源，通过电话热线给居民提供便利快捷的服务。在"24365"的运营上，温江涌泉另辟蹊径，引进市场机制，将服务委托给公司，通过契约合同约定双方的权利和义务，按照市场规则与公司合作，并按照合同条款对公司的服务进行监督。

二、引进市场主体，提供市场型服务

传统的基层社会管理模式强化了政府的功能，弱化了社会和市场的作用，这势必导致社会管理"行政化"。而市场作为社会管理的有机组成部分，在社会管理中的作用不可小觑。针对市场在社会管理中的"真空""虚化"现象，成都温江突破"大包大揽"的管理方式，引进市场主体，将市场性的服务交由企业、公司等市场主体提供。

引进半营利性的社会服务型企业，满足基本公共需求。在城乡公共服务一体化的格局下，农村也开始推进公共服务建设，但是还是以政府推进为主，这就导致公共服务建设"重硬件，轻软件"，服务多停留在基础设施建设上，公共服务没有同步跟进。因此，成都温江以建设"10分钟生活服务圈"为目标，引进有公共需求的国有大中型企业，为居民提供生活必备的服务。目前中国银行、邮政等国有大型企业已经入住温江永宁，其站点已经遍布永宁的各个村社，村民可以就地享受公共服务，避免了长途跋涉交话费等这种琐碎的麻烦，极大地节约了生活成本。

引进全营利性的社会服务型企业，搭建供需联系平台。在引进大型企业后，大部分居民基本的需求得到了满足，但在需求多元化的今天，只引进公共需求较大的国有大型企业无法满足所有人的生活需求，小部分居民的需求无法得到满足。同时营利性企业按照市场运行规律往往不会向需求较小的地区集聚，为此永宁再接再厉，通过免费提供办公场地和办公设备等优惠政策引进营利性的社会服务型企业。在充分尊重企业市场主体地位的前提下，将市场与社会管理结合起来，将企业引进社区，引入村（社区）服务站，引进服务中心，满足了少部分人的生活需求，实现了"帕累托最优"。

目前温江永宁已成功引入与群众生活密切相关的5个企事业单位，社会服务型企业9家，既包括银行、邮政等国有大中型企业，也包括超市、网吧等小型企业。企业的多样化和全覆盖不仅满足了大部分人的生活需求，还为少数人的生活提供了便利，真正做到了公共服务的均等化。

三、引进社会力量，提供发展型服务

引进服务型社会组织，协同政府服务。温江坚持引入与培育社会组织并行、联动发展的思路，在孵化社会组织的同时引入专业性强、服务性强的社会组织为居民提供发展型的服务。以政府购买服务的方式，通过契约合同约定服务内容，政府为社会组织免费提供场地和设备。为了充分调动社会组织的积极性，保证社会组织的持续发展，永宁创新"5+2"模式，即在周一到周五，社会组织必须按照合约提供规定的免费内容。以430学校为例，在周一到周五，430学校按照与政府签订的合同免费为下午四点半放学后无人照顾的小学生提供基本的补习辅导，政府提供教室和学习设备；周六日的时候，430学校就可向需要进一步提高的学生收取补习费用。政府借由这种方式提供了基础型的服务，社会机构借助这种方式为自己免费打了广告，以最小的投入获得了最大的收益，实现了政府与社会的"双赢"。

引进救助型社会组织，协同政府救助。目前在我国基层社会管理中，弱势群体的管理与保障已成为任何一个服务型政府不可回避的话题。在调查中，温江永宁镇党委书记就给我们讲述了这样一个活生生的例子。曾经有一个艾滋病患者因无钱治病无钱生存就赖在县政府门口，要求政府给他提供生活保障，声称如果政府不管他，他就要到处咬人，扩大疾病的传播范围。这个例子引起了政府班子的深思，在基层社会管理中如何帮助这些弱势群体，显然只靠政府

"兜底"是远远不够的，于是他们大胆创新，引进社会慈善力量，将政府救助与慈善基金对接。通过街道财政列支和吸收社会捐款，建立起专项救助基金；开通临时救助"110"专线，建立"慈善爱心超市"，实现 10 小时内救助资金到位。同时，将本村（社区）需要救助的人员与社会慈善基金联系起来，利用慈善基金实行社会救助，实现了政府与社会慈善组织的有效互动，创造了政府、慈善组织、弱势群体的"三方共赢"。目前，温江已经与中国红十字建立联系，并与社会知名的"壹基金""嫣然基金"等基金合作救助了本村（社区）的多位残障和困难成员。

重　组

目前我国社会管理的主要主体是政府，如何引导其他主体参与到社会管理中，充分发挥社会组织、群众的管理作用是我国基层社会管理转型成功的关键。温江以政府转型为依托，通过"三分离"，理顺基层各组织关系，重组社会职能，完成了从"大管家"到"引路人"的华丽转身。

一、重组机构，强化社会管理职能

重组科室，强化社会服务职能。"什么都争着管，什么都懒得管"是我国基层管理中机构烦冗、职能交叉的最好写照。鉴于此，温江永宁重组机构，成立基层治理科和社会事业服务中心，强化社会管理职能。探索实行"两整合一设立"。整合工业经济办（统计办）、农业办、商务办职能，成立经济发展服务科，承担发展农民专合组织、壮大村（社区）集体经济职能；整合维稳、综治、信访、人武、司法等职能，成立群众工作办公室，承担研究分析、处理落实信访群众工作职能；设立基层治理科，承担创新村（社区）治理机制和基层民主政治建设职能。通过这"两整合一设立"，强化了政府的社会管理职能，有效地解决了政出多门、政令不和的难题，实现了专职专管。

重组职能，剥离经济发展重任。目前，在我国基层社会管理中"全能型"的政府承担了过多的职能，既要发展经济，又要管理社会，这势必造成"胡子眉毛一把抓，什么都抓不好"的尴尬困局。因此，温江引进市场机制，采取"A平台＋B公司＋C联盟"的市场化运营模式全速推进产业发展，有效承接政府经济职能。"ABC"模式简言之就是"政府搭平台，公司来运营，社会来参与"的社会管理模式。政府负责整合资源，完善基础设施建设，然后外包给公司，由公司进行规划、建设、招商和营销。通过重定职能，政府成功地从经济领域退出来，卸下发展经济的重担，整合各种资源，专心投入社会建设和公共管理中去，形成了政府、市场、社会的有效互动。

二、重整组织，理清管理服务关系

分清权责，明晰组织的管理服务范围。针对基层组织职能不清、权责不明的现状，温江通过"政经分离、政社分离、社经分离"将基层中的党组织、集体经济组织、自治组织的职能和权责区分开。由党组织负责政治领导，集体经济组织负责发展经济，自治组织负责居民服务。各组织领导干部均由各组织成员按照合法程序选举产生，并对其负责，受其监督。通过三分离，基层中各组织各司其职，各负其责，"相互扯皮，相互推诿"的现象明显减少。

分清身份，明确成员的管理服务关系。在明确不同组织的职能后，温江通过分类登记，把村（社区）内成员的身份关系进行了不同的界定，即政治关系、经济关系和社会关系。首先，进行集体经济组织成员的登记。在产权改革的基础上，"以确权人口为依据，以户为单位"对农村集体经济组织成员进行公开登记，确认其集体经济关系，将集体经济组织成员经济利益固化在其"所在户"内。其次，进行党组织成员的登记。先期根据"业缘、趣缘、地缘"优化设置党支部，再由党员以居住地为主、兼顾工作关系和兴趣爱好选择党组织进行登记。最后，进行自治组织成员登记。积极探索"打破户籍限制，按居住地登记"新办法，把符合法律规定的长期居住人员也纳入登记范围，确认常住居民属地化管理服务社会关系。

分类管理，建立分工明确的管理服务团队。在定责权、分身份的过程中，很多基层党员担心党组织关系和自治组织关系变动后影响其集体经济利益，为此温江永宁探索分类分步选举，先完成集体经济组织选举，保障党员的集体经济关系，再完成党组织选举，强化领导核心，最后完成自治组织选举。在分类分步选举后，温江永宁在前期开展人才现状调查摸底、深入了解任职意愿基础上，通过制定各类人选的条件标准、召开党员会议、个别沟通等方式，切实加强政策宣传和思想引导，注意将政治素质好、协调能力强的党员推选到党组织中任职，将懂经营、会管理的人员推选到集体经济组织中任职，将热心办事、服务能力强的人员推选到自治组织中任职，形成了结构合理、分工明确、人岗相适、坚强有力的村社区带头人团队。

分类登记、分类选举、分类管理有效地协调了各主体间的利益关系，明确基层中各组织的分工定位，将基层的政治事务交由党组织管理，将经济事务交由集体经济组织管理，将社会事务交由自治组织管理。各组织的管理者分别对各自成员负责，受他们的监督。温江创新"三分法"理顺基层各组织的管理服务，协调了基层组织的利益关系，提高了管理效率。

总之，成都温江基层社会管理创新是与城乡一体化同时推进的，它利用其天然禀赋，运用"民主化决策、市场化运作、社会化管理"机制，实现了党组织由"全能型"向"核心型"，村（居）委会由"行政型"向"自治型"，集体经济组织"依附性"向"独立型"，政府由"管制型"向"服务性"的四个转变，走出了一条新型农村社区基层社会管理之路。然而，我们必须明确温江的创新是在其地理条件优越，辐射范围广的基础上实现的，所谓经济基础决定上层建筑，温江的创新离不开其经济的发展，离不开城乡统筹的基础奠基。

在这种情况下温江的基层社会管理还存在不足，表现在以下几方面：首先，温江的改革是自上而下的，是发动式的，群众的主体作用还未完全发挥。成都的社会管理创新，政府推动较多，群众自创较少，这就限制了群众创造力的发挥，一定程度上阻碍了社会管理创新的步伐。其次，民主开始实施，但群众还未完全发动。成都的民主已经渐进式地开展，直选乡镇长也已渐成体系，但群众的民主意识、民主行为还未同步跟进，群众未被完全发动。再次，电子化的管理方式可能会切断干群联系，减少干群面对面的交流，存在政不到户、政不到人的隐患。最后，社会组织数量虽多，但类型单一。目前，成都的社会组织多是文娱类的，主要围绕群众的精神文化生活"繁衍"，但维权类的、救助类的社会组织缺乏，社会组织发展不均衡。

四川省成都市温江区农村基层党建新路子的经验

（《中国农村智库发展平台》　2016 年 11 月 12 日）

【摘要】当前农村地区正经历着前所未有的变化。传统时期，党对农村的领导较为有力，党群联系也较为密切。随着改革的不断深入，农民的社会化程度越来越高，农村形势日趋复杂。但党对农村的领导却有弱化的趋势：经济领导力不从心、基层党员作用难发挥、党群关系疏离、基层党组织缺乏活力等等，这些问题对党的基层领导提出了新的挑战。在上述背景下，四川省成都市温江区以经济建设为先导、以制度创新为核心、以社会组织为载体、以群众路线为抓手进行了基层党建工作的创新，打破了基层党领导机制的僵化局面，强化了党在基层的领导地位，取得了不俗的效果。

以经济建设为先导，重塑党的领导职能

长期以来，基层党的工作中存在两个错误倾向：一是重视经济建设而忽视党建。在温江永宁，以往采取的是招商引资"一票否决制"，完不成规定任务的党员干部"一票否决"，导致所有的党员干部"都对外巴结讨好老板去了""人人招商""村村点火"。二是把党建混同于经济建设。改革前的永宁把招商引资放在头等重要的位置，作为党员干部目标考核最重要的指标，作为衡量干部工作好坏的唯一标准。招商引资搞得好，有奖金、有奖励；搞得不好，则挨批评、受处分。这两种错误倾向导致基层经济建设矛盾重重，党群关系不断疏离，各方都不满意。针对这种情况，温江首先从经济方面着手，采取"三步走"的策略，逐渐理清了经济发展和基层党建的关系，并将二者有机地结合了起来。

一、分离职能

基层党建工作难以推进，其重要症结在于党组织管得太多、太死。特别是在经济方面，党承担了过多的经济发展职能，以致"自己被自己捆住了手脚"。对此，温江首先做的就是党经分离，将（直接参与和从事）发展经济的任务（职能）从党的职能中分离出来，释放经济发展活力。在具体的做法上，温江

永宁主要采取了"两个外包"的方式进行改革：一是外包经济管理工作。永宁成立了"政府平台公司"，公司主要负责资金资源管理，投资收益平衡、基础设施建设等；二是外包经济发展任务。永宁将招商引资的任务外包给了懂技术懂操作的专业公司，主要负责地区规划、建设和市场化招商等。两项"外包"的结合使党组织从经济建设中腾出了手脚，注重于党的领导和管理。

二、重塑功能

分离了经济建设职能并不意味着党放弃了对经济的领导，相反，温江从更高的层面对党的领导方式进行了改进。面对新的经济社会形势，温江在区级部门专门成立了统筹委，统一行使经济领导职能，变"全面插手"为"重点领导"。功能的重塑使党在管理方式上，由过去的"撒网"变为"收网"，党组织主要负责经济发展的方向性问题、经济领域的民生类问题以及经济建设的质量问题。经过改革，实现了党对经济工作领导方式的转变，管理效率大为提升。

三、强化效能

通过分离职能和重塑职能，温江找到了党的经济领导着力点。接下来，在经济建设的管理方面，温江永宁通过公司化运作和市场化管理的方式，强化了党的领导力度，提高了党的领导效能。首先是在集体经济组织的领导方面，采用公司化管理的模式。永宁按照现代企业法人治理结构的要求，对集体经济组织进行了制度上的改革，鼓励集体经济组织采取成立经济实体、对外合资合作等多种形式参与市场竞争。其次在合作公司的管理方面，采用市场化的模式。永宁采取指标式和任务式的办法对合作公司进行管理。根据任务完成的进度、质量等内容对公司进行考核，按照优胜劣汰的规则进行选择。两种方式的推行简化了党的领导程序，强化了党的领导力度，提高了党的领导效能，使党对经济工作的领导变得更为有效。

以社会组织为载体，丰富党的领导方式

社会组织作为重要的社会力量，对党的领导可以起到很好的补充作用。但是目前社会组织的地位矮化、作用弱化的特点较为明显。这一方面是因为社会组织自身发展较弱；另一方面也因为党组织没有充分重视和利用社会组织力量。温江区在基层党建活动中充分注重引导和利用社会组织力量，并针对性地

对社会组织进行培育孵化，形成了社会组织与党组织良性互动的友好局面，实现了党与社会组织的协同发展。

一、培育社会组织，补充党的领导力量

为了解决基层党组织领导力量不足的问题，温江坚持培育与引进并行的思路，发展壮大社会组织。引导社会组织承接党的服务职能，而党组织则把工作重心放在"把方向、维民利"上。

一是引进。在吸引社会组织参与协同共管方面，温江像以往抓经济建设一样抓社会组织引进，建立了以"购买服务"为重点的扶持发展机制。对公益性、慈善性等符合村（社区）发展需要的社会组织，通过购买服务予以重点扶持。通过契约式的合同，约定双方的权利义务，同时免费为社会组织搭建场地，提供基础设施。以"资源换服务""契约式合同"的方式积极调动了社会组织参与管理服务的积极性。

二是孵化。针对社会组织发展难、壮大难的问题，温江创新建立了"社会组织孵化"机构，对较弱的但对党的领导和政府管理有利的社会组织进行孵化。第一步建立登记备案制，对不够登记条件的社会组织予以备案，降低社会组织的准入门槛。第二步专业孵化，引进专业机构对社会组织进行"孵化"，促进内生型社会组织的发展壮大。

在联动发展思路的指导下，温江区涌泉街道已成功引入市级服务类专业组织4个；扶持培育文体、维权、服务、社会救助四大类29个社会组织，逐步承接了党和政府的事务性、服务性工作，有效地填补了党组织的"管理空白"，减轻了基层党组织的负担。同时，提高了公共服务水平，丰富了居民文化生活，协调了各种利益关系。

二、引导社会组织，强化党的核心领导

在培育社会组织之外，温江还充分发挥了党对社会组织的引导和监督作用，使社会组织在党的领导下提供优质服务。

（一）建立专业的服务评估机制

温江积极引入优胜劣汰机制，安排专业人员对各类组织进行摸底、测评和督查，通过协调监管机制，进一步提高社会组织的服务水平，淘汰不合格、不

适应社会需求的社会组织。

（二）建立有效的激励机制

制定对社会组织扶持奖励政策，表彰和激励先进的社会组织。对获得荣誉称号的社会组织予以一定的物质奖励。同时通过"以奖代补"的方式对超额完成合同约定内容的社会组织予以奖励。

（三）引导社会组织加强自身能力建设

温江基层党组织积极引导推动社会组织的信息公开、服务公开，不断强化社会组织的责任意识，增强组织运作的透明度，提高公信力，确保社会组织体制健全、管理规范、服务到位、监督有效。

（四）支持在社会组织中建立党支部

温江支持社会组织成员按照"业缘""趣缘"自主申请建立党支部，优化党支部设置，激发组织活力。经过探索，党组织和社会组织实现了协同发展。有乡镇干部表示：有些社会组织甚至"直接打着党的红旗来办事"，有效地扩展了党的领导范围。

温江通过对社会组织的培育和引导，确保了社会组织的发展方向，同时让基层党建"接了地气"，很好地强化了基层党组织的领导核心作用。目前，温江社会组织在党的领导下开展各种活动，一方面增强了社会组织的活动能力；另一方面加强了党和群众的联系，实现了基层党组织与社会组织的"双赢"。

以制度创新为核心，增强党的领导活力

面对基层党组织大包大揽的现状，温江区从制度层面着手，在基层党支部设置、无职党员管理和党员发展方式等方面进行了具有借鉴意义的改革。

一、优化党支部设置，增强党组织凝聚力

在城乡统筹发展的基础上，温江永宁坚持基层党建与社会管理相结合的原则，优化了基层党支部的设置。根据各个新社会组织的职能、规模大小、党员人数多少和从业人员流动性等特点，按照党员"业缘、趣缘、地缘"灵活设立党支部。如按照"趣缘"成立了"芙蓉文化艺术团党支部"，按照"业缘"成立了"建筑党支部"。温江涌泉瑞泉馨城社区是城乡统筹发展过程中成长起来

的村（社区）。原来分散在各个村庄的党员通过集中社区居住集合在了一起，基层党组织根据这一实际情况，将原来分散在不同村（社区）的党员组织关系转入新型社区内，把分散在各个楼栋的党员组成党小组，在每个社区建立党支部，并在社区集中地区建立党总支，通过党员、党小组、党支部和党委建立了全方位覆盖的四级党建联动网络。通过创新党支部设置，温江优化了基层党组织结构，激发了基层党支部的活力和战斗力。

二、创新无职党员管理制度，发挥党员模范作用

当前，基层党组织对党员缺乏有效的管理体制，无职党员作用发挥甚微，主要表现在以下两点：一是定位不准。无职党员由于缺乏参与组织生活的工作制度和参与载体，在基层党建和社会管理中处于"无目标"状态。二是履职意识低。有基层干部反映，有的无职党员甚至不清楚党员的责任和义务，就连开会都需要发放会议补贴才肯过来。

对此，温江创设了无职党员设岗定责制度。根据无职党员的年龄、职业、特长等特征，创新党员服务平台，建立党员志愿服务队伍。结合群众需求的多元化，设立了文化教育服务、公共事务管理、维护公共安全等工作岗位。在建立楼栋党小组和院落党支部基础上，无职党员通过"个人自荐、群众评议、组织定岗、履行承诺"的程序化方式参与无职党员特色岗位工作服务中。定岗服务采用了责任到人的管理方式，定岗的党员在年终要参加绩效考评和双述双评，接受群众的测评，增强了党员服务的责任意识，实现了由"被动参与"到"主动服务"的意识转变。

无职党员设岗定责制度使基层无职党员"人尽其才"，充分挖掘了党内资源，实现了党员服务与群众需求的有效对接，拓宽了党员为民服务的渠道，拉近了党群距离，增加了党员的归属感和责任感。

三、创新党员发展制度，打造高素质人才队伍

党员的发展是基层党建的一个重要问题，关乎党的整体素质和战斗活力。但是目前基层党员发展却存在不少问题，有群众反映党员发展不够透明，有些选出来的党员不够称职。对此，温江永宁在发展党员方面创立了"两推两评三公示"制度，即在成为入党积极分子和预备党员转正两个环节，组织群众和党员进行推荐和评议，两者推荐均达到80%以上才能成为入党积极分子，并在

成为入党积极分子、预备党员、正式党员三个环节均进行公示，严把党员入口关，确保党员队伍纯洁有力，力求打造高素质党员队伍。党员发展制度的创新确保了把有能力办事，想为群众办事，有广泛群众基础的同志吸纳到党组织队伍当中，保持了党组织的活力和战斗力。

通过三个方面的创新，温江区完善了基层党建制度，形成了上下联动的党建模式，增强了党组织的创造力、凝聚力和战斗力，强化了党组织领导核心地位。

以群众路线为抓手，夯实党的群众基础

"群众路线"是党的根本工作路线，但是目前党却存在脱离群众的趋势。在温江区党建改革创新初期，这种趋势尤为明显：基层党群距离越来越远，群众对党组织的信任度日渐下降，甚至出现信任危机。面对干群关系日益疏离的现状，温江区重新使党建工作回到"群众路线"上来，以"服务群众，凝聚人心"的工作理念，搭建服务载体，吸引群众参与，走出了一条党群和谐，共同发展的新路子。

一、搭建服务群众新载体

（一）创立党员义工服务站

为了发挥党员的先进模范作用，温江永宁设立了义工服务站，以义工服务站为工作载体，鼓励党员参与基层社会服务活动，为党员提供良好的创优服务平台。同时，为激发党员工作积极性，永宁镇进一步建立了公共服务积分制度。规定党员、预备党员要参加义务志愿活动，每参加一次活动积累1分，党员、预备党员每年要至少完成12个积分。义工服务站，主持开展一些活动，协助党员、预备党员完成积分，并为每个党员、预备党员建立积分档案，便于接受监督。公共服务积分制有效激发了党员服务动力，党员工作面貌大为改善。有干部说，现在一有公益活动，党员"提着扫把就上街了"。通过建立党员公共服务积分制，温江有效地加强了对党员的教育管理，强化了党员意识，充分发挥了党员的先进模范作用，增强了群众对党员的认识和了解。

（二）建立村（社区）党员服务中心

成都在城乡统筹过程中，为了适应新型村（社区）的发展，推行"一站

式"服务工程，即在村（社区）建立公共服务中心，职能部门或者企业把服务窗口建在村（社区）服务中心，实现职能的下移。温江区基层党组织依托村（社区）服务中心，建立了党员服务中心。在温江涌泉瑞泉馨城社区，区党支部把"老党员"组合在一起，根据个人能力等设立党员特色岗，建立"24 小时热线服务"体系，党员提供无偿服务，随时解决群众问题；并在社区活动中心成立"王大妈说事"工作室，老党员轮流值班，协助调解家庭矛盾纠纷、邻里纠纷。

二、创设群众参与新机制

（一）群众的干部群众"选"

为发挥基层选举中的群众作用，温江区把选用基层干部的标尺交给群众，把满意不满意作为衡量党员干部工作的标准，广泛推行了"公推直选"制度。温江镇党委书记和村（社区）党组织书记全面实行"公推直选"，并在此基础上，创新了书记工作群众考评的考评机制。"今年的党委书记全部是通过公推直选的方式进行的，现任书记就是在今年当选的"，成都市组织部冯处长介绍说。"公推直选"制度坚持了党的群众路线，巩固了党的群众基础，真正实现了"从群众中来，到群众中去"。

（二）群众的事情群众"管"

党务政务透明，在基层治理中的群众呼声很高。为此，温江实现"三会开放"政策。扩大基层民主，积极引导党员群众参与党务政务监督，实现"阳光党务，透明政务"。"区委、乡党委会召开时，党员代表要列席参加；人大常委会召开时，群众代表可以参加；政府常务会召开时，群众代表可以参加"，温江区的"三会开放"制度搞得有声有色。在会议召开前，向社会公开议题，有意向列席会议的党员或群众报名参加，然后再根据报名情况进行筛选。"三会开放"促进了党务和政务公开，把群众纳入管理活动中来，有效拉进了党群距离，促进了基层民主。

（三）群众的干部群众"评"

为体现群众的主体地位，在党员工作的考核上，温江永宁开展了"双述双评"活动，让党员、党代表、干部分别述职述廉，评议组和群众对党员干部进行民主测评。党员干部主动向群众"晒成绩",接受群众民意测评。在开展"双述双评"的基础上,成都永宁的镇级、村(社区)党员干部还开展了"民意大恳谈,民情大走访"活动。通过走访农户,党员干部与老百姓进行面对面的交流,真切了解老百姓的需求,并对干部的工作进行"民意测评",在"一次扰民"的前提下体恤民情,了解民意。党外监督制度在一定程度上对基层党组织权力的行使构成约束和监管,提高了党员干部廉洁自律的意识,拉进了党员和群众之间的距离。

"公推直选""三会开放"和"双述双评"基层的群众参与制度,使党的工作重新回归到了"群众路线",发挥了群众对党组织干部"选、管、评"的作用。自上而下的服务思路和自下而上的群众参与模式改进了基层党组织的工作方式,提高党的执政能力,加强了党群联系,进一步夯实了党的群众基础。

《中国改革论坛》：创新公共服务管理　构建广泛参与的基层治理模式

——温江区村级公共服务改革试点调研

2010 年 10 月 8 日

当前，我国正处于社会转型加快发展阶段，更是各种社会矛盾和利益冲突多发时期，为深化"十二五"社会发展规划思路研究，重点了解各地统筹城乡基本公共服务的经验和办法，近期社会发展司牵头、宏观院体改所、社会所有关同志赴成都市温江区就公共服务和社会管理村级改革试点情况进行了实地考察。温江以更加主动的姿态直面群众的诉求，给百姓一个阳光化的渠道，基本消除了通过"上访"等方式反映矛盾的现象，把矛盾化解在基层和萌芽状态。温江民情信息中心的机制和工作经验，对未来社会发展有较大借鉴和推广意义。

一、温江推进村级公共服务改革的基本方向和初步成效

为进一步落实和推进统筹城乡综合配套改革试验区建设，形成城乡经济社会发展一体化新格局，温江近年来开始探索推进村级公共服务改革。温江将完善农村基层公共服务和社会管理作为城乡统筹、"四位一体"科学发展总体战略的重要内容，努力缩小城乡公共服务差距，创新城乡一体的社会管理方式。

在推进村级公共服务改革中，温江进一步强化政府提供农村基本公共服务的责任，完善覆盖城乡的公共财政体系，发挥村自治组织的作用，尊重农民意愿，维护农民的民主权益。其村级公共服务改革的主要目标是，到 2012 年，建立适应农民生产生活居住方式转变要求、城乡统筹的基本公共服务和社会管理标准体系，建立和完善保障有力、满足运转需要的公共财政投入保障机制，建立民主评议、民主决策、民主监督公共服务的管理机制，建立起协同配合、管理有序、服务有力的村级公共服务和社会管理队伍。到 2020 年，建立城乡统一的公共服务制度，基本实现城乡基本公共服务均等化。

随着试点改革的推进，温江统筹城乡发展综合评价得分已位于成都市前 5 位，社会发展水平总指数也位于前 5 位，反映医疗卫生、教育、社会保障和环境等方面状况的公共服务水平指数处于领先位置。温江在教育、卫生、文化、

体育等方面加强了均等化标准体系建设，不断强化村级公共服务和社会管理体系建设，在四川省率先铺开为民办事全程代理制工作，搭建了以区政务服务中心为龙头、镇（街）政务大厅为基础、村（社区）代理站为网点的三级便民服务体系。

二、温江村级公共服务改革的主要创新点

（一）明确划分基本公共服务的各级政府责任，并匹配相应的财力保障

根据供给主体不同，成都市将基本公共服务划分为政府为主、市场为主和村自行组织三类，实行分类供给。政府主要做好基本的公益性公共服务和社会管理，村自治组织切实做好自治组织内部的服务和管理，依托市场主体开展以市场化方式供给的村组公共服务和社会管理。同时，成都市进一步强化各级政府提供农村基本公共服务的责任，将村级基本公共服务经费纳入各级政府的财政预算，由市、县两级政府在本级财政年初预算中提取村级专项资金，用于村级公共服务和公共管理。根据经济社会发展水平制定对村级公共服务和社会管理投入的最低经费标准，现阶段每个村（社区）每年的村级专项资金安排最低不少于 20 万元，对村级公共服务和社会管理投入的增长幅度高于同期财政经常性收入增长幅度。

（二）制定具有地方特色的基本公共服务范围和标准

成都市把基本公共服务范围划分为文体、教育、医疗卫生、就业和社会保障、农村基础设施和环境建设、农业生产服务和社会管理 7 大类 59 小类，每一小类都明确供给主体，其中，由政府主导提供的公共服务和社会管理项目占全部项目总数的 62.71%。在此基础上，各大类的主管政府部门和各地正在结合自身实际进一步细分范围，明确不同阶段的主要实施标准。温江区在成都市划分标准的基础上，进一步梳理出村级公共服务和社会管理项目 119 项，并分别明确了相关实施主体，其中，由政府供给的 54 项，属于基本公共服务保障，主要涉及改善居住环境、提供生产生活基础设施、最低生活保障、就业支持等内容；市场供给的 32 项；委托村（社区）供给的 21 项；由村（社区）组织自行供给的 12 项。卫生部门建立了 ABC 三类基本公共卫生服务包。C 类包：即当前要达到标准，2009—2011 年完成，B 类包和 A 类包分别在 C 类包的基础

上，增加服务项目、服务频率和服务覆盖面。B 类包 2011—2013 年完成，A 类包 2013—2015 年完成。

（三）建立需求导向的公共服务决策机制和信息反馈机制

农民是村级公共服务和社会管理的直接受益者，公共服务的提供要以农民的需求为导向。主要创新体现在：一是建立需求调查制度。温江区 6 个试点村（社区）在确定村级公共服务内容时，坚持议事民为主，确保群众参与公共服务项目论证与选择，探索建立了入户需求调查制度。

二是加强群众民主决策。在广泛征求民意基础上，对公共服务项目依据多数村民的意见提出初步方案并公之于众征集意见，经过多次自下而上、自上而下的反复酝酿后，提交村民大会投票表决。

三是以民情信息中心为载体，建立群众诉求表达渠道。永宁镇隆兴场社区建立了"民情信息中心"，在镇政府政务大厅设立窗口接件，设置值班电话，确保全天候服务。民情信息中心对收到的信息进行分类汇总，根据信息内容及时提出处理意见，由镇党委以督办件形式交分管领导或相关科室站所限时办结。最终办理结果由民情信息中心通过民情信息员告知群众，并将群众是否满意处理结果的意见反馈给民情信息中心。截至 2009 年 5 月，已接收并处理民情民意信息 72 件，办理投诉性质事项 12 件，以上事项全部通过电话或民情信息员回复当事人，受到群众的一致好评。

（四）创新基层公共服务的资金筹集和使用机制

为保证村级专项公共服务资金的使用由村（居）民决定，温江构建了村（社区）民自治组织新体系，实行村（社区）议事决策、执行、监督的三分立，建立了村民议事会和监督委员会成员的选举及罢免制度，基本形成了公共服务和社会管理的民意调查→民主议事→讨论表决→公示确认"四个程序"。如寿安东岳社区将通过入户调查等多渠道收集的 1000 余条意见——进行汇总梳理后，村上先后召开议事会 8 次、组上会议 20 多次进行讨论，最终选择和确定了今年要实施的项目，并经公示后，依据这些项目确定公共服务的经费使用。

对于一些大型的、投资较多的公共服务建设项目，通过成都市小城镇投资有限公司（主要负责引导和集聚信贷资金和社会资金投入小城镇建设，参与小城镇综合开发）融资，统筹集中使用专项公共服务资金。成都市制定了《公共服务和公共管理村级融资建设项目管理办法》，由市、县两级财政每年安排村（社区）公共服务和公共管理专项资金偿还投资本息。村（社区）按年利率

2‰承担资金利息。同时，支持相邻的村（社区）按照共建共享的原则跨村联合建设公共服务项目。

（五）建立群众参与的公共服务绩效评价机制

社会事业投资建设项目在实行过程中坚持"三公开"：即公开项目方案和工程预算、公开项目资金使用情况、公开项目综合测评结果。组织村民代表对项目资金使用和管理进行全程监督，对项目实施质量进行全程监督。每笔经费由承建方提出申请，经村（居）民议事会审议同意后，村（居）民委员会方可支付。由政府支持、市场主体实施的项目，经有关部门和农民群众检查验收，农民群众满意后，政府方能给予资金支持。对所有公共设施建设项目，建立质量跟踪测评制度。这些措施极大地提高了公共服务和社会管理项目的建设效率。

三、对统筹城乡社会事业发展的思考和启示

（一）在"十二五"经济社会发展全局关系中，要高度重视社会事业对我国工业化、城镇化发展的带动作用

我国社会事业发展在促进城乡人口流动、要素积聚、形成合理的城乡产业布局等方面的作用越来越大，有必要进一步审视社会事业对未来工业化、城镇化发展的引领、带动和促进作用。社会事业的发展为经济发展提供了良好的环境和制度平台，引导资源要素向公共服务领域和工业集中发展区集中，加快了统筹城乡发展的步伐。"十二五"时期将会对社会事业提出更高的要求，而社会事业的发展也将成为推动未来城乡统筹和经济社会可持续发展的重要力量。

（二）通过制定基本公共服务范围和标准（基本公共服务包），使政府主导和政府责任落到实处

现阶段，与人民群众关系密切的基本公共服务非均等化依然明显，政府有职责有义务作为基本公共服务的提供者，通过立法、规划、直接举办基本公共服务、政策支持和监管等手段促进城乡基本公共服务均等化。今后一个时期，有必要建立体系化的基本公共服务包，为全体人民提供最基本的公共服务项目，并制定一整套具体的、与发展阶段水平相适应的基本公共服务提供范围和标准，成为指导和评价各地公共服务的最低标准。随着经济社会发展水平的提

高，不断扩展基本公共服务的内容。如何科学、合理地利用市场机制提供高效、优质的基本公共服务，应作为"十二五"规划重点思考的一个问题。

（三）适应公民参与意识提升需要，大力拓宽公民参与渠道和方式，构建社会广泛参与的基层治理模式

温江在构建新型村级治理机制方面，以建立村民议事会制度为突破，积极推行政府职能与村民自治职能分离，构建党组织领导下，以村民自治为核心、社会组织广泛参与的新型村组治理机制。对经民主决策确定的拟实施项目，广泛动员和鼓励社会组织参与，并监督、指导社会组织提供好服务。今后一个时期，要围绕建设公共服务型政府，加快社会管理体制改革，鼓励和支持社会组织依法自主参与社会管理，鼓励社会工作者和志愿者参与社会公益、公共管理和社会援助。

（四）促进公共服务决策由政府做主向政府与群众上下相结合决策转变，加快创新更加科学合理的公共服务决策机制

政府"自上而下"主导的公共服务供给不能及时反映群众社会公共服务需求，容易造成有效供给不足和资源浪费。以需求调查为重点的成都村级公共服务决策机制，极大地提高了公共服务和社会管理项目的效率和满意度。通过需求调查，提供什么，由民说了算。充分尊重和发挥基层群众的创造精神，创新需求导向的公共服务决策机制，变过去政府自上而下为民安排公共服务，转到按群众需求什么就提供什么，自上而下与自下而上相结合。

"三社"互动　激发基层社会管理新活动

——成都市温江区"三社"互动模式探索与实践

［《中国社会工作》　2013 年 1 月（下）］

社区、社会组织、社工是加强社会管理的基础元素，是构建和谐社会的重要基石。近年来，我区立足社区，服务基层，打破"自上而下"的行政性传统工作模式，深入推进以居住地为单元的社区治理模式，以社区建设为平台，以社会组织培育为抓手，以社工队伍建设为支撑，不断探索实践"三社"互动模式，促进社会管理创新。2011 年，"温江区引入社会组织参与社会建设"荣获第六届中国全面小康论坛"2011 中国十大社会管理"创新奖。2012 年，温江区"三社"互动项目被民政部授予首届全国优秀专业社会工作服务项目一等奖。其具体做法如下。

一、营造"三社"互动环境，保障"三社"稳步发展

按照"构建和谐社区是目标，培育社会组织是关键，发展社会工作是支撑，鼓励居民参与是基础"的要求，我区集中资源优势，为"三社"互动给予项目、资金和政策支持，创造有利环境。

一是抓政策环境，完善制度保障体系。先后出台了区委、区政府《关于大力加强城市社区建设全面推进农村社区建设的意见》《关于加强社会工作者队伍建设推进社会工作发展的意见》《关于加快培育和发展社会组织的意见》和10 余个配套政策文件，建立了"三社"互动工作推进、考核、评估和保障制度，为"三社"互动提供了有力的政策支撑。

二是抓社会环境，强化公共服务基础。按照"一镇（街）一体一特色"的要求，在镇（街）打造标准化社区服务综合体，在社区建立公共服务站，鼓励社区社会组织利用社区设施开展自助服务，着力打造"一站式公共服务平台"。全区形成了以涌泉瑞泉馨城、永宁城武、金马蓉西新城、公平正宗社区为代表的标准化社区服务综合体，建立社区公共服务站 111 个，实现了群众在家门口"进一道门，上一个网，办所有事"，为"三社"互动创造了有利的硬件条件及社会环境。

三是抓专业环境，深化校地合作。依托西南财大社会工作专业培训资源，

签订校地合作协议，通过项目合作、基地带动、培训拉动，创新专业社工人才的培养，开展社会工作普及、职业资格考前培训和注册社工的继续教育等工作，植入社会工作理念；聘请西南财大社工专家作为我区"三社"互动工作的专业督导，不断提升社工人才的服务水平，为"三社"互动提供了社工专业环境。

四是抓资金保障，建立公共财政的支持体系。将"三社"工作经费纳入区、镇（街）财政预算范围，并根据经济社会发展情况，逐步增加财政资金对社会工作的投入。建立以政府购买社会组织服务为重要形式的财政支持机制，区属单位购买社会组织服务所需经费由区财政负担，镇（街）购买社会组织专业服务所需经费由镇（街）财政承担，为"三社"互动工作的开展建立了公共财政的支持体系。

二、壮大"三社"互动力量，夯实基层服务基础

坚持以培育和发展社区社会组织、建立专业化社会工作队伍为重点，发动社区志愿者参与，不断壮大"三社"互动力量，充分发挥社会组织、社工和志愿者在基层社区的积极作用。

一是大力培育社会组织。根据温江区《关于加快培育和发展社会组织的意见》，降低社会组织准入条件，实行"登记备案双轨制"，对有发展潜力的备案社会组织进行专业化、全方位培育，促成其转化为专业性强、运作规范的登记类社会组织。建立社会组织评估体系和行业自律机制，积极动员社会力量兴办文化类、服务类、公益慈善类社会组织和行业协会。目前登记的社会组织 275 个，备案的社会组织 132 个，社区社会组织覆盖面达 100%。

二是大力推进社工队伍建设。2012 年 5 月，温江区出台了《成都市温江区关于激励社区社会工作者社会工作专业化的实施意见》，明确将社区工作者纳入社会工作者职业序列，在社区工作者职业资质准入制、资格教育、考试激励机制等方面完善政策指导；依托社区和福利院、敬老院建立了 8 个社会工作实践基地；注重社会工作知识普及、职业资格考前培训和注册社工的继续教育等工作，累计培训 2000 多人次，2008 年以来，温江区已有 76 人取得社工师、助理社工师资格，296 名社区工作人员通过考试取得《温江区社区社会工作者专业水平合格证书》；加大宣传力度，举办全省首个社工节活动，扩大温江社工影响力。

三是大力推动志愿者参与。将义工服务和志愿者服务落实到具体岗位，使

志愿者服务动态化和常态化有机结合。成立社区服务和为老服务义工队伍。积极实施"低保激励机制"，采取政府购买服务的形式，组织低保人员提供环境卫生打扫、孤寡老人看护、留守儿童照顾等服务；结合社区实际，开展志愿服务登记和管理工作，目前全区已拥有志愿者服务队 84 支，高校志愿者服务队 9 支，企业志愿者服务队 3 支。2012 年温江区被民政部确定为"全国志愿者服务记录制度试点区"。2013 年，温江区"公益银行"志愿服务积分制度被民政部评为"全国优秀志愿服务工作案例一等奖"。

三、实施"三社"互动项目，激发社会共同参与

为进一步推进社区建设、社会组织培育和发展、社工人才队伍建设，创新社会管理体制，形成"三社"资源共享、优势互补、相互促进的良好局面。我区于 2011 年 12 月 7 日召开温江区"三社"互动工作启动大会，在全区全面启动该项工作。在实际项目实施过程中，经区政府同意，由区民政局通过向区社会工作协会购买社工服务，选择和盛镇友庆社区、涌泉街道瑞泉馨城和永宁镇城武社区 3 个最具代表性的社区作为全区"三社"互动工作的试点社区，在西南财大社会工作发展研究中心专家教授的督导下，建立社工站，派驻专业社工，根据社区需求明确工作重点、项目主体和介入方向，开展多元化、信息化和便民化服务。

一是实施"多彩兰亭"志愿服务提升与创新项目。和盛镇友庆社区是新建的农民集中安置社区，"多彩兰亭"项目通过志愿服务体系带动实现社区居民从农村到城镇的生活方式转型。以社区微公益互助平台为载体，建立微公益 QQ 互助群和互助热线，在社区搭建"圆梦信箱"，倡导和组织居民从身边小事做起，构建社区互助体系；以志愿者队伍建设为重点，着力打造社区志愿者团队和外来专业服务型志愿者队伍，倡导社区互助文化；以新市民培育为抓手，开展快乐月、健康月和劳动月等主题活动，开办妇女手工培训、电脑培训等培训班，提升居民素质，促进社区共建共融。

二是实施"同心家园"社区居民参与自治项目。涌泉街道瑞泉馨城社区是全市最大的农民集中居住区之一，"同心家园"项目以青少年服务为切入点，探索居民参与公益服务积分制度，带动社区自治。建立社区、家庭、学校三位一体的支持系统，以点带面推动青少年及其家长、社区参与；成立家长委员会及监督小组，共同参与社区青少年服务和管理，推动社区互助和自治；利用社区内部企业、社会组织等资源制定和建立公益积分制度，通过服务换服务、服

务换物质或精神激励等方式，鼓励社区居民参与社区服务。

三是实施"芙蓉花开"社会组织培育与发展项目。永宁镇城武社区具有一定的社会组织基础，"芙蓉花开"项目通过对社区已有社会组织的管理和培训，使原有分散的、功能单一的社会组织深入社区充分发挥链接资源等功能。以居民需求为导向，成立社区青少年社会组织和妇女社会组织，重组社区老年协会，并进行团建活动，促进社会组织实体化、多样化；以社区活动为载体，开展"彩色生命 你我同学"天使义工日营等活动，促进社区社会组织功能化、能力化；以机制建设为手段，初步制定《城武社区社会组织评价管理制度》，促进社会组织规范化、自主化。

通过这一年来的探索和实践，取得了一定的成效，一是展现社工风采，宣传社工理念。二是社工参与充实社会组织，搭建社区服务管理载体。三是发掘社区领袖，提升社区人员能力。四是拓宽社区参与途径，推动社区共建共融。具体体现在：

第一，乐民。乐即欢乐融合。社会工作者通过整合和利用各方资源，开展举办社区游园会、"大手牵小手"亲子互动活动、社区文艺演出等社区活动，满足了社区居民文化生活需求；通过培育成立社区舞蹈队、老年合唱团等社区社会组织，构建起社区支持网络，促进农民向市民的身份的转换，提升社区居民的归属感，促进社区人际关系的和谐，家庭的融合，实现社区和谐发展。

第二，助民。助即助人自助。社会工作者通过对社区因疾病、年老、失业等各种因素而处于困境的社会成员给予物质上或精神上的支持，帮助社会成员渡过难关。如在和盛镇开展的个案，帮助社区刑满释放人员正常融入社会，经过两名社工的努力，案主从自卑并且对政府有抵抗情绪到现在已经走出自卑且能很好向政府表达自己的需求。在城武社区开展"我爱城武"手工坊活动，将社区老年人组织起来，老年人做的工艺品进行义卖，所得收入用来帮助社区贫困家庭，既让老年人老有所为、老有所乐，又让社区贫困家庭感受到社区的关爱。通过这些活动看出针对弱势群体和边缘群体的社会服务及其蕴涵的"以人为本"的柔性管理特征，可以弥补政府刚性政策和刚性管理的不足。

第三，化民。化即教化。社会工作者通过助民服务、乐民服务提高了居民的自身道德素质，使居民具有文明意识、助人的公民意识。社工的专业服务促进当前社区管理和服务的改变，促进社区居民参与社区建设的能力，推动社会组织由松散、自娱自乐式向为社区居民提供公益服务转变，达到"以人为本"的社区可持续发展模式。

第四，发掘和培养社区领袖。进行社区能力建设，关键在于提高社区居民的能力，而核心是通过社区组织培养社区领袖。在各试点示范社区开展的系列活动中，社工注重培养社区居民"关爱自己的同时还要关怀身边的其他人"的意识，大力提升居民对社区的归属感，培养社区凝聚力，从中发掘社区领袖，有针对性地在活动中对其能力进行培养、提升，使其成为政府有需要、群众有需求、个人有意愿的社会组织的骨干，在政府想干没法干、市场能干干不好的领域，积极发挥作用，为居民提供更具个性化、人性化和细致化的关爱服务。

第五，促进社区居民参与社区建设，提升社区居民自我管理、自我教育、自我服务的能力。按照"党委领导、政府负责、社会协同、公众参与"的社会管理要求，通过社区、社会组织、社工之间的互动，各施所长，各尽其责，各展其能，激活社区各方的力量，参与到社区公共事务和公益活动中，共建共创、共管共享和谐家园。项目开展过程中运用参与式工作方法，让居民通过社会组织在专业社工引领下从被动参加到积极参与，让居民在社区议事、社区服务、社区管理等方面发挥积极作用，提升社区居民自我管理、自我教育、自我服务的能力，最终实现民主选举、民主决策、民主管理、民主监督，实现政府行政管理和社区自我管理有效衔接、政府依法行政和居民依法自治良性互动，使社区走上管理有序、充分自治的道路。

后　记

　　回忆的文字是艰苦旅途上的一汪清潭。笔者于 2004 年在四川大学政治学院读研究生，师从导师阎钢教授，逐步步入政治伦理学和政治哲学的研究领域。在导师指导下，笔者参与了他撰写的专著《政治伦理学要论》第四章的写作。很受鼓舞的是，这本书后来获得了 2009 年四川省哲学社会科学优秀成果二等奖。2007 年毕业论文的选择全然是阎钢老师给予的启迪和指导，很大程度上，又得益于复旦大学高国希教授的《道德哲学》一书中关于道德问题、范畴、命题、学说的理论引导。后来，围绕这一方向，笔者陆续在 CSSCI 来源期刊《四川师范大学学报》《兰州大学学报》《西南民族大学学报》《南昌大学学报》等上发表了六七篇论文。在围绕政治伦理规范、社会政治问题进行研究和对研究生专题课程教学的过程中，笔者越来越感到无论处于什么样的维度、什么样的领域和空间，关于人的主体作用、政治伦理规范等总是贯穿和深刻影响着社会的各种关系。

　　在思考、选题、构思到写作和书稿逐渐成形的过程中，主线愈来愈明晰和突出：政治价值的"善"不能仅仅停留于哲学的沉思和理想的追求，应当以合理的方式在现实的社会政治活动之中予以表达；社会信任力，特别是政治公信力的建设，不能止步于对一般"善"概念的认知和接受，它需要从具体的政治制度、程序、结构和政治行为人的信念、行为、态度、理解等方面去不断地实现。忽视政治伦理对社会政治的导向与规制，即政治伦理规范的作用，作为一种内心尺度，人们将很难真正意识到自己行为的方向界定和所要经历的阶段都与自己的政治价值选择和手段选择密切相关，政治主体及政治行为者的活动将失去价值的原初意义，社会的公信力将陷入复杂性和不确定性所导致的风险之中。

　　本书的完成，得益于多个机构对本研究的资助和支持。本书的研究主要是在 2010 年教育部人文社科基金项目的重点支持与资助下（编号：

10YJC810054）完成的，它是几年来笔者对此项目研究的主要成果。期间，2012 至 2013 年，又得到了四川省教育厅人文社科项目（编号：13SA0172）和成都中医药大学科研基金（编号：RWYY201203）的支持和资助。除了机构支持，还要真诚地感谢关心我学术发展，并给予本书指导与帮助的学界各位老师与同仁。拙著是笔者对政治伦理规范和政治公信力的初步梳理和理论思考，可能会对当前政治公信力建设等社会政治问题的理论研究提供一个参阅的资料，一个大致的理论构架，一个基层实践的具体范例。

本书的写作是一个从美好构思到激情动笔，期间由于工作变动频繁几近停滞，再到坚持完成的过程。从起始到现在得以出版，首先要感谢成都市温江区委组织部、温江区民政局的领导和其他工作人员，为本书提供了蕴含政治伦理精神的基层政权公信力建设的生动实践案例。基层组织和基层政府作为社会政治治理的基本单元，成都市温江区的基层治理机制探究构建以党建为核心的"一核多元"治理架构，让基层社会政治主体在政治理念层面融汇政治伦理的要求，把坚持党的领导、引导基层自治、壮大集体经济组织、培育社会组织、动员社会参与等作为社会政治的"实践—理性"与政治道德的指引和实践，体现了政治道德情感和政治价值。近年来，成都连续 6 次进入中国幸福指数排行榜，成都市民幸福指数连续 5 年增长，正是基层政权公信力建设取得重要成效的缩影，可望对中国特色社会主义的政治伦理与公信力建设研究提供样本。

笔者深知，政治伦理规范和政治公信力建设的研究中还有很多重要问题，由于精力、时间等有限，未能深入展开讨论，包括：①政治伦理规范对社会信任力的影响机制及转换机制的进一步探讨；②道德理性、制度理性和行为理性三位一体在政治伦理框架下的修复与长效机制；③世界政治新格局下政治伦理规范和公信力的中国建构，等等。这些问题有待于今后在进一步研讨深化的基础上，再做充实完善与修订。

还要感谢的是，四川社会主义学院的程林顺副教授，当年他与笔者先后在四川大学政治学院读研究生，毕业后他主要研究党的基层建设，以及基层民主协商议事和基层民主实践，本书的第七章"政治伦理和公信力建设的基层实践"主要内容由他撰写，第四章涉及"政治伦理与作风建设"，由他提供了具有较高价值的文稿。还有我的两位硕士研究生——王勤、魏兴格，分别在第五章第三节和第四节的创作阶段参与了收集资料和写作，提供了具有一定修改价值的文稿。回顾本书的出版过程，笔者由衷地感谢熊瑜教授，他耐心细致的指导和鼓励、严谨的治学态度，使我始终坚持、努力进取。

除此之外，在这部书正式出版之际，我还要感谢一直以来关爱我和关心本书的家人和朋友，他们始终在鼓励我，帮助我，支持我，在此一并致以最真挚的谢意。

作　者